21世纪高等学校计算机规划教材

21st Century University Planned Textbooks of Computer Science

大学计算机基础教程（第3版）

Basic Computer Science for University Students
(3rd Edition)

陈维 曹惠雅 杨有安 编

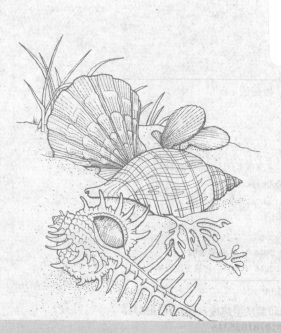

高校系列

人民邮电出版社

北 京

图书在版编目（CIP）数据

大学计算机基础教程 / 陈维，曹惠雅，杨有安编
. -- 3版. -- 北京：人民邮电出版社，2014.10（2016.7 重印）
21世纪高等学校计算机规划教材. 高校系列
ISBN 978-7-115-36169-1

Ⅰ. ①大… Ⅱ. ①陈… ②曹… ③杨… Ⅲ. ①电子计
算机－高等学校－教材 Ⅳ. ①TP3

中国版本图书馆CIP数据核字(2014)第190807号

内 容 提 要

本书是按照教育部高等学校计算机基础课程教学指导委员会提出的《关于进一步加强高校计算机基础教学的意见》中有关"大学计算机基础"课程的教学要求及人才培养的新要求，结合独立院校学生特点组织编写的。全书共8章，主要内容包括：计算机基础知识、操作系统基础、办公软件及应用、计算机网络基础、数据库技术基础及 Access 的应用、多媒体技术及应用、计算机安全知识和程序设计基础等内容。

本书内容全面、详略得当、注重实践、实例丰富、面向应用；各章附有适量的习题，便于自学。另外，针对各章内容和上机实验，本教材还配有辅导教材《大学计算机实践教程（第3版）》，引导读者学习和掌握各章节的知识。

本书可作为高等学校非计算机专业的大学计算机基础课程教材，也可作为计算机等级考试（一、二级）的辅导资料，还可作为希望掌握计算机基础知识和基本操作的初学者的自学用书，以及计算机实用技术培训教材。

- ◆ 编　　　　陈　维　　曹惠雅　　杨有安
  责任编辑　　武恩玉
  执行编辑　　刘向荣
  责任印制　　彭志环　　焦志炜
- ◆ 人民邮电出版社出版发行　　北京市丰台区成寿寺路 11 号
  邮编　100164　　电子邮件　315@ptpress.com.cn
  网址　http://www.ptpress.com.cn
  大厂聚鑫印刷有限责任公司印刷
- ◆ 开本：787×1092　1/16
  印张：18.75　　　　　　2014 年 10 月第 3 版
  字数：494 千字　　　　2016 年 7 月河北第 3 次印刷

定价：43.00 元

读者服务热线：**(010)81055256**　印装质量热线：**(010)81055316**
反盗版热线：**(010)81055315**
广告经营许可证：京东工商广字第 **8052** 号

第 3 版前言

全国高等学校计算机基础教育研究会发布的"中国高等院校计算机基础教育课程体系"文件是计算机基础教育的纲领性文件，对规范指导我国计算机基础教育有着重要的现实意义。近几年来，按照这份文件精神，各高校计算机基础教学的研究成果如雨后春笋，教学改革的新气象热火朝天，大大促进了计算机基础教育事业的良性化发展。文件对计算机基础教育的课程设置和教学目标进行了广泛的分析和全面规划，把"大学计算机基础"课程定位为各专业大学生必修的第一门计算机基础课程。"大学计算机基础"作为计算机相关课程的公共基础课，不仅仅限于教会学生使用计算机，更重要的是要使学生通过本门课程的学习，能系统、深入地掌握计算机科学与技术的基本概念、基本原理、技术方法以及软、硬件技术的应用，并配合相应的实验课强化动手能力，以更好地培养学生利用计算机解决实际问题的技能。

进入 21 世纪以来，新型计算机技术飞速发展，数据库技术日趋完善，多媒体技术的应用更为神奇，这些使得计算机的应用迅速渗透到人们的工作、学习、日常生活中。瞬息万变的时代，迫使高等学校对学生学习计算机知识的教学起点也随之不断更新。

面对新形势与文件的精神，我们结合多年的教学实践经验在《大学计算机基础（第 2 版）》教材的基础上进行了改编，软件平台采用 Windows 7 版和 Office 2010 版。本教材力图反映计算机科学领域的最新科技成果，使大学生不仅掌握计算机的基本操作，而且能全面、系统地掌握计算机软硬件技术、网络技术、数据库技术的基本概念及应用，并具有较强的信息系统安全与社会责任意识，为后续计算机课程的学习打下坚实的基础。

全书共分 8 章，主要介绍计算机系统硬件和软件的工作原理、操作系统的使用、办公软件 Office 的使用方法、计算机网络基础、数据库技术基础及 Access 的应用、多媒体技术及应用、计算机安全基础知识、程序设计基础等内容。将学生必需掌握的 Office 应用软件 Word、Excel、PowerPoint、FrontPage 和 Access 以及 Photoshop、Flash、Dreamweaver、Fireworks 的内容按课程进度分布在不同章节中。全书还附有丰富的例题和习题，所有例题均在计算机上运行通过。内容安排由浅入深，循序渐进，并融汇了编者的教学实践经验。本书强调实践操作，既注重计算机基础知识的掌握，又着力于提高计算机的应用能力。

本书由陈维、曹惠雅、杨有安编。其中第 1 章、第 3 章和第 6 章由曹惠雅编写；第 4 章、第 5 章和第 8 章由陈维编写；第 2 章和第 7 章由杨有安编写。杨有安负责全书的规划和统稿工作。本书在编写过程中得到了文华学院各级领导的大力支持，在此表示衷心的感谢。

本教材按应用型人才培养规划编写，可作为高等学校、各类职业技术学院、各类培训学校的计算机应用教科书及计算机等级考试的参考书，也可以作为企事业单位员工、国家公务员计算机技能培训用书，还可以作为希望掌握计算机基础知识和基本操作的初学者的自学用书。

书中的不当之处，恳请专家和读者批评指正。

编　者

2014 年 7 月

目　录

第1章
计算机基础概述

当今社会为信息社会，而计算机是信息社会中必不可少的电子智能装置。计算机的出现极大地改变了人类的生活、娱乐和工作方式，促进和推动社会生产力飞速发展。本章介绍计算机的发展、组成、信息在计算机中的表示方式和不同进制之间的转换，帮助读者从整体上了解计算机的基本功能和基本工作原理。

1.1　计算机基础

电子数字计算机（Electronic Numerical Computer）是一种能按照事先存储的程序，自动、高速、精确地进行大量数值计算和各种信息处理的现代化智能电子装置，是 20 世纪的重大发明之一。由于计算机在采集、识别、转换、储存和处理信息方面与人脑有相似之处，所以也将计算机称为电脑。计算机的处理对象是信息，处理后得到的结果也是信息。

1.1.1　计算机的发展、分类及特点

1. 计算机的发展

世界上第一台数字电子计算机 ENIAC（Electronic Numerical Integrator and Calculator）于 1946 年在美国宾夕法尼亚大学诞生，ENIAC 计算机（见图 1-1）占地面积 170 平方米，重达 30 多吨，耗电 150kW，耗资 48 万美元，主要元器件采用电子管，共使用了 1 500 个继电器、18 800 只电子管，运算速度为每秒 5 000 次加法或 400 次乘法，比机械式的继电器计算机快 1 000 倍。当 ENIAC 公开展出时，一条炮弹的轨道用 20s 就能算出来，比炮弹本身的飞行速度还快。ENIAC 奠定了电子计算机的发展基础，在计算机发展史上具有划时代的意义，它的问世标志着数字电子计算机时代的到来。

图 1-1　世界上第一台数字电子计算机——ENIAC

ENIAC 诞生后的半个多世纪，计算机已由早期单纯的计算工具发展成了信息社会中具有强大信息处理能力的现代电子设备。迄今为止，基于构成计算机的物理器件的变化，计算机大致经历了 4 个发展阶段（见表 1-1）。目前，计算机正在向巨型化、微型化、网络化、智能化、多媒体化等方向发展。

表 1-1　　　　　　　　　　　　　　　　　计算机发展史

	电子元器件	运算速度（每秒）	特　　点	应用领域
第一代 （1946～1957 年）	电子管	5 000～30 000 次	体积大、成本高、耗能大、运算速度低、容量小	仅限于科学计算和军事目的
第二代 （1958～1964 年）	晶体管	几十万至百万次	体积小、能耗低、稳定性强，出现了高级程序设计语言	数据处理、事务管理、工业控制、军事及尖端技术等
第三代 （1965～1969 年）	中小规模集成电路	百万至几百万次	通用化、系列化、标准化，出现了操作系统	科学计算、文字处理、自动控制、信息管理等
第四代 （1970 年至今）	大规模、超大规模集成电路	几百万至几亿次	存储容量大、运算速度快、功能强	广泛

2. 计算机的分类

计算机的种类繁多，从工作原理、应用特点以及规模大小等不同角度，将其进行如下分类。

（1）按工作原理分类。数字电子计算机。该类计算机输入、处理、输出和存储的数据都是数字信息，这些数据在时间上是离散的。

模拟电子计算机。该类计算机输入、处理、输出和存储的数据都是模拟信息，这些数据在时间上是连续的。

目前应用的计算机多为数字电子计算机。

（2）按应用特点分类。通用计算机。该类计算机是面向多种应用领域和算法的计算机。其特点是它的系统结构和软件能满足多种用户的要求。

专用计算机。该类计算机是针对某一特定应用领域，或面向某种算法而研制的，如工业控制机、卫星图像处理用的大型并行机等。其特点是它的系统结构及专用软件对于指定的应用领域是高效的，一般不适用于其他领域。

（3）按规模大小分类。国际上按照计算机规模大小将其分为巨型机、大型机、小巨型机、小型机、工作站和 PC 6 种类型。在我国，按照计算机规模大小将其分为巨型机、大型机、中型机、小型机和微型机 5 种类型。

巨型机：该类计算机运算速度高、存储量大、处理能力强、工艺技术性能先进，主要用于复杂的科学和工程计算。

大型机：该类计算机具有较强的数据处理和管理能力，运算速度较快（每秒可达几千万次），通常用于国家级科研机构及高等院校中。

小巨型机：该类计算机是一种新发展起来的小型超级计算机或桌面型超级计算机，它可以使巨型机缩小成个人机的大小，或使个人机具有超级计算机的性能。

小型机：该类计算机规模小、结构简单、价格便宜、通用性强、维修使用方便，主要用于工业、商业及事务处理。

工作站：该类计算机是介于小型机和微型机的一种高档微型机，它功能强、运算速度快，主要用于图形图像处理和计算机辅助设计。

PC：又称微型机或个人计算机，是目前应用最广泛的计算机。它体积小、功耗低、成本低、价格低，一般为家庭或个人使用。

3. 计算机的特点

计算机之所以应用广、发展快，是因为计算机具备以下特点。

（1）运算速度快。运算速度是指计算机每秒能执行多少条指令。常用的单位是 MIPS，即每秒执行多少百万条指令。例如，我国"银河Ⅲ"计算机的运算速度为 130 亿次/秒，即 4 000MIPS。

（2）计算精确度高。计算机计算结果的精确度取决于计算机表示数据的能力。现代计算机具有多种表示数据的能力，以满足各种计算精确度的要求。一般科学和工程计算对精确度的要求相当高，如利用计算机可以将圆周率计算到小数点后 200 万位。

（3）存储容量大，"记忆"力强。计算机具有存储容量大、存储时间长的特点。现在微型计算机的内存储器容量一般可达几百 MB 至几 GB；硬盘容量可达几十 GB 至几百 GB，而且存储在外存储器上的信息还能"永久"存放。

（4）逻辑判断能力强。逻辑判断是计算机的基本能力，在程序执行过程中，计算机能够进行各种基本的逻辑判断，并根据判断结果来决定下一步执行哪条指令。逻辑判断能力保证了计算机信息处理的高度自动化。

（5）自动化程度高。计算机处理信息时，用户需事先将待处理的数据及处理该数据的程序存入存储器中，然后在人不参与的条件下，计算机自动完成预定的全部处理任务，即所谓的"程序控制"。程序存储在计算机内，计算机自动逐步执行程序，这是计算机区别于以往计算工具的一个主要特征。

（6）通用性强。计算机能够处理复杂的数学问题与逻辑问题。计算机不仅能够处理数值数据，还能够处理非数值数据，如图、文、声、像等多媒体信息。凡是能转换为二进制的信息，计算机都能够处理，所以在处理数据上具有通用性；同时，计算机处理各种问题均采用程序的方法，所以在处理方式上，计算机也具有通用性。

1.1.2　计算机的应用

计算机技术被广泛应用于各个领域，担负着各种各样的复杂工作。结合计算机的特点，其应用主要表现在以下几个方面。

（1）科学计算。主要解决科学研究和工程技术中提出的数值计算问题。例如，天体运动轨迹、石油勘探、气象预报、工程设计、生物工程等方面，都需要计算机进行大量高速、精确的计算。

（2）数据处理或信息加工。人类社会生活中有大量数据需要处理，并且当前的数据已具有更广泛的含义，如图、文、声、像等多种多媒体，都是现代计算机的处理对象。例如，人事档案管理、学籍管理、人口普查、人才资源管理等，现在都采用计算机进行计算、分类、检索、统计等处理。

（3）过程控制。计算机具有的逻辑判断能力及自动控制能力，适合于过程控制中信号的自动采集、分析与处理，从而加快了工业自动化的进程。例如，计算机集成制造系统(computer integrated manufacturing system，CIMS)、火箭控制系统、电焊机器人的控制系统等，都是由计算机自动控制的。

（4）计算机辅助系统。计算机辅助系统包括计算机辅助设计（CAD）、计算机辅助制造（CAM）、计算机辅助教育（CAI）、计算机辅助测试（CAT）等。

CAD/CAM 是利用计算机来辅助人们进行设计、制造等工作，使设计、制造等工作实现半自动化和自动化，从而为缩短设计/生产周期，提高产品质量创造了条件。CAT 是利用计算机对测试对象进行测试的过程。例如，利用计算机自动测试超大规模集成电路生产过程中的各种参数。CAI 是利用计算机实现对教学和教学事务的管理，计算机辅助教育包括计算机辅助教学（CAI）和计算机教学管理。

（5）人工智能（Artificial Intelligence，AI）。利用计算机模拟人类大脑神经系统的逻辑思维、逻辑推理，使计算机通过"学习"积累知识，进行知识重构并自我完善。例如，专家系统、智能机器人等。

（6）计算机网络。计算机与通信技术结合形成了计算机网络。例如，WWW、E-mail、电子商务等都是依靠计算机网络来实现的。

（7）电子商务。电子商务（Electronic Commerce）是利用计算机技术、网络技术和远程通信技术，实现整个商务（买卖）过程中的电子化、数字化和网络化。

（8）多媒体应用。多媒体计算机的出现提高了计算机的应用水平，扩大了计算机技术的应用领域，设定计算机除了能够处理文字信息外，还能处理声音、视频、图像等多媒体信息。

1.2　计算机系统的组成及工作原理

一个完整的计算机系统是由硬件系统和软件系统两大部分组成的，如图 1-2 所示。硬件是指物理上存在的各种设备，如计算机的显示器、键盘、鼠标、打印机及机箱内的各种电子器件或装置，它们是计算机工作的物质基础。软件是运行在计算机硬件上的程序、运行程序所需的数据和相关文档的总称。硬件与软件是相辅相成的，硬件是计算机的物质基础，没有硬件就没有所谓的计算机。软件是计算机的灵魂，没有软件，计算机硬件的存在就毫无价值。

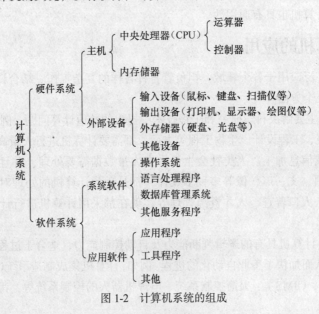

图 1-2　计算机系统的组成

1.2.1　微型计算机的硬件系统

　　微型计算机简称微机，具有体积小、重量轻、功耗小、可靠性高、对使用环境要求不严格、价格低廉和易于成批生产等特点，是目前计算机中使用最广泛、市场占有率最高的一类计算机。

　　计算机的硬件系统一般是指构成计算机的物理实体，通常由运算器、控制器、存储器、输入设备和输出设备五大部分组成，不装有任何软件的计算机称为"裸机"。在计算机系统中，各部件通过地址总线、数据总线、控制总线联系到一起，并在中央处理器（CPU）的统一管理下协调一致地工作。各种原始数据、程序由输入设备输入内存储器存储；在控制器的控制下逐条从存储器中取出程序中的指令，并依指定地址取出所需数据，送到运算器进行运算，运算结果存入内存储器，重复此过程，直到执行完所有指令，最终结果通过输出设备输出。在整个过程中，程序是计算机操作的依据，数据是计算机操作的对象。微型计算机的运算过程及基本硬件结构如图 1-3 所示。

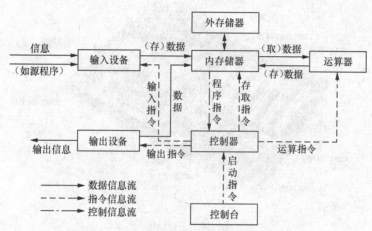

图 1-3　计算机硬件系统各部分联系示意图

1. 主机

　　通常把主板、CPU、内存和输入/输出设备接口等组件构成的子系统称为主机，即主机中包含了输入/输出设备以外的所有电路部件，是一个能够独立工作的系统。主机箱一般由特殊的金属材料和塑料面板制成，具有防尘、防静电、防干扰等作用，是微机最重要的组成部分。主机箱内主要有主板、CPU、内存条、硬盘、光驱以及电源等设备。主机箱的外观与内部结构分别如图 1-4 和图 1-5 所示。

图 1-4　主机箱外观

图 1-5　主机箱内部结构

（1）主板。主板（Main Board）又称为主机板、母板或系统板，是安装在机箱内最大的一块方形电路板，上面安装有微机的主要电路系统。主板的类型和档次决定整个微机系统的类型和档次，主板的性能影响整个微机系统的性能。在主板上安装有控制芯片组、BIOS 芯片和各种输入/输出接口、键盘和面板控制开关接口、指示灯插接件、扩充插槽等元件。CPU、内存条插接在主板的相应插槽中，驱动器、电源等硬件连接在主板上。主板上的接口扩充插槽用于插接各种接口卡，这些接口卡扩展了微机的功能。常见的接口卡有显示卡、声卡、网卡等。现在已经把许多设备的接口卡集成在主板上了，如音频接口卡（声卡）、显示接口卡（显卡）、网络接口卡（简称网卡）、内置调制解调器（Modem）等，使用这样的主板就没有必要再另配单独的接口卡了。但是，这种集成式的主板也存在诸如部分集成卡性能不高、容易损坏、不易升级等弊端。主板的外观如图 1-6 所示。

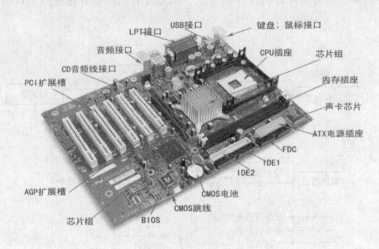

图 1-6　主板结构

（2）CPU。中央处理器（Central Processing Unit，CPU）通常也称为微处理器，安装在主板上的专用插槽内，是整个计算机系统的核心，也是系统最高的执行单位，所以常被人们称作计算机的心脏。CPU 主要由运算器、控制器、寄存器组和内部总线等构成，其外观如图 1-7 所示。

① 运算器。运算器是计算机对数据进行加工处理的核心部件。其主要功能是对二进制编码进行算术运算（加、减、乘、除等）和逻辑运算（与、或、非、异或、比较等），所以也称为算术逻辑运算单元（Arithmetic Logic Unit，ALU）。参加运算的数（称为操作数）由控制器控制，从存储器内取到运算器中。

图 1-7　CPU 的外观

② 控制器。控制器是整个计算机系统的控制指挥中心。其主要负责从存储器中取出指令，并对指令进行译码，再根据指令的要求，按时间的先后顺序，负责向其他各部件发出控制信号，保证各部件协调一致地工作，一步一步地完成各种操作。控制器主要由指令寄存器、译码器、程序计数器、操作控制器等组成。

③ 内部总线。内部总线是连接处理器的内部结构的信息传输线路。其宽度可以是 8、16、32 或 64 位。目前比较流行的内部总线技术有：I2C 总线、SPI 总线、SCI 总线。

目前市面上的 CPU 元件集成度非常高，功率大，因此在工作时会产生大量的热。为保证它正常的工作，必须配置高性能的专用风扇降温。计算机工作时应该有较好的通风条件，否则当散热不好时，CPU 就会停止工作或者烧毁，出现"死机"现象。

（3）内存储器。内存储器是直接与 CPU 联系的存储设备，是微型计算机工作的基础。内存储器虽然容量不大，一般只有几 GB，但转速非常快。CPU 工作需要的指令和数据事先都存放在内存储器中，根据需要不断地从中取用。从使用功能上，内存储器分为只读存储器（ROM）、随机存储器（RAM）和高速缓冲存储器（Cache）3 类。

① 只读存储器。只读存储器（Read Only Memory，ROM），即只能读出数据，而不能写入数据的存储器。ROM 中的数据是由设计者和制造商事先编制好固化在计算机内的一些程序，用户不能随意更改。ROM 中存储的程序主要用于检查计算机系统的配置情况并提供最基本的输入/输出控制程序，如存储 BIOS 参数的 CMOS 芯片。只读存储器最大的特点是存储的程序和数据不会因断电而丢失，永久保存。

② 随机存储器。随机存储器（Random Access Memory，RAM）是计算机工作的存储区，一切要执行的程序和数据都要先装入该存储器内，根据需要可以从随机存储器中读出数据，也可以将数据写入随机存储器。通常所说的 1GB 内存指的就是 RAM 的容量。RAM 有两大特点：一是存储器中的数据可以反复使用，只有向存储器写入新数据时，存储器中的内容才能更新；二是存储器中的信息会随着计算机的断电而消失。所以说 RAM 是计算机处理数据的临时存储区，如果希望长期保存数据，则必须将数据保存到外存储器中。为此，用户在操作计算机的过程中一定要养成将数据随时存盘的良好习惯，以免断电时丢失。

随机存储器可分为静态随机存取存储器（Static RAM，SRAM）和动态随机存取存储器（Dynamic RAM，DRAM）两大类。DRAM 的特点是集成度高，主要用于大容量内存储器；SRAM 的特点是存取速度快，主要用于高速缓冲存储器。现在微机的内存储器都采用 DRAM 芯片构成的内存条，它可以直接插到主板的内存插槽上。微机中动态存储器主要有：同步动态随机存储器（Sychronous Dynamic RAM，SDRAM）、双倍速率同步动态随机存储器（Double Data Rate SDRAM，DDR SDRAM）。其中 DDR SDRAM（简称 DDR）占据了内存条的主流市场，而 SDRAM 因处理器前端总线的不断提高已无法满足新型处理器的需要。SDRAM 内存条和 DDR 内存条的外观分别如图 1-8 和图 1-9 所示。

图 1-8　SDRAM 内存条外观

图 1-9　DDR 内存条外观

③ 高速缓冲存储器。高速缓冲存储器（Cache）是在 CPU 与内存之间设置一级缓存 L1 或二级缓存 L2 的高速小容量存储器，集成在主板上。计算机工作时，系统先将数据通过外部设备读入 RAM 中，再由 RAM 读入 Cache 中，CPU 则直接从 Cache 中取数据进行操作。由于 CPU 处理数据的速度比 RAM 快，为解决两者间数据处理速度不匹配而专门设置了高速缓冲存储器。

（4）驱动器。微型计算机的外存储介质常用的有软磁盘、硬磁盘、光盘、移动硬盘及 U 盘等。其中软磁盘、硬磁盘、光盘上数据信息的读/写必须通过磁盘驱动器或光盘驱动器才能实现。

磁盘驱动器（Disc Drive）是以磁盘作为记录信息媒体的存储设备，其读取、写入和存储信息是在软盘或硬盘的存储媒体上。磁盘驱动器由磁头、磁盘、读写电路及机械装置等组成。磁盘驱动器既是输入设备又是输出设备，有软盘驱动器和硬盘驱动器两种。其中硬盘驱动器是封装在硬盘中的一个组件，硬盘驱动器是微机的主要部件之一。

光盘驱动器简称光驱，英文名为 CD-ROM，是读取光盘信息的设备。与磁盘驱动器不同，它没有读/写磁头，只是把激光光束凝聚成一个光点，进行阅读操作，甚至写操作。光盘存储设备的容量是磁性介质的十几倍以上，甚至还可以增加密度，进一步增加存储容量。光驱的结构主要包括：激光头、旋转转盘、控制器和一组信号操作系统。光驱的接口一般分为 IDE、EIDE、SCSI 和并行口 4 种，其中 IDE 已经被淘汰，EIDE 是中低档驱动器采用的标准，SCSI 是高档驱动器的接口，而外置式 CD-ROM 一般通过并行口与主机相连。光驱的外观如图 1-10 所示。

随着多媒体计算机的兴起，光驱的需求越来越大，品种也越来越多，一般主要有以下几种类型。

① CD-ROM（Compact Disk Read Only Memory，CD 盘只读型光驱）只能读取光盘上的数据。CD-ROM 光驱最重要的性能指标之一是光驱的"倍速"，该指标是指光驱传输数据的速度。"单倍速"是指每秒从光驱读取 150MB 数据，目前光驱已经达到 52 倍速。

② DVD-ROM（数字视频光驱）。用于读取 DVD 光盘上的数据，并且它可以兼容读取 CD 光盘上的数据。

③ CD-R 刻录机。不仅能读光盘，而且可以刻写光盘，但是刻盘后盘中数据不可更改，光盘也是一次性的。

④ CD-RW 刻录机。不仅能读光盘和刻写光盘，而且可在同一张可擦写的光盘上进行多次数据擦写操作。

⑤ DVD 刻录机。包括 DVD-R 刻录机和 DVD-RW 刻录机两种，既可以读取 DVD/CD 碟片，也可以刻写 DVD 碟片。

（5）各种接口。主机箱后面提供的一组标准接口，用于连接各种标准设备，如图 1-11 所示。

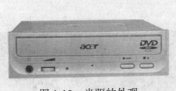

图 1-10　光驱的外观

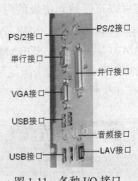

图 1-11　各种 I/O 接口

① 键盘、鼠标接口。键盘、鼠标接口是专用接口，二者形状完全相同，但连接时绝对不能混淆。通常用紫色表示键盘接口，用绿色表示鼠标接口。目前，键盘和鼠标的接口多为 USB 接口。

② 并行口。并行口通常用于连接打印机等设备，具有较高的数据传输速率。"并行"是指 8 位数据同时通过并行线进行传输，这样数据传输速率大大提高；但并行传输的线路长度受到限制，因为长度增加，干扰就会增加，容易出错。常用的并行口有 LPT1、PRN 口，有些计算机还配有多个并行口。

③ 串行口。外置调制解调器通常连接在串行口中，它的数据和控制信息是一位接一位串行地传送的。这样，其传输速率相对于并行口来说要低一些，但传送距离较并行口长，因此长距离的通信应使用串行口。

④ USB 接口。

USB 口是近几年由 Microsoft、Intel、IBM 等大公司共同推出的一种新型接口，具有速度快、即插即用等特点。现在符合 USB 口的设备越来越多，如喷墨打印机、扫描仪、键盘、鼠标、数码相机、移动硬盘、手机充电器等。

⑤ 音频接口。音频接口是集成了音频适配器（声卡）的主板所提供的接口。这种声卡通常为 AC'97，提供 3 个接口，分别用于音频输出、音频输入和麦克风输入。

⑥ 硬盘接口。硬盘接口是硬盘与主机系统间的连接部件，作用是在硬盘缓存和主机内存之间传输数据。不同的硬盘接口决定硬盘与计算机之间的连接速度，在整个系统中，硬盘接口的优劣直接影响程序运行速度和系统性能。硬盘接口大体分为 IDE、SCSI、SATA 和光纤通道 4 种。IDE 接口的硬盘多用于家用产品中，也部分应用于服务器；SCSI 接口的硬盘主要应用于服务器市场，而光纤通道只应用于高端服务器，价格昂贵；SATA 是一种新生的硬盘接口类型，在家用市场中有着广泛的前景。

⑦ 电源。电源是为计算机中的所有部件提供电能的装置。质量差的电源不仅不能保证整个计算机系统的稳定性，而且还会影响其他部件的使用寿命，因此千万不可忽视电源的质量。电源的外观如图 1-12 所示。

⑧ 风扇。风扇用于解决主机箱的散热问题，以免因温度过高而烧坏 CPU。风扇的外观如图 1-13 所示。

图 1-12　电源外观

图 1-13　风扇外观

2. 输入设备

外部信息与计算机的接口称为输入设备。输入设备用于将程序和数据输入到计算机的内存。目前常用的输入设备包括键盘、鼠标、扫描仪、数字化仪、触摸屏、数码相机和数码摄像机等。

（1）键盘。键盘是实现人机对话最基本的输入设备，也是计算机与外界交换信息的主要途径。比较知名的键盘品牌有微软、罗技等。

按照键盘键数区分，目前常用的键盘有 101 键键盘和 104 键键盘。

按照键盘内部结构区分，通常有机械式键盘和电容式键盘 2 种。

① 机械式键盘。按键全为触点式，每个按键就像一个按钮式的开关，按下去后，金属片会和触点接触而连通电路。其优点是较易维修；缺点是击键响声大、手感差、磨损快、故障率较高。

② 电容式键盘。利用电容器电极间的距离变化来产生电容的电量变化，实现非接触的电流变化来对应不同的按键，是目前广泛使用的一种键盘。其优点是按键开关采用封闭式包装、击键声音小、手感较好、使用寿命长，工作过程中不会出现接触不良等问题，灵敏度高、稳定性强；缺点是维修较不易。

按照功能不同，可将键盘分为功能键区、主键盘区、编辑控制键区和副键盘区 4 个区域，另外键盘的右上角还有 3 个指示灯，如图 1-14 所示。

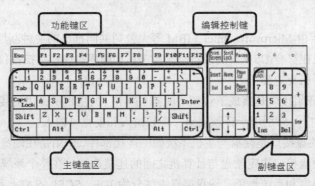

图 1-14　键盘外观

功能键区是位于键盘上部的一排按键。从左到右分别是：Esc 键，一般起退出或取消操作的作用。F1～F12 共 12 个功能键，一般用作快捷键。Print Screen 键，在 DOS 环境下，其功能是打印整个屏幕信息，在 Windows 环境下，其功能是把屏幕的显示作为图形存到内存中，以供处理。Scroll Lock 键，在某些环境下可以锁定滚动条，在右边有一个 Scroll Lock 指示灯，亮着表示锁定。Pause/Break 键，用于暂停程序或命令的执行。

主键盘区主要由字母键、数字键、符号键和制表键等键组成，其按键数目及排列顺序与标准英文打字机基本一致，通过主键盘区可以输入各种命令，但一般和编辑控制键区一起用于文字的录入和编辑。

编辑控制键区主要用于控制光标的移动。

副键盘区又称小键盘区或数字键区，是为提高数字输入的速度而增设的，由打字键区和编辑控制键区中最常用的一些键组合而成，一般被编制成适合右手单独操作的布局。Num Lock 键是数字输入和编辑控制状态之间的切换键，Num Lock 键指示灯亮时，表示副键盘区正处于数字输入状态；反之则处于编辑控制状态。

计算机键盘中几种键位的功能说明见表 1-2。

表 1-2　　　　　　　　　　　　　　计算机键盘中几种键位的功能说明

键　位	功　能　说　明
Enter 键	回车键。将数据或命令送入计算机时即按此键
Space bar 键	空格键。是字符键区下方的长条键
Backspace 键	退格键。按下它可使光标回退一格，常用于删除当前行中的错误字符
Shift 键	换档键。由于整个键盘有 30 个双字符键，即每个键面上标有两个字符，并且英文字母还分大小写，通过此键可以转换。在计算机刚启动时，每个双字符键都处于下面的字符和小写英文字母的状态
Ctrl 键	控制键。一般不单独使用，通常和其他键组合成复合控制键
Alt 键	交替换档键。它与其他键组合成特殊功能键或复合控制键
Tab 键	制表定位键。一般按下此键可使光标移动 8 个字符的距离
Prtsc（Print Screen）键	打印屏幕键。用于将当前屏幕显示的内容全部打印出来
光标移动键	用箭头↑、↓、←、→分别表示向上、下、左、右移动光标
屏幕翻页键	PgUP（Page Up）键，翻回上一页；PgDn（Page Down）键，翻至下一页
双态键	包括 Ins 键和 3 个锁定键。Ins 键的双态是插入状态和改写状态；Caps Lock 键是字母状态和锁定状态；Num Lock 键是数字状态和锁定状态；Scroll Lock 键是滚屏状态和锁定状态

（2）鼠标。鼠标是图形界面操作系统中不可缺少的输入设备，可以代替键盘的大部分功能。鼠标对应于显示器屏幕上的一个特定标识——指针，当在桌面上移动鼠标时，屏幕上的指针也会跟着移动，这个标识在屏幕不同区域会有不同的形状，用户可通过定位、移动、单击、双击、拖曳等操作控制计算机完成相应的工作。

鼠标的工作原理是将鼠标移动方向、位移和键位信号编码后输入计算机，以确定屏幕上光标的位置，实现对计算机的操作。

按工作原理不同，鼠标分为光电鼠标和机械式鼠标两大类。光电鼠标具有定位准确、不易脏、寿命长等优点，适用于图形环境，但是价位较高。鼠标还有单键、双键和三键之分。目前市场上又出现了一些比较新颖的鼠标，如无线鼠标、3D 鼠标等。各种鼠标的外观如图 1-15 所示。

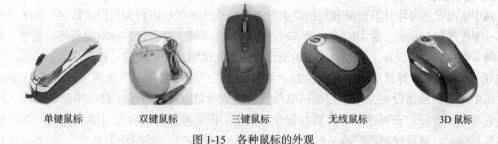

单键鼠标　　　　双键鼠标　　　　三键鼠标　　　　无线鼠标　　　　3D 鼠标

图 1-15　各种鼠标的外观

（3）扫描仪。扫描仪是计算机输入图片和文字使用的一种输入设备，它内部有一套光电转换系统，可以将彩色图片、印刷品等各种图片信息自动转换成计算机图像数据，并传送给计算机，再由计算机进行图像处理、编辑、存储、打印输出或传送给其他设备。扫描仪的外观如图 1-16 所示。

图 1-16　扫描仪的外观

（4）其他输入设备。其他输入设备的外观如图 1-17 所示。

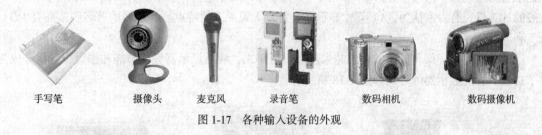

手写笔　　　　摄像头　　　麦克风　　　　录音笔　　　　数码相机　　　　数码摄像机

图 1-17　各种输入设备的外观

手写笔。手写笔一般是使用一只专门的笔，或者手指在特定的区域内书写文字。手写笔通过各种方法将笔或者手指走过的轨迹记录下来，然后识别为文字。对于不喜欢使用键盘或者不习惯使用中文输入法的人来说这是非常有用的，因为它不需要学习输入法。同时手写笔还具有鼠标的作用，可以代替鼠标操作 Windows，并可以用于精确制图，如可用于电路设计、CAD 设计、图形设计、自由绘画以及文本和数据的输入等。

摄像头。摄像头可以作为数码摄像机的另一种形式，使用时直接与计算机连接，将摄像结果即时保存到计算机中。利用摄像头可以和相隔万里的朋友面对面的交流、组建可视电话网络等。

麦克风和音箱。麦克风的作用是采集声音信息，送入声卡；音箱则是发声设备，根据从声卡送来的声音电信号，发出相应的声音。

录音笔。是一种声音录入设备。它可以采集声音并存储成声音文件，其作用类似于数码照相机，只是采集对象不同。

数码相机。是集光学、机械、电子于一体的产品。它集成了影像信息的转换、存储和传输等部件，具有即时拍摄、图片数字化存储、简便浏览、与计算机交互处理等特点。数码相机的核心是成像感光器件，当感光器表面受到光线照射时，把光线转换成电荷，通过模/数转换芯片转换成数字信号，所有感光器产生的信号加在一起，就构成一幅完整的画面，数字信号经过压缩后由相机内部的闪存和内置硬盘卡保存。

除以上提到的常用输入设备外，也可以把话筒、游戏手柄、游戏摇杆等设备当作计算机的输入设备。

3. 输出设备

利用输出设备可将计算机处理后的结果信息转换成外界能够识别和使用的数字、字符、声音、图形、图像等信息形式。常用的输出设备有显示器、打印机、绘图仪、音响设备等。当然，有些设备既可以作为输入设备，又可以作为输出设备，如软盘驱动器、硬盘、磁带机等。

（1）显示器。计算机的显示系统由显示器与显示控制适配器两部分组成。显示器（Display）是微机中重要的输出设备，其作用是将电信号转换成可以直接观看的字符、图形或图像。用户通过它可以很方便地查看送入计算机的程序、数据、图形等信息及经过计算机处理后的中间结果和最后结果。显示控制适配器又称为显示接口卡（简称显卡，或叫图形加速卡），插在主板的扩展槽上，是主机与显示器之间的接口，其基本作用是控制计算机的图形输出。目前计算机显卡均集成在主板上。

显示器按其显示内容可分为图形显示器、图像显示器和文字显示器；按显示的颜色可分为单色显示器和彩色显示器（分辨率高）；按显示设备所用的显示器件可分为液晶显示器（LCD）、等离子显示器（PDP）和发光二级管显示器（LED）等类型；按其扫描方式可分为光栅扫描显示器和随机扫描显示器；按分辨率可分为高分辨率显示器、低分辨率显示器和中分辨率显示器；根据显示管对角线大小的尺寸分为 17 英寸、19 英寸等，尺寸越大，显示的有效面积就越大。对于一般的计算机，有专家认为，17 英寸显示器最符合人眼视力的特点。显示器的著名制造商有 LG、飞利浦等。

随着人们对环保和健康的要求越来越高，近年来，液晶显示器凭借节能和辐射少等优势成为了首选。各类显示器的外观如图 1-18 所示。

阴极射线管显示器　　　　　　　液晶显示器　　　　　　　　等离子显示器

图 1-18　各种类型显示器的外观

特别值得一提的是：显示器必须配置相匹配的适配器才能取得良好的显示效果。

（2）打印机。要把显示的内容输出到纸张上，就必须使用打印机。通过打印机可以把计算机处理的信息，包括文本、图像等输出到纸张或其他介质上，以便保存和传播。打印机也是计算机的重要输出设备。常见的打印机品牌有 EPSON、Canon、HP 和联想等。

打印机作为重要的计算机输出设备，种类繁多，根据不同的分类标准，打印机的分类如下。

① 根据工作原理，可分为针式打印机、喷墨打印机、激光打印机 3 种，如图 1-19 所示。

针式打印机　　　　　　　　喷墨打印机　　　　　　　　激光打印机

图 1-19　各种类型打印机的外观

- 针式打印机是较早的一类打印机，其工作原理是用一排针头把色带上的颜色按点阵图模式击打在纸上形成文字或图案。其优点是耗材便宜，可使用连续纸张；缺点是噪音大、速度不够快。针式打印机按打印头上针的多少可分为 9 针式和 24 针式等类型。
- 喷墨打印机的工作原理有些类似于针式打印机，只是把针式打印机的打印头换成了喷墨头，色带换成了墨盒装在喷墨头后，按点阵图模式在纸张上喷出图案墨点，然后烘干就可以了。喷墨打印机价格低廉，但是速度慢、耗材贵，适合于打印量不多的家庭使用。喷墨打印机基本都属于单页式打印机。
- 激光打印机采用静电原理将墨粉烫印在纸张上，因此对纸的质量要求比较高。它的优点是速度快，打印效果非常好；缺点是价格太高，特别是彩色激光打印机。

② 根据色彩，有彩色和单色之分。目前常见的针式打印机和激光打印机基本上都是单色（黑色）打印机，在办公室中普及率高。在家庭中使用较多的是彩色喷墨打印机。

③ 根据打印纸张宽度和纸张大小，针式打印机有宽行和窄行之分。若使用专用纸，针式打印机可连续打印达几十米长的文字图案。根据打印纸张的大小，常见的是 A4 幅面打印机，此外还有 A3 幅面和专业单位使用的 A1、A2 以及更大幅面的打印机。

（3）音箱。音箱是将音频信号变换为声音的一种设备。最为传统的音箱使用两个外形完全相同的立方体箱体，其中一个内置功放电路，称为主箱，另一个称为副箱，两个箱体使用分频设计（即一个高音扬声器和一个中低音扬声器），由主箱对音频信号进行放大处理后放出声音。音箱的外观如图 1-20 所示。

4. 外存储器

计算机的存储器由存储器和外存储器两部分组成。内存储器最突出的特点是存取速度快，存储容量小；外存储器的特点是存取速度慢，存储容量大。内存储器用于存放当前要用的程序和数据；外存储器用于存放暂时不用的程序和数据。

图 1-20　音箱的外观

需要指出的是，外存储器只能与内存储器交换信息，不能被计算机系统的其他任何部件直接访问。外存储器也称为辅助存储器，用于长期存放数据信息和程序信息。外存储器分为磁介质型存储器和光介质型存储器两种，磁介质型存储器常指硬盘和软盘；光介质型存储器则指光盘。

（1）软盘。软磁盘存储器简称软盘，是一种在软质基片上涂有氧化铁磁层的记录介质，其封装在方形保护套内。软盘驱动器的磁头与盘面是在接触状态下工作的，转速很低，目前基本已被淘汰。3.5 英寸软盘的外形结构如图 1-21 所示。

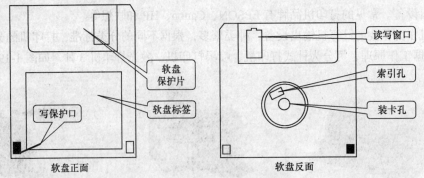

图 1-21　3.5 英寸软盘的外形结构

软盘具有以下技术指标。

- 面数（Side）。只能用一面存储信息的软盘称为单面软盘，且称此面为第 0 面。可用两面存储信息的软盘称双面软盘，两面分别称为第 0 面和第 1 面。
- 磁道（Track）。磁道是以盘片中心为圆心的一些同心圆轨道，每一圆周称为一个磁道，各磁道与中心的距离不等，如图 1-22 所示。数据存储在软盘盘片的磁道上。3.5 英寸软盘有 80 个磁道，磁道的编号从 0 开始，即 0 ~ 79 道。
- 扇区（Sector）。将每个磁道分成若干个区域，每一个区域称为一个扇区。扇区是软盘的基本存储单位。计算机进行数据读/写时，无论数据多少，总是读/写一个完整的扇区或几个扇区。每个磁道上的扇区数可为 8、9、15 或 18，扇区编号从 1 开始。每个扇区为 512 字节。图 1-22 为 3.5 英寸双面高密软盘上磁道分布情况的示意图，图中有 80 个磁道，每个磁道有 18 个扇区，总存储容量为 1.44MB。

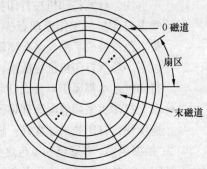

图 1-22　软盘上的磁道与扇区

- 存储容量。存储容量是指软盘所能存储的数据字节总数，常用千字节（KB）、兆字节（MB）或吉字节（GB）来表示。软盘存储容量可用下式计算。

存储容量 = (字节数/扇区) × (扇区数/道) × (磁道数/面) × 面数

例如，一张双面软盘有 80 个磁道，18 个扇区/道，其格式化存储容量为

$$512\,B \times 18 \times 80 \times 2 = 1\,474\,560B \approx 1.44MB$$

（2）硬盘。硬盘是计算机中利用磁记录技术在涂有磁记录介质的旋转圆盘上进行数据存储的辅助存储器。操作系统、各种应用软件和大量数据都存储在硬盘上。硬盘是磁存储器，不会因为关机或停电丢失数据。它具有容量大、数据存取速度快、存储数据可长期保存等特点，是各种计算机安装程序、保存数据最重要的存储设备。

① 硬盘的信息存储结构。硬盘驱动器和硬盘是作为一个整体密封在防尘盘盒内的，不能将硬盘从硬盘驱动器中取出，硬盘外观如图 1-23 所示。硬盘是由若干张质地较硬的涂有磁性材料的金属圆形盘片叠加而成，单一硬盘盘片是表面涂有磁性材料的无磁性的合金或塑料材料，呈圆盘状，像一个表面极为光亮的金属盘。磁盘上有上千个磁道，呈同心圆排列。磁道由外至内编号为 0 号磁道、1 号磁道、2 号磁道……每个磁道构成一个密闭圆环，并被平均分为若干扇区。一个扇区存储数据为 512 字节。扇区也有编号，称为 1 扇区、2 扇区……

硬盘上的若干扇区构成簇，簇包含的扇区数视硬盘大小而定。硬盘容量大，则扇区数大；反之就小。簇是一个重要的概念，是信息物理存储的单位。在对硬盘进行写操作时，上一个簇写满了，才能写下一个簇。所有磁道编号相同的扇区构成一个扇形，起始部分和结束部分都处于盘片的同一条半径上。硬盘中的多个磁盘片像一摞光盘一样放置，上下盘片编号相同的磁道和扇区必须重合，都串在主轴上，形成一个圆柱体，如图 1-24 所示。每个盘片的上下表面都能存储信息，每面都有自己的磁头，读写硬盘时，磁头在磁盘上来回移动，通过改变磁盘的磁性来进行数据的读取与写入，如图 1-25 所示。磁性圆盘高速旋转产生的托力使磁头悬浮在盘面上而不接触盘面，所有的磁头同步运动，某一时刻都处于对应盘片编号相同的磁道和编号相同的扇区。硬盘是按柱面号、磁头号和扇区存取信息的，数据在硬盘上的位置通过柱面号、磁头号和扇区号 3 个参数来确定。

图 1-23　硬盘外观

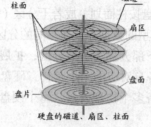
图 1-24　多个磁盘片

图 1-25　硬盘驱动器与硬盘存储器内部结构

根据盘片的以上排列规律，可以按下列公式计算硬盘的总容量。

容量 = 磁头数(盘片数 × 2) × 磁道数 × 扇区数 × 每扇区字节数（512B）

② 硬盘的性能指标。

- 硬盘容量。硬盘容量是指在一块硬盘中可以容纳数据的容量。硬盘作为计算机最主要的外部存储器，其容量是第一性能指标。硬盘容量通常以 GB 为单位。硬盘的容量发展很迅速，已经从过去的几百 MB，发展到现在的几百 GB。目前主流硬盘容量有 120GB、160GB 和 500GB 等。

- 硬盘转速。硬盘转速是指硬盘的电动机旋转的速度，它的单位是 r/min（revolutions per minute），即每分钟多少转。硬盘转速是决定硬盘内部传输率的因素之一，它决定了硬盘的速度，同时也是区别硬盘档次的重要标志。目前，硬盘的转速主要有 7 200r/min 和 10 000r/min 两种。转速越快，硬盘的性能越好，较高的转速可缩短硬盘的平均寻道时间和实际读写时间。

- 高速缓存。硬盘数据传输率可以分为内部数据传输率和外部数据传输率，通常所说的数据传输率是指外部数据传输率，数据传输率越高，硬盘性能越好。由于硬盘内部传输速度与硬盘外部传输速率目前还不能一致，必须通过缓存来缓冲，因此，高速缓存是计算机缓解数据交换速度差异使之同步的必备设备，高速缓存的大小对硬盘速度有较大影响。目前主流硬盘的高速缓存主要有 2MB 和 8MB 等，其类型一般是 EDODRAM 或 SDRAM，一般以 SDRAM 为主。硬盘高速缓存的工作方式是：读盘时，系统检查数据是否在高速缓存中，如果存在，则直接读取数据；写盘时，系统首先将数据写入高速缓存，直到磁盘空闲时，才把高速缓存中的数据写入磁盘。

- 平均寻道时间。平均寻道时间是指硬盘在接收到系统指令后，磁头从开始移动到移动至数据所在的磁道所花费时间的平均值，它一定程度上体现硬盘读取数据的能力，是影响硬盘内部数据传输率的重要参数，单位为毫秒（ms）。不同品牌、不同型号的产品，其平均寻道时间也不一样，但平均寻道时间越低，产品越好，主流硬盘产品的平均寻道时间都在 9ms 左右。

● 硬盘驱动器接口。硬盘驱动器接口是指连接硬盘驱动器和计算机的专用部件，它对计算机的性能以及扩充系统时，计算机连接其他设备的能力有很大影响。不同类型的接口往往制约着硬盘的容量，更影响硬盘速度的发挥。按接口不同，硬盘主要有 IDE 接口、SCSI 接口和 SATA 接口。

③ 硬盘的分区与格式化。硬盘在使用前需进行低级格式化，这一般由制造商完成。只有当硬盘出现严重问题或被病毒感染时，才需要对硬盘重新进行低级格式化。进行低级格式化必须使用专门的软件。

刚买的新硬盘是无法立即使用的，必须对硬盘进行逻辑分区和格式化后才可以使用。因为硬盘的容量太大，存放的数据日积月累会非常多，此时找某个文件必然会花费很多时间。解决办法就是对硬盘进行分区，即把一块物理硬盘按柱面划分成若干分区（区域），每个分区就可以当作一块独立的硬盘来用，用户可以把不同类型的数据存放在不同的分区内。当一个硬盘被划分成若干分区后，第一个分区称为主分区，余下部分称为扩展分区，扩展分区再次划分后，形成若干逻辑分区。主分区和每个逻辑硬盘都有各自对应的一个盘符，硬盘的盘符总是从 C: 开始，按顺序分配。有时，一台计算机也可以配备多个物理硬盘，每个硬盘划分分区的方法都相同，使用时 Windows 会自动给它们分配盘符。

（3）光盘。光盘是注塑成形的碳粉化合物圆盘，其上涂了一层铅质的薄膜，最外面又涂了一层透明的聚氯乙烯塑料保护层。光盘是以激光束记录数据和读取数据的数据存储媒体，是一种新型的大容量辅助存储器，需要有光盘驱动器配合使用。与软盘和硬盘一样，光盘也能以二进制数据（由 "0" 和 "1" 组成的数据模式）的形式存储文件。要在光盘上存储数据，必须先借助计算机将数据转换成二进制，然后用激光按数据模式灼刻在扁平的、具有反射能力的盘片上。激光在盘片上刻出的小坑代表 "1"，空白处代表 "0"。

① 光盘的种类。光盘的种类很多，但其外观尺寸是一致的。一般光盘尺寸统一为直径 12cm，厚度 1mm。按读/写方式，光盘存储器大致可分为以下 4 种类型。

CD-ROM（CD read-only memory，只读光盘）。是一次成型的产品，用户只能读取光盘上已经记录的各种信息，但不能修改或写入新的信息。只读式光盘由专业化工厂规模生产，首先要制作好金属原模，也称为母盘，然后根据母盘在塑料基片上制成复制盘。因此，只读式光盘特别适合大批量地制作同一种信息，非常廉价。这种光盘的数据存储量为 650～700MB。此外还有一些小直径的光盘，它们的容量在 128MB 左右。

CD-R（CD-recordable，一次性可写入光盘）。它需要专用的刻录机将信息写入，刻录好的光盘不允许再次更改。这种光盘的数据存储量一般为 650MB。CD-R 的结构与 CD-ROM 相似，不同的是 CD-ROM 的反射层为铝膜，故称为 "银盘"；而 CD-R 为金膜，故称为 "金盘"。

CD-RW（CD-reWritable，可擦写的光盘）。与 CD 光盘的本质区别是可以重复读/写，即对于储存在光盘上的信息，可以根据操作者的需要自由更改、读取、复制和删除。

DVD（Digital Video Disc，数字视频光盘）。主要用于记录数字影像。它集计算机技术、光学记录技术和影视技术等为一体。一张单面 DVD-ROM 光盘的容量为 4.7GB，相当于 7 张 CD 盘片（650MB）的总容量。DVD 碟片的大小与 CD-ROM 相同，由两个厚 0.6mm 的基层粘成，最大的特点在于可以单面存储，也可以双面存储，而且每一面还可以存储两层资料。DVD 的碟片分为 4 种：单面单层（DVD-5），容量为 4.7GB；单面双层（DVD-10），容量为 9.4GB；双面单层（DVD-9），容量为 8.5GB；双面双层（DVD-18），容量为 17GB。

② 光盘的特点。

- 高容量。存入的信息可以是程序、操作的数据、图形和声音信息。
- 标准化。光盘广泛应用的原因之一是产品的标准化，可在任一光盘驱动器中操作。
- 持久性。一般来说，光盘的寿命长达数十年，甚至一百年。这是因为光盘在光驱中操作时是以非接触方式进行的，无磨损问题，也不会感染病毒。
- 经济实用。目前，光盘驱动器与光盘价格迅速降低，光盘信息所覆盖的领域不断扩大，各种光盘出版物的种类及发行量大增。

此外，光盘还具有读取速度快、数据可靠性高、便于保存和携带、对保存环境要求不高等特点，是最适合保存多媒体数据的载体。

③ 光盘的保养。光盘必须放在专用的容器内保存，而不能把它们堆放或叠放在一起。当需要把光盘放入光盘驱动器中进行阅读时，要用手指托住光盘的里、外边缘以避免指印，并且使标记面朝上，然后放入光盘驱动器的托盘中。此外，还要保护光盘不受强光照射，避免将光盘存放在过热、过冷或潮湿的地方。如果光盘变脏，可用水或酒精清洗。注意不要使用玻璃清洁剂或溶剂，因为这些溶剂会使聚碳酸酯变模糊，甚至侵入聚碳酸酯里面。用一块软布从中心向边缘轻轻擦拭，不能沿圆形轨边擦拭。

（4）可移动存储器。除了以上的几种辅助存储器外，还有 U 盘、移动硬盘等可移动存储设备。

① U 盘。U 盘即 USB 盘的简称，而优盘只是 U 盘的谐音称呼。U 盘是闪存的一种，因此也叫闪盘或者闪存盘，是采用闪存（Flash Memory）存储介质和通用总线接口，以电擦写方式存储数据、制造的移动存储器。自从 1999 年深圳朗科公司发明了 U 盘，开创了全球 U 盘行业以来，U 盘就以其轻巧精致、容量大、速度快、使用与携带方便、即插即用、数据存储安全稳定、价格低等优点而很快流行起来，U 盘已经成为软盘的替代品。U 盘一般接在 USB 接口上，U 盘的外观如图 1-26 所示。部分品牌型号的 U 盘还具有加密功能。U 盘的使用寿命主要取决于存储芯片的寿命，通常情况下，闪存芯片至少可擦写 100 万次。U 盘采用 USB 接口。支持的操作系统有 Windows 2000/Windows XP/Windows Server 2003/Windows Vista 或苹果机系统，将 U 盘直接插到机箱前面板或后面的 USB 接口上，系统就会自动识别。

② 移动硬盘。移动硬盘（Mobile Hard Disk）是以硬盘为存储介质、便携性的存储设备，其数据的读写模式与标准 IDE 硬盘相同，外观如图 1-27 所示。移动硬盘具有容量大、传输速率高、使用方便、可靠性强等特点。

图 1-26　U 盘的外观

图 1-27　移动硬盘的外观

③ MP3 播放器、MP4 播放器和 MP5 播放器。MP3 播放器就是可播放 MP3 格式音乐的播放工具。MP3 播放器本身也可以用作 U 盘，它既能存储 MP3 格式的音乐文件，又可以存储任意的数字文件。MP3 播放器的外观如图 1-28 所示。如今市面上的 MP3 播放器除听歌以外，还有视频播放、电子书、图片浏览、录音等功能，一些比较特殊的 MP3 还有拍照、GPS 等功能，这为用

户提供了高性价比的解决方案。有些 MP3 除了这些功能外还可以储存电话。

MP4 播放器是一种集音频、视频、图片浏览、电子书、收音机等于一体的多功能播放器，其外观如图 1-29 所示。MP4 播放器以储存数码音讯及数码视讯为主，它除了具有看电影的基本功能外，还支持音乐播放、浏览图片，甚至部分产品还可以上网。现在对 MP4 播放器的功能没有具体界定，不少厂商都将它定义为多媒体影音播放器。

MP5 播放器的核心功能就是利用地面数字电视通道实现在线数字视频直播收看和下载观看等功能，它采用特殊的压缩技术，将 WAV、MP3 或 CDA 格式的歌曲压缩成短小而易于管理的音乐文件。此外，MP5 强大的内核处理能力可以支持现有的多款经典网络游戏下载。MP5 播放器的外观如图 1-30 所示。

图 1-28　MP3 播放器的外观　　　　图 1-29　MP4 播放器的外观　　　　图 1-30　MP5 播放器的外观

1.2.2　计算机的软件系统

软件是人们为了在计算机上完成某一具体任务而编写的一组程序，这些程序能告诉计算机做什么、怎么做。计算机的软件系统分为系统软件和应用软件两大类。

1．系统软件

系统软件是为扩充计算机功能所配备的软件，主要用于管理、操纵和维护计算机，支持应用软件的开发和运行。系统软件是用户和裸机的接口，主要包括以下几种。

（1）操作系统。主要负责管理计算机中软、硬件资源的分配、调度、输入/输出控制和数据管理等工作，用户只有通过它才能使用计算机。如 DOS、Windows 2000、Windows XP、UNIX、Linux、Netware 等。

（2）程序设计语言。人与计算机之间进行信息交换通常使用程序设计语言。人们把自己的意图用某种程序设计语言编写程序，并将其输入计算机，告之完成什么任务以及如何完成，达到计算机为人做事的目的。程序设计语言经历了机器语言、汇编语言和高级语言 3 个阶段。

① 机器语言。机器语言是机器的指令序列。机器指令用一串 0 和 1 的二进制编码表示，可以直接被计算机识别并执行。机器语言是面向机器的语言，与计算机硬件密切相关，针对某一类计算机编写的机器语言程序不能在其他类型的计算机中运行。机器语言的缺点是编写程序很困难，而且程序难改、难读。但机器语言编写的程序执行速度快，占用内存空间少。由于是直接根据硬件的情况来编制程序，因此可以编制出效率高的程序。

② 汇编语言。汇编语言又称为符号语言，是用一些有特定含义的符号替代机器的指令作为编程用的语言，其中使用了很多英文单词的缩写，这些字母和符号称为助记符。例如，助记符 ADD 表示加法，SUB 表示减法等。这些助记符易编程、可读性好、修改方便，但机器并不认识，所以需把它翻译成相对应的机器语言程序，这种翻译的过程就叫作汇编。将汇编语言程序翻译成相应的机器语言程序是由汇编程序完成的。汇编语言的每一条语句和机器语言指令一一对应，故仍属于一种面向机器的语言。

③ 高级语言。高级语言是用英文单词、数学表达式等易于理解的形式书写，并按严格的语法

规则和一定的逻辑关系组合的一种计算机语言。高级语言编写的程序独立于机型，可读性好、易于维护，提高了程序设计效率。常见的过程化高级语言有 BASIC、C 语言等，针对面向对象程序设计方法的可视化编程语言有 Visual Basic、Delphi、Visual C++等，以及计算机网络语言 Java、C#等。

（3）语言处理系统。汇编语言与高级语言必须翻译成机器语言才能被计算机接受。按汇编语言和各种高级语言语法规则编写的程序叫源程序。源程序通过语言处理程序翻译成计算机能够识别的机器语言程序，即目标程序。语言处理程序翻译方式有两种：编译和解释。编译是指在编写完源程序后，由存放在计算机中事先用机器语言编写好的一个编译程序将整个源程序翻译成目标程序的过程。该目标程序经连接程序连接后，形成在计算机上可执行的程序。解释则是由解释程序对高级语言逐句解释，边解释边执行，解释完后只出现运行结果而不产生目标程序。编译程序和解释程序的执行过程如图 1-31 所示。

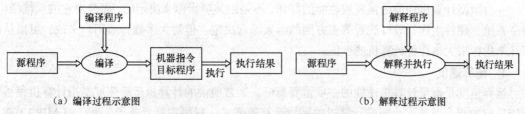

（a）编译过程示意图　　　　　　　　　　　　（b）解释过程示意图

图 1-31　语言处理程序的工作示意图

（4）各种服务性程序。主要包括协助用户进行软件开发或硬件维护的软件，如用于机器调试、故障检查和程序诊断等的程序。

2. 应用软件

应用软件是由用户根据自己的工作需求，为解决各种实际问题而自行开发或从厂家购买来完成某一特定任务的软件，如办公软件、财务软件、平面设计软件、三维制作软件等。

目前，计算机软件已发展成为一个巨大的产业，软件的应用范围也涵盖了生活的各个方面，因此很多问题都有了相应的软件来解决。

1.2.3　计算机的工作原理

计算机工作的过程实质上是执行程序的过程。程序是由若干条指令组成的，计算机逐条执行程序中的指令就可完成一个程序的执行，从而完成一项特定的工作。指令就是让计算机完成某个操作所发出的命令，是计算机完成该操作的依据。计算机执行指令一般分为两个阶段：第一个阶段称为取指令周期；第二阶段称为执行周期。执行指令时，首先将要执行的指令从内存中取出送入 CPU，然后由 CPU 对指令进行分析译码，判断该指令要完成的操作，并向各部件发出完成该操作的控制信号，完成该指令的功能。一台计算机所有指令的集合称为该计算机的指令系统。计算机的程序是一系列指令的有序集合，计算机执行程序实际上就是执行这一系列指令。程序执行时，系统首先从内存中读出第一条指令到 CPU 执行，指令执行完毕后，再从内存中读出下一条指令到 CPU 内执行，直到所有指令执行完毕。因此，了解计算机工作原理的关键就是要了解指令和程序执行的基本过程，如图 1-32 所示。

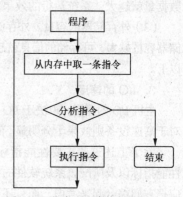

图 1-32　指令和程序执行过程示意图

综上所述，计算机的基本工作原理就是计算机取出指令、分析指令、执行指令，再取下一条指令，依次周而复始地执行指令序列的过程。自从1946年第一台电子计算机问世以来，几乎所有计算机的工作原理都相同。这一原理是美籍匈牙利数学家冯·诺依曼教授于1946年提出来的，故称为冯·诺依曼原理。

1.2.4　微型计算机的性能指标

微型计算机（Microcomputer）又称为个人计算机（Personal Computer，PC），是以微处理器芯片为核心构成的计算机。微型计算机除具有计算机的普通特性外，还有一般计算机无法比拟的特性，如体积小、组装灵活、使用方便、价廉、省电、对工作环境要求不高等，因此深受人们喜爱。

一台微型计算机功能的强弱或性能的好坏，不是由某项指标来决定的，而是由它的系统结构、指令系统、硬件组成、软件配置等多方面的因素综合决定。但对大多数普通用户来说，可以从以下几个指标来大体评价计算机的性能。

1. 运算速度

运算速度是衡量计算机性能的一项重要指标。通常所说的计算机运算速度是指计算机每秒钟所能执行的指令条数，也叫作计算机的平均运算速度，一般用"百万条指令/秒"（MIPS）或百万条浮点指令/秒（MFPOPS）来描述。影响微机运算速度的主要因素有以下几个。

（1）CPU的主频。是指CPU的工作时钟频率，其单位是MHz，它在很大程度上决定了计算机的运算速度。一般来说，主频越高的CPU在单位时间内完成的指令也越多，相应的处理器速度也越快。

（2）字长。字长是指CPU在单位时间内能一次处理的二进制数的位数。因此，CPU的字长反映了计算机可处理的最大二进制数。如Pentium 4的CPU字长为32位，表示其能处理的最大二进制数为2^{32}。不同等级计算机的字长是不同的，计算机中常用的字长从最初的4位、8位、16位、32位已经发展到现在的64位。

2. 存储器的指标

（1）存取速度。内存完成一次读（取）或写（存）操作所需的时间称为存储器的存取时间或者访问时间。连续两次读或写所需的最短时间称为存储周期。

（2）内存储器的容量。内存储器也称主存，需要执行的程序与需要处理的数据就是存放在主存中的。内存储器的容量反映了计算机存储信息的能力。随着操作系统的升级、应用软件的不断丰富及其功能的不断扩展，人们对计算机内存容量的需求也不断提高。内存容量越大，能处理的数据量就越大，系统运行的效果就越好。

（3）外存储器的容量。外存储器的容量通常是指硬盘（包括内置硬盘和移动硬盘）容量。外存储器容量越大，可存储的信息就越多，可安装的应用软件就越丰富。目前，硬盘容量一般为320GB以上。

3. I/O 的速度

主机I/O的速度，取决于I/O总线的设计。这对于慢速设备（如键盘、打印机等）关系不大，但对于高速设备则效果十分明显。例如，当前SCSI硬盘的外部传输率已经达到了160MByte/s以上。

除了上述这些主要性能指标外，微型计算机还有其他一些指标。例如，所配置外围设备的性能指标以及所配置系统软件的情况等。另外，各项指标间也不是彼此孤立的，在实际应用时，应把它们综合起来考虑，而且还要遵循"性能价格比"的原则。

1.3　计算机中的数制与编码系统

数制也称计数制，是用一组固定的符号和统一的规则来表示数值的方法。编码是采用少量的基本符号，按一定的组合原则，用来表示大量信息的技术。计算机是处理文本、图像、音频、视频等信息的工具，任何信息必须转换成二进制形式的数据后才能被计算机处理、存储和传输。

1.3.1　常用数制

数制的种类很多，有二进制（两根筷子为一双）、六十进制（60 分钟为一小时）、十二进制（12 个月为一年）、二十四进制（一天为 24 小时）等，日常生活中最常用的是十进制。计算机内部采用二进制存储数据和进行运算。对于其他数制的数据，计算机先要将其转换成二进制数存入计算机内部后，才能进行运算。对于运算得到的二进制结果，又要将其转换成人们习惯的进制形式通过输出设备输出。下面介绍与计算机有关的几种常用数制（见表 1-3）。

表 1-3　　　　　　　　　　　　　　计算机中常用的数制

进 位 制	二 进 制	八 进 制	十 六 进 制	十 进 制
规则	逢二进一	逢八进一	逢十六进一	逢十进一
基数	$R=2$	$R=8$	$R=16$	$R=10$
基本符号	0，1	0，1，2，3，4，5，6，7	0，1，2，3，4，5，6，7，8，9，A，B，C，D，E，F	0，1，2，3，4，5，6，7，8，9
权	2^i	8^i	16^i	10^i
标识形式	B	O	H	D

1．十进制

特点：有 10 个不同的数码符号 0、1、2、3、4、5、6、7、8、9，基数为十，逢十进一。

例如：

$(6\,039.15)_{10} = 6 \times 10^3 + 0 \times 10^2 + 3 \times 10^1 + 9 \times 10^0 + 1 \times 10^{-1} + 5 \times 10^{-2}$

其中 6、0、3、9、1、5 为数码，它在数中的位置称为数位，每位数位上所能使用的数码符号数称为基数。每个数位上的数码符号所代表的数值等于该数位上的数码乘以一个固定值，这个固定值的数值称为位权。

2．二进制

特点：有两个不同的数码符号 0、1，基数为二，逢二进一。

例如：

$(1\,011.01)_2 = 1 \times 2^3 + 0 \times 2^2 + 1 \times 2^1 + 1 \times 2^0 + 0 \times 2^{-1} + 1 \times 2^{-2} = (11.25)_{10}$

3．八进制

特点：有 8 个不同的数码符号 0、1、2、3、4、5、6、7，基数为八，逢八进一。

例如：$(407.2)_8 = 4 \times 8^2 + 0 \times 8^1 + 7 \times 8^0 + 2 \times 8^{-1} = (263.25)_{10}$

4．十六进制

特点：有 16 个不同的数码符号 0、1、2、3、4、5、6、7、8、9、A、B、C、D、E、F，基数为十六，逢十六进一。

例如：

$(A2F)_{16} = 10 \times 16^2 + 2 \times 16^1 + 15 \times 16^0 = (2\,607)_{10}$

归纳上述几种数制的特点可知，R 进制由 R 个数码符号组成，运算时每相邻两位遵循"逢 R 进一"原则。任意一个 R 进制数都可以使用 R 进制的位权展开形成多项式。

1.3.2 不同数制间的转换

1. 二进制数、八进制数、十六进制数转换为十进制数

转换方法：采用相应的位数展开法实现，即将相应的进制数按"位权"展开，然后各项相加，就得到相应的十进制数。

例1 二进制数转换为十进制数。

$(101.101)_B = 1 \times 2^2 + 0 \times 2^1 + 1 \times 2^0 + 1 \times 2^{-1} + 0 \times 2^{-2} + 1 \times 2^{-3} = 4 + 0 + 1 + 0.5 + 0 + 0.125 = (5.625)_D$

例2 八进制数转换为十进制数。

$(75.1)_O = 7 \times 8^1 + 5 \times 8^0 + 1 \times 8^{-1} = 56 + 5 + 0.125 = (61.125)_D$

例3 十六进制数转换为十进制数。

$(A5F.D)_H = 10 \times 16^2 + 5 \times 16^1 + 15 \times 16^0 + 13 \times 16^{-1} = 2\,560 + 80 + 15 + 0.812\,5 = (2\,655.812\,5)_D$

2. 十进制数转换为二进制数、八进制数、十六进制数

对十进制整数部分采用除 R（基数）取余的方法。即把要转换的数除以新进制的基数，把余数作为新进制的最低位；把上一次得的商再除以新进制的基数，把余数作为新进制的次低位；依次进行，直到最后的商为 0，这时的余数就是新进制的最高位。

例如，将 $(25)_{10}$ 转换为二进制数。

因此，$(25)_{10} = (11\,001)_2$。

对十进制数小数部分采用乘 R（基数）取整法的方法。即把要转换数的小数部分乘以新进制的基数，将得到的整数部分作为新进制小数部分的最高位；用上一步得的小数部分再乘以新进制的基数，将整数部分作为新进制小数部分的次高位；依次进行，直到小数部分变成 0 或者达到预定的要求为止。

例如，将 $(0.625)_{10}$ 转换为二进制数。

因此，$(0.625)_{10} = (0.101)_2$。

对于既有整数部分又有小数部分的十进制数，则整数部分和小数部分分别用不同的方法进行转换，之后合二为一。

　　说明：把十进制数转换成二进制数时，整数部分均可用有限位的二进制整数表示；但对于小数部分却不一定能用有限位的二进制小数表示。例如，$(0.1)_D = (0.000\ 1100\ 1100\ 1100\ 1100\cdots)_B$。

　　十进制数与二进制数、八进制数、十六进制数间的对照关系如表 1-4 所示。

表 1-4　　　　　　　　　　十进制数与二进制数、八进制数、十六进制数的对照关系

二 进 制 数	八 进 制 数	十 进 制 数	十六进制数
0000	00	00	0
0001	01	1	1
0010	02	2	2
0011	03	3	3
0100	04	4	4
0101	05	5	5
0110	06	6	6
0111	07	7	7
1000	10	8	8
1001	11	9	9
1010	12	10	A
1011	13	11	B
1100	14	12	C
1101	15	13	D
1110	16	14	E
1111	17	15	F
10000	20	16	10

3. 二进制数与八进制数、十六进制数的互相转换

　　R 进制数的一个数的组成符号需用几个二进制位来表示，可通过式子 $n = \log_2 N$ 计算。其中 n 为所需二进制位，N 为 R 进制数的基数。八进制数可以用 $n = \log_2 8$，即 3 位二进制数表示；十六进制数可用 $n = \log_2 16$，即 4 位二进制数表示，并有一一对应关系。二进制数与八进制数的对照关系见表 1-5，二进制数与十六进制数的对照关系见表 1-6。

表 1-5　　　　　　　　　　　　二进制数与八进制数的对照关系

二进制数	000	001	010	011	100	101	110	111
八进制数	0	1	2	3	4	5	6	7

表 1-6　　　　　　　　　　　　二进制数与十六进制数的对照关系

二进制数	0000	0001	0010	0011	0100	0101	0110	0111
十六进制数	0	1	2	3	4	5	6	7
二进制数	1000	1001	1010	1011	1100	1101	1110	1111
十六进制数	8	9	A	B	C	D	E	F

　　二进制数转换为八进制数时，以小数点为界，整数部分按照由右至左（由低位向高位）的顺序每 3 位划分成一组，最高位不足 3 位的向前（向左）补 0；小数部分按照从左至右（由高位向低位）的顺序每 3 位划分成一组，最低位不足 3 位的向后（向右）补 0；然后分别用 3 位二进制代码与八进制数码一一对应完成转换。八进制数按照对应关系和书写顺序直接转换成二进制数。

二进制数转换为十六进制数时，也是以小数点为界，整数部分按照由右至左（由低位向高位）的顺序每4位划分成一组，最高位不足4位的向前（向左）补0；小数部分按照从左至右（由高位向低位）的顺序每4位划分成一组，最低位不足4位的向后（向右）补0；然后分别用4位二进制代码与十六进制数码一一对应完成转换。十六进制数按照对应关系和书写顺序直接转换成二进制数。

例1 将$(1010111.01101)_2$转换成八进制数。

$$(1010111.01101)_2 = (001\ 010\ 111.011\ 010)_2$$

$$\downarrow\quad\downarrow\quad\downarrow\quad\downarrow\quad\downarrow$$

$$1\quad 2\quad 7\quad 3\quad 2$$

所以$(1010111.011.1)_2 = (127.32)_8$。

例2 将$(327.5)_8$转换为二进制数。

$$3\qquad 2\qquad 7.\qquad 5$$

$$\downarrow\qquad\downarrow\qquad\downarrow\qquad\downarrow$$

$$011\qquad 010\qquad 111.\qquad 101$$

所以$(327.5)_8 = (11010111.101)_2$。

例3 将$(110111101.011101)_2$转换为十六进制数。

$$(110111101.011101)_2 = (0001\quad 1011\quad 1101.\quad 0111\quad 0100)_2$$

$$\downarrow\qquad\downarrow\qquad\downarrow\qquad\downarrow\qquad\downarrow$$

$$1\qquad B\qquad D\qquad 7\qquad 4$$

所以$(110111101.011101)_2 = (1BD.74)_{16}$。

例4 将$(27.FC)_{16}$转换成二进制数。

$$2\qquad 7.\qquad F\qquad C$$

$$\downarrow\qquad\downarrow\qquad\downarrow\qquad\downarrow$$

$$0010\quad 0111\quad 1111\quad 1100$$

所以$(27.FC)_{16} = (100111.111111)_2$。

1.3.3 计算机中数的表示法

在计算机中，采用数的符号和数值一起编码的方法来表示数据。常用的数的表示法有原码表示法、反码表示法和补码表示法等。为了区分一般书写时表示的数和机器中编码表示的数，称前者为真值，后者为机器数或机器码。

1. 正数与负数

数有正负之分，常规情况下在一个数字前加"+"表示正数，在一个数字前加"−"表示负数。但是因为计算机无法识别"+"和"−"这两个符号，所以将数的最高位设置为符号位，规定"0"代表正号，"1"代表负号。例如，$(+101101)_2$和$(-101101)_2$在计算机中分别表示为0101101和1101101，这两个数的最高位0和1就是符号位。

2. 原码表示法

原码表示法是一种比较直观的表示方法，其符号位表示该数的符号，即符号为正用"0"表示，符号为负用"1"表示；而数值部分仍保留其真值的特征。

若定点整数x的二进制形式为$x_0x_1x_2\cdots x_n$，则原码表示的定义如下。

$$[x]_原 = \begin{cases} x & 2^n > x \geqslant 0 \\ 2^n - x = 2^n + |x| & 0 \geqslant x > -2^n \end{cases}$$

式中[x]原是机器数，x 是真值。

例如：$x_1 = +1101011$　　$[x_1]_原 = 01101011$

$x_2 = -1101011$　　$[x_2]_原 = 11101011$

若定点小数的二进制形式为 $x_0 x_1 x_2 ... x_n$，则原码表示的定义如下。

$$[x]_原 = \begin{cases} x & 1 > x \geqslant 0 \\ 1 - x = 1 + |x| & 0 \geqslant x > -1 \end{cases}$$

式中[x]原是机器数，x 是真值。

例如：$x_1 = +0.101\ 1$，则$[x_1]_原 = 0.101\ 1$

$x_2 = -0.101\ 1$，则$[x_2]_原 = 1.101\ 1$

对于 0，原码机器中往往有 "+0"、"-0" 之分，故有以下两种形式。

$[+0]_原 = 0.000···0$　　　　　　$[-0]_原 = 1.000···0$

原码表示法最大的优点是比较直观、简单易懂，缺点是加法运算复杂。因为当两数相加时，如果是同号，则数值相加，如果是异号，则要进行减法。在进行减法时，还要比较绝对值的大小，然后大数减去小数，最后为结果选择恰当的符号。显然，利用原码做加减法运算不太方便。为了解决这些矛盾，采用反码表示法和补码表示法。

3．反码表示法

在反码表示法中，正数的反码与正数的原码一样；负数的反码符号位为 1，数值部分通过将负数原码的数值部分各位取反得到，即 0 变 1，1 变 0。

例如：$x_1 = +1101011$，则$[x_1]_原 = 01101011$，$[x_1]_反 = 01101011$

$x_2 = -1101011$，则$[x_2]_原 = 11101011$，$[x_2]_反 = 10010100$

对于 0，在反码情况下有两种表示形式，即$[+0]_反 = 0.000···0$，$[-0]_反 = 1.111···1$。

4．补码表示法

采用补码表示法进行减法运算比原码方便得多。因为不论是正数还是负数，机器总是做加法，减法运算可变为加法运算。正数的补码与原码相同，负数的补码就是反码在末位加 "1"。

例如：$x_1 = +1101011$，则$[x]_补 = 01101011$

$x_2 = -1101011$，则$[x]_补 = 10010100 + 1 = 10010101$

说明：0 的补码只有一种表示形式，即$[+0]_补 = [-0]_补 = 0.0000$。

1.3.4　常用的信息编码

1．BCD 码

日常生活中人们习惯使用十进制来计数，但计算机中使用的是二进制数，因此，输入计算机中的十进制数需要转换成二进制数；数据输出时，应将二进制数转换成十进制数。为了方便，大多数通用性较强的计算机需要能直接处理十进制形式的数据。为此，在计算机中还设计了一种中间数字编码形式，它把每一位十进制数用 4 位二进制编码表示，称为二进制编码的十进制表示形式，简称 BCD 码（binary coded decimal）。

BCD 码有多种编码方式，常用的有 8421BCD 码。表 1-7 为十进制数与 8421BCD 码之间的对照关系。8421BCD 码选取 4 位二进制数的前 10 个代码分别对应十进制数的 10 个数码。8421BCD

码的主要缺点是实现加减运算的规则比较复杂，在某些情况下，需要对运算结果进行修正。

表 1-7　　　　　　　　　十进制数与 8421BCD 码之间的对照关系

十 进 制 数	8421 码	十 进 制 数	8421 码
0	0000	10	00010000
1	0001	11	00010001
2	0010	12	00010010
3	0011	13	00010011
4	0100	14	00010100
5	0101	15	00010101
6	0110	16	00010110
7	0111	17	00010111
8	1000	18	00011000
9	1001	19	00011001

2. ASCII 码

目前国际上使用最广泛的是美国国家信息交换标准代码（American Standard Code for Information Interchange），简称 ASCII 码。ASCII 码有 7 位码和 8 位码两种版本。国际通用的 7 位 ASCII 码规定用 7 位二进制数编码一个字符，共可表示 $2^7 = 128$ 个常用字符，其中包括 32 个通用控制字符、10 个十进制数码、52 个英文大小写字母和 34 个专用符号。其中 95 个编码对应计算机终端能敲入并且可以显示的 95 个字符，打印机设备也能打印这 95 个字符，如大小写各 26 个英文字母、0～9 这 10 个数字符、通用的运算符和标点符号（=、-、*、/、<、>、，、：、·、？、。、(、)、|、| 等）。

7 位 ASCII 编码和 128 个字符的对应关系如表 1-8 所示。表中编码符号的排列次序为 $b_7b_6b_5b_4b_3b_2b_1b_0$，其中 b_7 恒为 0（表中未给出），$b_6b_5b_4$ 为高位部分，$b_3b_2b_1b_0$ 为低位部分。例如，字母 D 的 7 位 ASCII 码值为 1000100B（B 表示二进制数）或 44H（H 表示十六进制数）；数字 8 的 7 位 ASCII 码值为 0111000B 或 38H 等。

表 1-8　　　　　　　　　7 位 ASCII 码与 128 个字符的对应关系

低位 $b_3b_2b_1b_0$(B/H) ╲ 高位 $b_6b_5b_4$(B/H)		0 000	1 001	2 010	3 011	4 100	5 101	6 110	7 111
0000	0	NUL	DLE	SP	0	@	P	`	p
0001	1	SOH	DC1	!	1	A	Q	a	q
0010	2	STX	DC2	"	2	B	R	b	r
0011	3	ETX	DC3	#	3	C	S	c	s
0100	4	EOT	DC4	$	4	D	T	d	t
0101	5	ENQ	NAK	%	5	E	U	e	u
0110	6	ACK	SYN	&	6	F	V	f	v
0111	7	BEL	ETB	'	7	G	W	g	w
1000	8	BS	CAN	(	8	H	X	h	x
1001	9	HT	EM	)	9	I	Y	i	y
1010	A	LF	SUB	*	:	J	Z	j	z
1011	B	VT	ESC	+	;	K	[	k	{
1100	C	FF	FS	,	<	L	\	l	|
1101	D	CR	GS	-	=	M	]	m	}
1110	E	SO	RS	.	>	N	^	n	~
1111	F	SI	US	/	?	O	_	o	DEL

8 位 ASCII 码是在 7 位 ASCII 码基础上加一个奇偶检验位而构成的。例如，若采用偶校验，则 7 位 ASCII 码中 1 的个数为偶数，第 8 位补 0，否则补 1。例如，字母 D、数字 8 的偶校验 8 位 ASCII 码值分别为 01000100B、10111000B。

3. 汉字编码

ASCII 码只对英文字母、数字和标点符号进行编码。为了使计算机能处理汉字，同样也需要对汉字进行编码。常用的汉字编码是汉字输入码。为了适应中文信息处理的需要，1981 年国家标准局公布了 GB 2312—80《信息交换用汉字编码字符集——基本集》，收集了 67 763 个常用汉字，并给这些汉字分配了代码。

计算机对汉字信息进行处理时，必须先将汉字代码化，即转换成汉字输入码。汉字输入码送入计算机后还必须转换成汉字内部码，才能进行信息处理。处理完毕之后，再把汉字内部码转换成汉字字形码，才能在显示器或打印机输出。因此汉字的编码有输入码、内码、字形码 3 种。

（1）汉字输入码。为将汉字输入计算机中而编制的代码称为汉字输入码，也叫外码。目前，计算机一般使用西文标准键盘输入，为了能直接使用西文标准键盘输入汉字，必须给汉字设计相应的输入编码方法。其编码方案主要分为 3 类：数字编码、拼音码和字形编码。

① 数字编码。常用的是国标区位码，用数字串输入一个汉字。区位码是将国家标准局公布的 6 763 个两级汉字分为 94 个区，每个区分 94 位，实际上把汉字集排列成二维数组的形式，行为区，列为位，每个汉字在数组中的下标就是区位码。区码和位码各用两位十进制数字表示，因此输入一个汉字需按键 4 次。例如，"中"字位于第 54 区 48 位，区位码为 5448。数字编码输入的优点是无重码（一个数字编码对应几个汉字即为重码），输入码与内部编码的转换比较方便；缺点是代码难以记忆。

② 拼音码。拼音码是以汉语拼音为基础的输入方法。凡是掌握汉语拼音的人，都不需训练和记忆，即可使用；但汉字同音字太多，输入重码率很高，因此按拼音输入后还需要选择同音字，影响了输入速度。

③ 字形编码。字形编码是用汉字的形状来进行的编码。汉字总数虽多，但是由一笔一画组成的，全部汉字的部件和笔画是有限的。因此，把汉字的笔画、部件用字母或数字进行编码，按笔画的顺序依次输入，就能表示一个汉字了。其中五笔字型编码是最有影响的一种字形编码方法。

（2）汉字内码。同一个汉字以不同输入方式进入计算机时，编码长度以及 0、1 组合顺序差别很大，这使汉字信息的进一步存取、使用、交流十分不方便，必须转换成长度一致且与汉字唯一对应的能在各种计算机系统内通用的编码，满足这种规则的编码叫汉字内码。汉字内码是用于汉字信息的存储、交换、检索等操作的机内代码，一般采用 2 字节表示。英文字符的机内代码是 7 位的 ASCII 码，当用一字节表示时，最高位为 0。为了能够与英文字符区别，汉字机内代码中 2 字节的最高位均规定为 1。

（3）汉字字形码。存储在计算机内的汉字需要在屏幕上显示或在打印机上输出时，需要知道汉字的字形信息，汉字内码并不能直接反映汉字的字形，而要采用专门的字形码。目前的汉字处理系统中，字形信息的表示大体有两种形式：一类是用活字或文字版的母体字形形式；另一类是点阵表示法、矢量表示法等形式。其中最基本的，也是大多数字形库采用的是以点阵形式存储汉字字形编码的方法。

点阵字形是将字符的字形分解成若干"点"组成的点阵，将此点阵置于网状上，每一小方格是点阵中的一个"点"，点阵中的每一个点可以有黑白两种颜色，有字形笔画的点用黑色，反之用白色，这样就能描写出汉字字形。图 1-33 是汉字"你"的点阵，如果用十进制的 1 表示黑色点，用 0 表示没有笔画的白色点，对于 16×16 点阵的汉字，每一行 16 个点用 2 字节表示，则需 32

字节描述一个汉字的字形，即一个字形码占 32 字节。

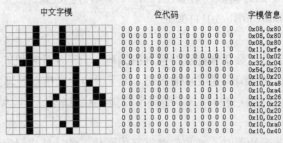

图 1-33　汉字"你"的点阵

根据汉字输出的要求不同，点阵的多少也不同。简易型汉字为 16×16 点阵；提高型汉字为 24×24 点阵、32×32 点阵，甚至更高。点阵越大，描述的字形越细致美观，质量越高，所占存储空间也越大。

已知汉字点阵的大小，可以计算出存储一个汉字所需的字节空间。例如，用 16×16 点阵表示一个汉字，就是将每个汉字用 16 行，每行 16 个点表示。一个点需要 1 位二进制代码，16 个点需用 16 位二进制代码（即 2 字节），共 16 行，所以需要 16×(16/8) = 32 字节，即 16×16 点阵表示一个汉字时字形码需占用 32 字节，即字节数=点阵行数×(点阵列数/8)。

通常，计算机中所有汉字的字形码集合起来组成汉字库（或称为字模库）存放在计算机的 ROM 中，当汉字输出时，由专门的字形检索程序根据这个汉字的内码从汉字库里检索出对应的字形码，由字形码再控制输出设备输出汉字。汉字点阵字形的汉字库结构简单，但是当需要对汉字进行放大、缩小、平移、倾斜、旋转、投影等变换时，汉字的字形效果不好。若使用矢量汉字库、曲线字库的汉字，其字形用直线或曲线表示，能产生高质量的输出字形。用于打印的字库叫打印字库，其中的汉字比显示字库多，而且工作时也不像显示字库需调入内存。全部汉字字形码的集合叫汉字字库。汉字字库可分为软字库和硬字库。软字库以文件的形式存放在硬盘上，使用时要将其调入内存；硬字库则将字库固化在一个单独的存储芯片 ROM 中，插接在计算机上即可使用。

综上所述，可以这样理解，在计算机内为表示汉字而使用统一的编码方式形成的汉字编码叫内码，内码是唯一的。为方便汉字输入而形成的汉字编码为输入码，属于汉字的外码，输入码因编码方式不同而不同，是多种多样的。为显示和打印输出汉字而形成的汉字编码为字形码，计算机通过汉字内码在字模库中找出汉字的字形码，实现其转换。汉字从送入计算机到输出显示，汉字信息编码形式不尽相同。汉字的输入编码、汉字内码、字形码是计算机中用于输入、内部处理、输出 3 种不同用途的编码，不要混为一谈。

本章小结

自第一台数字电子计算机（ENIAC）诞生以来，根据计算机所采用的元器件以及其功能、体积、应用等，将计算机的发展分为 4 个时代。未来计算机的发展趋势是网络化、信息化、智能化、模块化、多样化。计算机技术被广泛应用于各个领域，并担负着各种各样的复杂工作。

一个完整的计算机系统一般由计算机硬件和计算机软件两部分组成。计算机硬件是组成计算机系统的物理设备，计算机软件是组成计算机系统的逻辑设备，两者相辅相成，缺一不可。

　　计算机的基本工作过程可以概括为取指令、分析指令、执行指令，再取下一条指令，依次周而复始地执行指令序列的过程。

　　在计算机的数制与编码系统中，常用的是十进制，而计算机中常用的却是二进制。二进制、八进制、十进制与十六进制间可以相互转换。另外，计算机不仅能处理数值领域的问题，还能够通过计算机的编码系统处理非数值领域的问题。

习　题

1．选择题

（1）世界上公认的第一台电子计算机诞生在（　　　）。

　　A．1945 年　　　　　B．1946 年　　　　　C．1948 年　　　　　D．1952 年

（2）计算机最早的应用领域是（　　　）。

　　A．科学计算　　　　　　　　　　　　　B．数据处理

　　C．过程控制　　　　　　　　　　　　　D．CAD/CAM/CIMS

（3）计算机的工作过程是（　　　）。

　　A．执行源程序的过程　　　　　　　　　B．执行汇编程序的过程

　　C．执行编译程序的过程　　　　　　　　D．执行程序的过程

（4）随机存储器（RAM）的特点是（　　　）。

　　A．海量存储

　　B．存储在其中的信息可以永久保存

　　C．一旦断电，存储在其上的信息将全部消失且无法恢复

　　D．存储在其中的数据不能改写

（5）存储容量 1KB 等于（　　　）Byte。

　　A．1 000　　　　　　　B．1 024　　　　　　　C．1 024 位二进制位　　　D．1 024 × 1 024

2．数值转换

（1）$(467.625)_D$ = (　　　　)$_B$ = (　　　　)$_O$ = (　　　　)$_H$

（2）$(1110111.11)_B$ = (　　　　)$_O$ = (　　　　)$_H$ = (　　　　)$_D$

（3）$(103.5)_O$ = (　　　　)$_B$ = (　　　　)$_H$ = (　　　　)$_D$

（4）$(D9)_H$ = (　　　　)$_B$ = (　　　　)$_D$ = (　　　　)$_O$

3．简答题

（1）就目前计算机的发展而言，你认为未来的计算机会是什么样的？

（2）简述计算机系统的组成。

（3）简述计算机的工作原理。

（4）程序设计语言的发展经历了哪 3 个阶段？各自的特点是什么？

（5）根据存储器在计算机系统中所起的作用可分为哪几种存储器？各自的特点是什么？

（6）如何将二进制数转换成十进制数？

（7）如何将十进制数转换成二进制数？

（8）假定某台计算机的机器数为 8 位，试写出−86 的原码、反码和补码。

（9）ASCII 码是什么？请查出 A、b、0 和空格对应的 ASCII 码。

第2章
操作系统

　　操作系统是计算机系统中最基础的必不可少的系统软件，是整个计算机系统的灵魂。一个操作系统是一个复杂的计算机程序集，它提供操作过程的协议或行为准则。没有操作系统，计算机就无法工作，就不能解释和执行用户输入的命令或运行简单的程序。

2.1　操作系统的基本概念

　　操作系统（Operating System）是指对计算机系统的硬件（CPU、存储器、输入/输出设备）和软件（各种系统软件、应用软件）资源进行统一指挥、统一管理和统一分配的软件系统，是计算机正常运行的指挥中枢。操作系统对这些资源进行全面有效的管理，以达到合理分配、高效利用、严格控制、有序运作等"操作服务"目的。操作服务是指系统向用户提供控制语言、命令、菜单、工具和按钮等，用户利用它们中的任一方式与系统交互，或者控制程序运行、向系统传达某种操作服务请求，操作系统根据用户提出的请求进行各种系统操作服务，如列出文件目录、运行指定程序、备份文件、打印输出等。操作系统的功能是面向所有计算机用户的，同时操作系统也是直接对计算机硬件进行管理和操作的。因此，它是最贴近硬件的软件，或者说，它是直接操作硬件的软件。

　　随着计算机技术的发展，操作系统的组成越来越复杂，硬件技术、处理功能、系统集成等技术飞速发展，应用软件、应用需求、应用领域日新月异，在这种情况下，操作系统这个支撑平台也在不断地随之发展。操作系统是"操作/管理"计算机系统的软件，其职能是面向系统资源管理、提供软件支持和操作服务。操作系统是硬件和软件之间的纽带、桥梁，是对硬件功能的扩充；换言之，操作系统是硬件功能和软件功能的集合。目前，为公众所熟悉的、典型的操作系统产品有DOS、Windows、UNIX、Linux、OS/2等。

2.1.1　操作系统的定义

　　从某种意义上来说，操作系统扩充了硬件的功能。它的作用是提高计算机的效率，扩大计算机的功能，方便用户使用，实现操作过程的自动化。用户在使用计算机时，无须过问各个资源具体的分配和使用状况，只需正确地使用操作系统所提供的各种命令及系统功能，计算机系统就会在操作系统的控制下，按用户的要求自动而协调地运行。

　　综上所述，操作系统是直接控制和管理微型计算机系统的硬件、软件资源，使用户充分有效地利用这些资源的管理程序的集合。

总之，操作系统的基本目的是使用户能方便地使用计算机，提高计算机系统的工作效率。所以，使用计算机是否顺利的关键在于了解操作系统的程度。

2.1.2 操作系统的发展

计算机操作方式是随计算机技术的发展而发展的，其经历了人工、管理程序和操作系统 3 个发展阶段。

1. 人工阶段

早期的计算机运行速度慢、内存容量小、外部设备少、软件功能简单，没有强大的软件工具，对计算机的使用只有独占方式。因此，对计算机的操作过程完全可以由人工操作。其过程是：先输入程序和数据并存储在人为指定的内存位置，再设置起始指令并启动程序运行，必要时人工干预计算机的运行，最后输出结果。用户通过计算机装置的"操作台"，对计算机进行操作。用户无需任何软件来操作计算机，所有的外部设备都必须人工地、物理地去控制，用户凭借自己的经验和敏感能力使用计算机。该操作方法的不足如下。

（1）仅一人使用，一个程序独占整台计算机。

（2）程序的存储和数据的组织完全由程序员主观地、自由地安排；没有规律、没有效率、重复劳动；全凭程序员（也是操作员）的知识、经验和能力。

（3）在人工干预期间，主机处于长时间的停机状态，大量计算机资源闲置，整机效率很低。

（4）计算机外部设备的使用完全由人工指派，未能充分、合理地使用。

（5）用户服务方式简单，原始，不符合人的自然习惯。信息的输入和显示都是二进制形式。

该阶段计算机的时间效率、空间效率、设备效率都不能得到应有的发挥。随着计算机的发展，这个问题越来越突出，越来越严重。

2. 管理程序阶段

对计算机操作的最早软件形式是管理程序。硬件技术的发展为管理程序的应用提供了有利的条件。管理程序提供若干可使用的操作"命令"，操作员通过控制台打字机（由键盘和印字机，或键盘和显示器构成）输入命令来管理计算机硬件资源，控制程序的执行。信息的输入和显示也可使用十进制和字符形式等。

管理程序方式比单纯的人工操作要快速、准确、直观得多。通过键盘输入命令，控制计算机系统，系统在输出设备上显示命令或输出结果作为应答。有些管理程序还允许计算机同时执行多个程序。但管理程序还是没有摆脱大量人工参与的严重缺陷，没从根本上解决最大限度地有效利用系统资源的问题。

3. 操作系统阶段

20 世纪 60 年代末至 20 世纪 70 年代初，计算机技术进入飞速发展的阶段，硬件功能部件的增加、外部设备的增多、软件工具的丰富以及应用广泛使得管理程序已经不堪负重，操作系统应运而生。操作系统的出现是计算机系统管理和软件发展的一次革命，使对计算机系统的管理和操作彻底摆脱了人工干预，逐步走向完全自动化的发展道路。为所有资源提供统一有效、简单方便管理的操作系统，使这些资源发挥了最大的使用效益，用户能利用键盘向计算机输入多条命令，或用鼠标选择菜单和按动按钮来控制程序，与系统进行在线交互，控制作业的执行。

2.1.3 操作系统的功能

操作系统的功能包括处理器管理、存储管理、设备管理、文件管理和进程管理 5 种。

1. 处理器管理

在单道作业或单用户以及多道作业或多用户的情况下，处理器管理负责处理器的调度策略、使用分配和资源回收等。作业是指计算机为完成用户赋予的任务而进行的一切操作。

中央处理器是对整个计算机进行控制和数据处理的核心部件，是一种硬件资源，只有获得对它的使用权，程序才能运行。处理器管理包括中断处理、处理器调度和进程同步控制。

中断处理是指当一个程序正在运行时，系统要响应比该程序级别更高的输入/输出请求，对此操作系统将暂时"中止"程序的执行，处理器转向对引出中断事件的程序运行，待处理完成后再"恢复"被中断的程序继续运行，这一过程就称为中断处理。中断处理中的中断事件由计算机系统产生，由中断装置（一种硬件装置）监视和发现，由操作系统的中断程序负责处理，其相互配合完成中断处理。

处理器调度是指将空闲的处理器分配给某个程序占用运行。对处于执行中的程序，操作系统将其分为3种状态：运行态（正占用处理器运行中）、就绪态（万事俱备，只等处理器空闲，以便占用它运行）、等待态（等待某中断事件处理完成）。处理器空闲时，处理器调度功能就从处于就绪状态的一组进程中选择一个，并让其占用处理器。选择程序执行的调度策略是"先来先服务"策略。程序的这3种状态在系统中动态地转换。

对于单CPU、多任务操作系统的处理器管理的计算机系统，其基础是处理器和外部设备、外部设备和外部设备之间并行工作的能力。在这种操作系统中，同一时间可以有多个作业同时进入系统执行，但在某个特定时刻，CPU只对一个程序占有服务，让处理器和外部设备都尽可能地处于同时工作的状态，从而提高整个计算机系统的效率。多个程序进入系统同时执行称为并发。并发程序之间可能具有某种内在联系，如一个程序的执行依赖于另一个程序执行的结果，则前一程序必须等后一程序执行产生结果后才能执行。这就必须对其进行控制，使所有并行的程序都能正确地执行，而不造成混乱产生错误的结果。这就是同步控制功能的任务。

2. 存储管理

存储管理负责给程序和数据分配内存空间，保护并实现存取操作，从而保证各作业占用的存储空间不发生矛盾，相互之间不干扰。

存储管理有3种功能：内存空间的分配和回收、内存保护和内存虚拟存储器的扩充。系统运行时，一个应用程序或多个应用程序与操作系统共占内存，且各自只在自己的内存空间范围内运行，相互之间不干扰。当一道程序要运行时，存储管理遵循一定的策略并根据作业申请去寻找足够大小的空闲内存块，将其分配给这一程序。如果找不到，则它将收集若干空闲空间合并分配给这一程序，否则就不接收该作业。当作业执行结束，存储管理要回收此作业使用的所有内存空间，并置于空闲状态，以供他用。作业在执行过程中也能随时申请扩大内存，或归还不需再用的内存。分配内存时，系统为每一个作业设置一对"界地址"，即内存区的上边界地址和下边界地址。作业执行时，随时检验使用的内存单元地址是否在这对界地址之间，是则合法，否则为不合法，从而达到内存保护的目的。存储管理的另一个重要职能是虚拟存储管理。为了能在超越实际内存大小的情况下正常运行作业，内存管理把内存和部分磁盘空间集成在一起管理，扩大可使用的有效内存空间。操作系统的虚拟存储管理能实现这功能。

3. 设备管理

设备管理负责各种输入/输出设备与中央处理器内存之间的数据传递，根据需要把接口控制器和输入/输出设备分配给请求输入/输出操作的程序，并启动设备完成实际的输入/输出操作。此外，还常采用虚拟技术和缓冲技术，尽可能地发挥设备和主机并行工作的能力。

计算机外部设备分为输入设备（键盘、鼠标等）、输出设备（显示器、打印机等）、输入/输出设备（硬盘、光盘、磁带等）等。内存和外部设备之间的数据传输称为内外存信息交换。当作业进入系统执行时，设备管理负责为作业分配设备，输入输出发生时建立作业与外部设备之间的连接，作业执行结束时，设备管理又负责及时回收设备，以作另行分配。设备管理还负责驱动设备读写和处理设备读写时的硬件技术，如磁盘读写时的寻址、校验等。这些是通过设备管理程序随时编写的通道程序完成的。

4. 文件管理

文件是记录的集合，记录是信息的集合，故文件管理常称为信息管理。文件管理负责存取文件，对整个文件库进行管理，如管理文件目录、分配文件存储空间等。

计算机系统以文件的形式组织、存储、管理程序和数据。文件是在逻辑意义上有完整意义的信息（或数据）集合。每个文件按系统的规则命名，并将其存储在外部存储器上（如磁盘、磁带、光盘）。文件以物理块（如磁盘区）数据组块形式在外部存储器上按物理结构存储，操作系统建立并维护一个或一组文件目录，在目录中登记存储在系统中的每个文件的外部特征信息，如文件名、长度、日期和时间、文件属性以及文件在外部存储器上的入口物理位置等信息，以实现对文件的管理、控制和服务（读/写）。文件名和文件目录提供了按名引用文件的方法。操作系统提供一组文件操作命令供外部用户实现对文件的操作，如建立文件、打开文件、读文件、写文件、关闭文件、删除文件、文件改名等；还提供系统调用，供系统用户实现对文件进行各种内部操作。执行读/写操作时，操作系统负责数据的逻辑结构和物理结构之间的相互转换。此外，操作系统还提供文件的共享措施和负责维护文件的安全。

5. 进程管理

进程管理是指处理器执行程序对数据进行处理的全过程所进行的管理，负责组织和控制作业的运行，决定什么时候谁可使用处理器，即负责作业的输入输出、调度与控制。要求计算机系统处理的任务都必须组织成作业的形式提交给系统，才能被系统执行。源程序是作业的主题，数据是作业处理/加工的对象。多道程序系统一次可以接收多个作业，由系统调度执行。因此，作业管理包括作业调度和作业控制两大功能。作业调度包括作业执行时要经过的步骤和执行时需要的信息。作业控制是对作业执行的控制和管理。系统逐条获取作业命令，并按命令的要求执行作业的一步处理，直至最后一条作业命令结束退出系统为止。从处于后备状态作业中选择若干作业进入系统执行，是作业管理的任务。作业能否进入系统执行的必要条件是：系统有足够的资源可分配给它。系统资源可以满足几个作业时，应选择哪一个作业，由作业管理的调度策略决定，一般按"先来先服务"的原则选择。

2.1.4 操作系统的分类

操作系统的分类方法很多，按照其功能可将操作系统分为实时操作系统和作业处理系统。对实时操作系统的要求是在限定的时间范围内能对来自外部世界的作用信号做出响应。作业处理系统则以作业为处理对象，连续处理在计算机系统运行过程中作业层内的内容。按照同时管理的作业的数量，可将作业处理系统分为单道和多道作业批处理操作系统。单道作业批处理操作系统只能管理一道作业运行，多道作业批处理操作系统允许多个程序或多个作业同时存在和运行，故又称为多任务操作系统。根据对任务响应方式的不同，又可将操作系统分为实时操作系统和分时操作系统。实时操作系统前面已介绍，其多用于过程控制系统、信息查询系统和事务处理系统。分时操作系统允许一台计算机上挂多个终端，CPU 按预先分配给多个终端的时间，轮流为多个终端服务，即各终端在各自占有的时间片内占有 CPU，分时共享计算机系统的资源。但因计算机运行在高速状态，故用户感受不到是处于分时状态，如同自己独占这台计算机。单用户操作系统主要用于个人计算机，任何时刻只能为一个用户服务。在网络系统中应用时要配备网络操作系统，对计算机网络中的计算机提供统一、经济、有效地使用各计算机的方法，以及使不同计算机之间进行数据通信。在分布式系统中应用时要配备分布式操作系统，该系统中各计算机能相互协作完成同一个任务。

操作系统经过了几十年的发展，技术越来越成熟，功能越来越强大。今天，操作系统已经成为计算机系统不可或缺的最基本的一个系统软件，成为软件和硬件集成最基本的元素，两者交融成一个完整的整体。就微机系统而言，常见的操作系统有 DOS、Windows、UNIX、XENIX、Linux 和 OS/2 等。

DOS：它是一种单用户单任务的磁盘操作系统，简单易学，通用性强，已成为标准的微机操作系统。

Windows：这是一种多任务多进程的操作系统，其主要功能是提供一个基于鼠标器和图标、菜单选择的图形用户接口（GUI），允许用户同时打开和使用多个应用程序，从而使计算机的使用变得更容易、更直观。随着硬件功能越来越强，GUI 越来越流行，后续的 Windows 版本越来越多地取代了 DOS，使环境和操作系统之间的差别变得越来越模糊。Windows 的安装一般要在 DOS 的支持下进行，其功能有点像一个增强的 DOS 操作环境，但 Windows 很少，甚至根本不依赖 DOS 来进行内存管理、设备连接，乃至文件的输入/输出操作。因此，Windows 也是一个真正独立的操作系统。

UNIX：这是目前世界上应用最广泛的多用户多任务操作系统，具有多道批处理和分时系统功能，是工作站及 32 位以上高档微机的标准操作系统。在 UNIX 环境中，DOS 可作为一个备选的操作系统来安装，但不能同时运行 DOS 和 UNIX 两种操作系统。

OS/2：它是一个完全独立的操作系统，是一个 32 位、多任务、高性能的操作系统，一般用于高性能的工作站上。它要求的内存空间和磁盘空间比 DOS 大得多。该操作系统与 DOS 能共存于磁盘上，按需使用其中之一。在 OS/2 环境下能运行 DOS 程序。

2.2 DOS 磁盘操作系统

在微型计算机上最早使用的操作系统是磁盘操作系统（disk operating system，DOS）。DOS 分为 PC-DOS（IBM 公司产品）和 MS-DOS（Microsoft 公司产品）两种，两者功能差不多。

2.2.1 DOS 简介

与 PC 的硬件发展对应，DOS 系统自 1981 年推出 DOS 1.0 版至今，新的 DOS 版本不断推出，这些版本不仅与 DOS 1.0 版兼容，而且每次都有创新，其详细情况如表 2-1 所示。

表 2-1   DOS 发展简表

版　本　号	推出时间	主　要　功　能
1.00	1981 年 8 月	仅支持单面软盘
1.10	1982 年 5 月	支持双面软盘和串行打印机功能，并可实现错误定位

版 本 号	推出时间	主 要 功 能
2.0	1983 年 3 月	支持带硬盘的 PC/XT 机，增加了类似 UNIX 的功能
2.1	1983 年 10 月	改进了多国码本支持，能对错误精确定位
3.0	1984 年 8 月	支持 80286 为 CPU 的 PC/A 机，为 1.2MB 软盘和大容量硬盘服务
3.1	1985 年 3 月	支持 Microsoft 网络，并扩展了错误控制功能
3.2	1986 年 3 月	支持 3.5 英寸的 720KB 软盘，IBM 的 Token Ring 网络
3.3	1987 年 9 月	占用内存 54 992B，支持 3.5 英寸 1.4MB 软盘。32MB 硬盘分区，IBM 硬盘高速缓冲存储器，支持 IBM PS/2 系统
4.0	1988 年	支持 2GB 硬盘分区，支持 EMS4.0 扩展内存，占用内存 68 608B，固化出错信息
5.0	1991 年 7 月	支持 2GB 硬盘分区，支持 3.5 英寸 2.88MB 软盘
6.0	1993 年 3 月	支持倍增硬盘、内存优化，支持多配置、磁盘文件管理，具有防病毒功能
6.2	1993 年 11 月	支持倍增硬盘、内存优化，支持多配置、磁盘文件管理，具有防病毒功能
6.2 中文版	1994 年 3 月	对命令提供双语音消息，支持汉字输入和输出，且支持网络
6.21	1994 年 4 月	与 6.2 的差别是不含 Double Space 磁盘压缩工具
6.22	1994 年 6 月	用新编制的 Drive Space 代替原 6.0 及 6.2 版本中的 Double Space

　　DOS 由一个引导程序、3 个程序模块以及若干实用程序组成，其中引导程序和 3 个程序模块为 DOS 的基本组成部分，它们之间的层次关系如图 2-1 所示。

1. 引导程序

　　引导程序是一个很小的程序，仅占一个扇区的空间（512B），放在 DOS 系统盘开头部分（0 面 0 磁道 1 扇区），其作用是将 DOS 装入内存系统。启动时，首先运行固化在 ROM 中的 BIOS 程序，此程序将引导程序装入内存，然后运行引导程序，将 DOS 的其余部分装入内存。紧接着检查磁盘是否为系统盘。若不是，则给出出错信息；若是，则进一步检查 DOS 另外两个重要文件（顺序为 IO.SYS 和 MSDOS.SYS）是否存放在系统盘上。若不在，则给出出错信息；若存在且顺序正确，则将这两个文件也调入内存。该程序由 FORMAT 命令装入磁盘中。

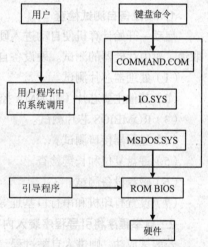

图 2-1　MS-DOS 的层次结构

2. 基本输入/输出程序

　　基本输入/输出程序的文件名是 IO.SYS，该程序负责 DOS 与外部设备的联系，包括 ROMBIOS 和 IO.SYS 两部分。ROMBIOS 装在主机系统板内的只读存储器中，通常称为固化 BIOS 程序，其中包括中央处理器（CPU）与大部分外部设备进行信息交换的基本子程序，如键盘输入管理、屏幕显示管理、打印机管理、磁盘驱动器管理和内存测试等。BIOS 是直接和硬件设备打交道的软件，所有信息的输入/输出最终都要通过 BIOS 来处理。IO.SYS 是基本输入输出管理程序，存放在磁盘上，IO.SYS 不直接控制外部设备，它的任务只是完成对键盘、显示器、打印机和磁盘驱动器等外部设备的初始化，接受 DOS 命令，然后再调动 ROMBIOS，实现输入/输出操作。IO.SYS 提供 DOS 到 ROMBIOS 的低级接口，同时还包含一些外部设备的管理程序，相当于是 ROMBIOS

的扩充部分。IO.SYS 文件是一个隐含文件，也是由 FORMAT 命令装在磁盘上。

3. 磁盘操作管理模块

磁盘操作管理模块的文件名是 MSDOS.SYS。磁盘操作管理程序是 DOS 的核心，主要由文件管理、磁盘读写和其他外设管理方面的功能子程序组成。它为用户与系统提供高层接口，其主要功能是管理全部磁盘文件，允许读写或删除某文件，负责磁盘存储器与其他系统资源的管理，启动并控制显示终端、打印机等输入/输出设备，负责与键盘命令处理程序及各种应用程序间的通信。它也是一个隐含文件，可由 FORMAT 命令装入磁盘中。

4. 命令处理程序

命令处理程序的文件名为 COMMAND.COM，它处于 DOS 的最上层，是 DOS 直接同用户打交道的一部分。它由内存中的常驻部分、初始化部分、命令处理程序本身、装入和执行外部命令子程序这 4 个部分组成，其主要功能是负责解释和处理内部命令，以及装入和执行外部命令。用户从键盘上敲入的命令首先得经过它的处理。

存放 DOS 基本成分的磁盘称为 DOS 启动盘（Bootable Disk），用来启动计算机。若在启动盘上再装上全部 DOS 命令文件，则称该磁盘为 DOS 系统盘（System Disk）。

2.2.2 DOS 的启动过程

在执行 DOS 启动操作后，计算机系统就进入了启动和系统初始化过程。DOS 的启动过程如图 2-2 所示。

1. 硬设备自测试检查

启动一开始计算机便自动进入硬设备自测试检查过程。冷启动和热启动的不同点仅仅是后者取消了对内存储器的测试。硬设备自测试检查通常包含以下内容。

（1）处理器芯片测试。

（2）其他主要芯片（如 DMA 控制器、中断控制器等）测试。

（3）ROM BIOS 芯片测试。

（4）显示器接口测试。

（5）键盘复位和长键检查。

（6）磁盘设备测试。

（7）设置打印机和串行口基址等。

2. 自举程序将引导程序装入内存

若测试成功，则进入自举过程。也就是说，若测试成功，则系统自动进入 ROM BIOS 中的自举程序入口，执行该程序能将磁盘引导扇区上的引导程序装入内存。

3. 执行引导程序

若自举成功，即引导程序装入成功，则系统自动转到引导程序入口，执行引导程序，将 IO.SYS 和 MSDOS.SYS 装入内存。

4. 执行系统初始化程序

当 IO.SYS 和 MSDOS.SYS 装入内存后，便由其自身的初始化程序进行系统初始化工作，初始化工作完成后便将 COMMAND.COM 装入内存，然后初始化 COMMAND.COM。

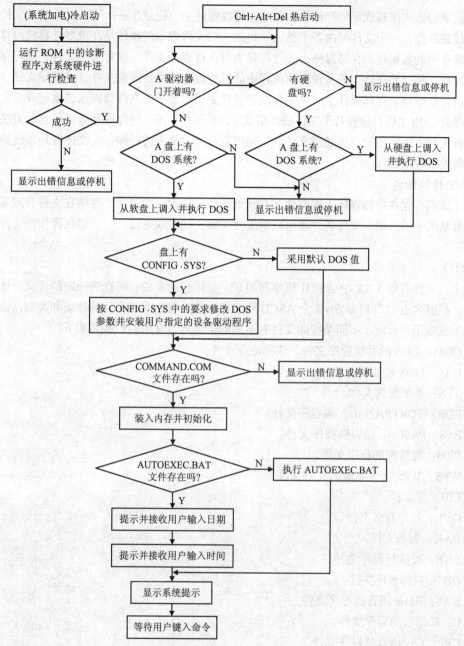

图 2-2　DOS 的启动过程

　　启动完成时,屏幕上出现日期及时间的信息提示,用户可按要求进行响应,最后屏幕显示 DOS 版本信息及系统提示符 A:\>（或 C:\>），此时表明 DOS 启动和系统初始化全部完成，用户可使用计算机系统了。

2.2.3　文件

1. 文件及文件管理系统

　　相关信息的集合称为文件。DOS 的功能之一是文件管理，所有的程序数据以及其他信息均以文件的形式存放在存储媒体上，每一个文件都以唯一的名称标识，包含在文件目录中。文件中的信息以记录的形式按其规定的存储结构存放在磁盘媒体中，记录是一次写入文件或从文件中一次读出的信息单位，一个文件可由若干条记录组成，对文件内容的操作是在微型计算机内存中进行的。将内存中的数据存到存储媒体上的过程称为写文件或存文件，或称为写文件，即对存储媒体进行写操作。将存储媒体上的文件取到内存中的过程称为读文件或取文件，或称读文件，即对存储媒体进行读操作。存储媒体上文件的存取和管理由操作系统的文件管理系统来完成，它是文件的"管理员"，由文件目录和若干文件操作组成。这种简便、统一的存取和管理信息的方法为用户提供了极大的方便，用户只需通过文件名，便可直观地对文件进行操作，文件管理系统则按其要求的逻辑关系存取数据。

2. 文件的命名

为了标识存储在存储媒体上的文件，必须给每个文件起一个名字，存储在文件管理系统中的文件名都是唯一的。通过文件名，就可以对文件实施正确无误的读、写、删除操作。文件名的格式如下。

〈文件名〉[<扩展名>]

其中，文件名由 1~8 个 ASCII 码字符组成，是用户给定的，可代表一定的含义，体现文件的内容。扩展名由"."后带 0~3 个 ASCII 码字符组成，它指明该文件的性质和类别，由文件管理系统生成或用户给定。不同类型的文件有不同的扩展名，常用的扩展名如下。

- COM：DOS 的系统程序文件，或称命令文件。
- BAT：DOS 批处理文件。
- SYS：系统配置文件。
- FOR：FORTRAN 语言源程序文件。
- PAS：PASCAL 语言源程序文件。
- PRG：数据库的程序文件。
- WPS：WPS 文字系统的文书文件。
- LIB：库文件。
- OVL：程序覆盖文件。
- BAK：后备文件。
- EXE：可执行程序文件。
- OBJ：目标程序文件。
- BAS：Basic 语言源程序文件。
- C：C 语言源程序文件。
- CPP：C++语言源程序文件。
- ASM：汇编语言程序文件。
- DBF：数据库的数据库文件。
- DOC：Word 文档。
- TXT：文本文件。
- DWG ：图形文件。
- $$$：暂存文件。

由系统自动生成的扩展名有.COM、.EXE、.OBJ，由用户指定的扩展名一般为 ASCII 类型的源文件，如.BAS、.FOR、.C、.TXT 等。例如，AUTOEXEC.BAT 表示批处理文件；COMMAND.COM 表示 DOS 的命令文件；MYFILE.TXT 表示文本文件；ABC.FOR 表示 FORTRAN 源文件。

文件名中的字符可以是 26 个英文字母（大小写均可）、0~9 的数字以及特殊符号（$、#、&、@、!、%、(、)、{、}、^、~、|）等。文件名中不允许使用的 ASCII 字符有：/、\、:、+、=、[、] 等。

DOS 除有存储媒体文件外，还把一些常用的标准外部设备也看作文件，称为设备文件，也用名称来标识，称为设备名，这些文件名是不允许作为用户文件名来使用的，如表 2-2 所示。

表 2-2　　　　　　　　　　　　　　　　　DOS 设备名

设 备 名	设 备
CON	控制台（键盘输入/屏幕输出）
AUX 或 COM1	第一个串行/并行适配器端口
COM2	第二个串行/并行适配器端口
LPT1 或 PRN	第一台并行打印机
LPT2（LPT3）	第二（三）台并行打印机
NUL	虚拟设备，相当于一个空文件，作输入设备时，立即产生 end-of-file；作输出设备时，仅模拟写操作，但实际上没有数据写出

定义文件名时应注意：文件名部分不能省略；文件名部分的字符串内容可以以字母开头，也可以以数字开头，不区分字母大小写；文件名中不允许有空格；文件名应尽可能简短、有规律，便于记忆和使用；文件名的长度不允许超过规定的字符数。

例如，980001.DBF、RS.PRG、HUST.TXT、A_B.C、$$1.TXT、#1.TXT 均为合法的文件名；而 A OR B、A,B,C、F+R 均为不合法的文件名。

使用文件名时应注意：在同一磁盘同一目录下，不能有两个相同的文件名；不能用系统指定的文件名作为用户文件名。

2.2.4　文件目录和路径

1. 当前工作盘的选择

当前工作盘是指用户在使用 DOS 命令时不需要指明盘符，系统便能操作的磁盘，即系统默认的磁盘。

例如，当 DOS 启动成功后屏幕上显示 A:\>（从 A 磁盘上引导 DOS）或 C:\>（从 C 磁盘上引导 DOS），则用户此时的当前工作盘为 A 驱动器中的磁盘，或硬盘上的 C 盘。当用户使用命令在当前盘上进行操作时，文件描述格式前的盘符可省略。当前工作盘可随用户的需要而改变，在 DOS 提示符下，键入所要求的盘符后执行即可。例如：

```
C:\>E:
E:\>（当前工作盘由 C 盘转变为 E 盘）
```

2. 文件目录及其类型

DOS 采用树状结构目录来实现对存储媒体上所有文件的组织和管理。为什么要采用树状目录结构呢？若使用单目录结构，即众多文件全放在一个目录中，则在这种情况下查找某一文件，只能从头到尾顺序查找，效率很低。另外，不同系统的软件混杂在一起，也难以开展维护存储媒体的工作。若在存储媒体上建立多个目录，将相关软件集中放在指定的目录中，既提高了文件查找的速度，又方便了存储媒体的维护。

目录的基本概念如下。

（1）根目录：根目录在格式化磁盘时已经设定，是不可删除和搬移的。根目录能容纳的文件数随磁盘的不同而不同，具体情况前面已介绍。根目录由反斜杠"\"表示，不能用其他符号代替。系统启动后就自动进入根目录。

（2）子目录：子目录是由根目录发展出来的支点。根目录可以发展出许多个子目录，而这些子目录又可以衍生出许多子目录。子目录无限制，可一直往下发展，直到磁盘无空间可用为止。

（3）当前目录（现行目录）：在树状目录系统中，可用 CD（Change Directory）命令在各目录之间转换。DOS 操作时所处的目录，叫做当前目录（Current Directory），也叫现行（现在工作）目录（Woking Directory）。这个目录以"."为记号。正如默认驱动器一样，当前目录也称默认目录，每个驱动器都有一个当前目录。如果一个文件存放在当前目录中，则用户键入文件名时，若没有告诉 DOS 文件在哪一个目录下，DOS 就会到当前目录去查找这个文件。换句话说，对当前目录下的文件进行操作时，可不必指明其路径，DOS 能根据默认目录找到该文件。这样，用户可省去键入一大串路径名的麻烦，而直接指定文件名就可操作。系统启动时，当前目录总是定为 A 盘或 C 盘的根目录。

（4）父目录：父目录是子目录的直接衍生者，该目录以".."为记号。DOS 2.0 以上的版本均采用树状目录结构形式，即目录与目录之间的隶属关系像一棵倒置的树，树根在上，树枝在下，位于树枝的目录称为根目录，位于树枝的目录称为子目录，子目录还可包含子目录，包含子目录的目录又称为父目录。每张磁盘只有一个根目录，子目录的数量及其层次根据实际情况而定。图2-3 为一个树状目录结构。

从图 2-3 中不难看出，目录只有两类：根目录和子目录。根目录存放在磁盘的指定位置，根目录下属的各级子目录存放在磁盘的指定数据区中。每个磁盘上只有一个根目录。

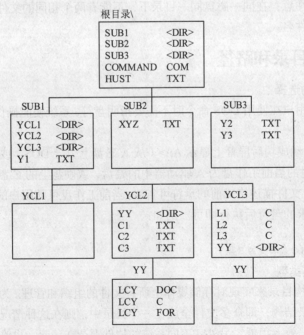

图 2-3　树状目录结构

当用户对磁盘进行格式化时就自动建立了根目录，它可以包含文件和子目录，子目录又可包含文件和下一级目录，即子目录是包含在根目录或其他子目录中的目录。若在某一级子目录上建立（生成）了另一子目录，则前者是后者的上级目录（或称父目录），后者是前者的下级目录（或称为子目录）。子目录的数量和级数是根据用户的需要设置的。子目录可以包含的文件或子目录的数量，仅受磁盘有效空间的限制，但根目录容纳的文件或子目录的数量是有限的。双面高密度软盘可容纳 224 个文件或子目录，硬盘的根目录容量取决于该盘上 DOS 分区的容量。当用户在某个目录中进行文件或目录操作时，该目录称为当前目录，即当前正在使用的目录。在系统刚启动时，DOS 总是自动把根目录指定为当前目录，当用户调用某个文件，而又未指明在哪一级目录中时，DOS 就在当前目录中查找文件。

3. 文件的路径

在树状目录结构中建立和访问一个文件时，必须向 DOS 指明该文件应建立在哪个磁盘上的哪个目录中，或从哪个磁盘的哪个目录中取用该文件。因此，使用文件时，应指明文件所在的磁盘和目录，即文件的描述格式。

[<盘符>:][<路径名>]<文件名部分>[<扩展名>]

方括号［］中的内容是可选项，不选择时，DOS 自动取默认值，尖括号<>中的内容为用户选择项，若<>不在方括号内，则为必选项，即使用时不能省略。格式中的方括号和尖括号在实际应用中不必键入。

例如，若 A 盘上的目录结构如图 2-3 所示，且当前目录为根目录，则文件 LCY.FOR 的文件描述格式为：

A:\SUB1\YCL2\YY\LCY.FOR

其中，A:为盘符，\SUB\YCL2\YY\为路径，LCY.FOR 为文件名。

注：完整的文件描述中不允许有空格存在。

4. 路径名

路径（path）是指对某文件进行操作时，从当前目录或根目录出发到该文件所经历的所有目录的集合。将路径上的目录名与目录名之间用"\"分隔后所组成的字符串即为路径名（path name）。路径名的起点若从当前目录出发，则可不必写出当前目录，称这种路径名为相对路径名。例如，在图 2-3 中，若当前目录为 SUB3，则 L3.C 文件的相对路径名为..\SUB1\YCL3。如果路径名的起点是从根目录出发的，则必须标明"\"（根目录的标志），称这种路径名为绝对路径名。例如，在图 2-3 中，若当前目录为 SUB3，则 L3.C 文件的绝对路径名为\SUB1\YCL3。

5. 目录管理

一张软磁盘上可存放几十到几百个文件。一个硬盘则可存放成千上万个文件。DOS 的文件是分门别类存放的，正如学校里的学生按年级和班次进行编制一样。DOS 以一棵倒栽树的形式分门别类存放文件，由根开始，沿树干产生枝节，再由枝节叉开形成另外的枝节。每段枝节总附带或多或少的叶片，这就是所谓的树状目录结构（tree-structured directories）。树状目录结构也叫分级目录结构。

6. 设置搜索路径

设置搜索路径的概念是很重要的。每当用户输入一个命令时，DOS 首先查看其是否为内部命令。若是就执行；否则在当前盘的当前目录中寻找这个命令，看看这个命令是否存在。若存在，则执行；否则，沿着 path 设置的路径依次搜索，找到就执行，若还没有找到，则显示如下信息。

Bad Command or file name

命令类别：内部命令。

格式：PATH [[drive:] path [;...]] 或 PATH。

功能：设置路径或显示、取消设置的路径。

当有多个盘符和路径名称时使用该命令，其间应用分号（;）隔开。path 所能引导 DOS 去寻找的，仅仅是以.COM、.EXE 和.BAT 为扩展名的可执行文件。命令执行后不改变当前目录。

例 1 显示路径设定的情形。操作如下。

```
C:\>PATH
No path              （还没设置路径）
```

例 2 设定路径。操作如下。

```
C:\>PATH C:\DOS    （搜索路径为硬盘 \ DOS 子目录）
C:\>path           （查询路径设定情况）
PATH=C:\DOS
C:\>
```

又例如：

```
C:\>path c:\;c:\DOS;c:\PCTOOLS    （注意分号 ";" 的使用）
C:\>
```

以上搜索路径为硬盘（C 盘）根目录、DOS 子目录、PCTOOLS 子目录。设定路径后，就可以在硬盘的根目录下使用 DOS 子目录和 PCTOOLS 子目录中的任何一个命令了。这种路径的设定，可把经常用到的目录串联在一起形成一个路径顺序表，有助于不同目录下的各种可执行文件间的调用。

例 3 取消设定的路径。操作如下。

```
C:\>path;
C:\>
```

注：path 后面带分号 ";"，执行的结果是取消设定的路径。执行 path 后边不带分号 ";" 的命令可查看路径是否被取消。例如：

```
C:\>path
No Path （取消了）
C:\>
```

2.2.5 系统配置 CONFIG.SYS

硬件和软件的多样化，造成了 DOS 运行环境的多样化，因此，DOS 必须针对特定的运行环境进行配置，以配合所使用的计算机主机及外围设备的正常运行。同时，DOS 的运行环境设置也是可以改变的。因为，主机的型号改变了、某个外围设备更换了，或另外运行一套新的应用软件，都要改变 DOS 的运行环境配置。CONFIG.SYS 就是存放 DOS 运行环境配置的文件，因此叫作系统配置文件。CONFIG.SYS 是 DOS 极其重要的文件（从 MS-DOS6 新增的 7 个内部命令都在 CONFIG.SYS 文件上使用的配置命令可见一斑）。当启动计算机时，DOS 首先在启动盘的根目录中搜寻 CONFIG.SYS。找到后，执行该文件内的所有命令。因此，CONFIG.SYS 必须写在启动盘的根目录上。系统启动时，DOS 先读取 CONFIG.SYS 中的命令，将其中指定的驱动程序安装好，针对硬件的实际情况做好设置，然后执行自动批处理文件 AUTOEXEC.BAT。CONFIG.SYS 是一个文本文件，可以用任何文本处理软件建立、显示和修改。

配置命令：在 CONFIG.SYS 文件中共有 20 个命令可供使用。除了 BREAK 命令可单独在 DOS 提示符下使用之外，其他 19 个命令都必须在 CONFIG.SYS 文件中使用才有效。在 CONFIG.SYS 文件中使用的 20 个命令及其功能如表 2-3 所示。

表 2-3   CONFIG.SYS 文件中的命令及其功能

命 令	功 能
Break	检查是否按 Ctrl + C 组合键或 Ctrl + Break 组合键
buffers	设置缓冲区大小
country	设置某国的表达习惯
device	设置新加入的设备驱动程序
dos	设置 DOS 装入的存储器区域
diveparm	设置磁盘驱动器的特性
fcbs	设置网络中能开启的文件控制区数目
files	设置能开启的文件的最大数目
install	设置安装的程序
lastdrive	设置能使用的最多的磁盘驱动器代号
rem	注释命令
shell	装入一个命令处理器
stacks	设置系统堆栈的数目和大小
include	包含其他配置区，以使用与其他配置区相同的配置
menuitem	设置菜单的选择项目
menudefault	设置菜单的预选项目
menucolor	设置文字和背景颜色
numlock	设置 Num Lock 键的开关
submenu	设置子菜单的选择项目
switches	设置特殊选择项目的开头

2.2.6　键盘及显示设备驱动程序

ANSI（American National Standard Institute）是美国的一个制定标准的组织。ANS1.SYS 是 ANSI 组织编制出来的一个规范键盘及显示设备的驱动程序。ANSI.SYS 能让用户更灵活地控制屏幕和键盘。有了这个程序，所有计算机都使用同一标准的控制码。这对于计算机彼此间交换信息与数据，提供了极大的方便。ANSI.SYS 不能在 DOS 提示符下直接使用。使用时，必须把它装进 CONFIG.SYS 中。例如，DEVICE = ANSI.SYS。

2.3　Windows 操作系统简介

Windows 操作系统是由美国 Microsoft 公司开发的窗口化操作系统，采用了 GUI 图形化操作模式，比起从前的指令操作系统，如 DOS 更为人性化。Windows 操作系统是目前世界上使用最广泛的操作系统，最新的版本是 Windows 8。该操作系统的推出，标志着 PC 开始进入图形用户界面的时代。在图形用户界面操作系统中，大部分操作对象都用相应的图标（Icon）来表示。这种操作界面形象直观，使计算机更贴近用户的心理特点和实际需求。

2.3.1　Windows 操作系统的发展

20 世纪 80 年代初期，美国微软公司（Microsoft）研发的 Windows 操作系统问世。最初的 Windows（Windows V3.XX）操作系统是一个运行在 DOS 操作系统下的应用程序，为用户提供了图形界面和一些相关的系统功能，但不是一个真正意义上的操作系统。20 世纪 90 年代中期推出的 Windows 95 才是一个真正意义上的操作系统软件，它的运行不需要其他操作系统的支持，是一个多用户多任务操作系统。紧随其后的有 Windows 98、Windows Me 个人计算机操作系统和 Windows NT 网络操作系统。Windows（在中文地区常以其英文名称呼，有时也被称作"微软窗口操作系统"或"微软视窗操作系统"）是 Microsoft 公司推出的一系列操作系统。它问世于 1985 年。起初，Windows 仅仅是 MS-DOS 之下的桌面环境，而后其后续版本逐渐发展成为个人计算机和服务器用户设计的操作系统，并最终获得了个人计算机操作系统软件的垄断地位。视窗操作系统可以在不同类型的平台上运行，如个人计算机、服务器和嵌入式系统等，其中在个人计算机的领域应用内最为普遍。在 2004 年，国际数据信息公司中一次有关未来发展趋势的会议上，副董事长 Avneesh Saxena 宣布 Windows 拥有终端操作系统大约 90% 的市场份额。当前，最新的 Windows 个人计算机版本是 Windows 8，最新的 Windows 服务器版本是 Windows Server 2012。Windows 8 已于 2012 年 10 月 26 日正式上市。Windows 9 也已经问世。

Windows 操作系统家族是台式计算机的主流操作系统。中文版 Windows 主要针对中国市场的产品。目前流行的操作系统主要是 Windows XP、Windows 7 和 Windows 8。下面介绍 Windows 7 操作系统各个版本的功能。

Windows 7 操作系统包含以下 6 个版本。

（1）Windows 7 Starter（初级版）。该版本功能最少，缺乏 Aero 特效功能，不支持 64 位，它最初设计不能同时运行 3 个以上应用程序，后来 Microsoft 最终取消了这个限制，最终版其实几乎可以执行任何 Windows 任务。一个奇怪的限制是不能更换桌面背景。另外，没有 Windows 媒体中心和移动中心等。它主要设计用于类似上网本的低端计算机，通过系统集成或者 OEM 计算机上的预装获得，并限于某些特定类型的硬件。

（2）Windows 7 Home Basic（家庭普通版）。这是简化的家庭版，中文版预期售价 399 元。支持多显示器，有移动中心，限制包括部分支持 Aero 特效、没有 Windows 媒体中心、缺乏 Tablet 支持、没有远程桌面、只能加入不能创建家庭网络组（Home Group）等。它仅在新兴市场（Emerging Markets）投放，如中国、印度、巴西等，不包括美国、西欧、日本和其他发达国家。

（3）Windows 7 Home Premium（家庭高级版）。面向家庭用户，满足家庭娱乐需求，包含所有桌面增强和多媒体功能，如 Aero 特效、多点触控功能、媒体中心、建立家庭网络组、手写识别等，不支持 Windows 域、Windows XP 模式、多语言等。

（4）Windows 7 Professional（专业版）。面向爱好者和小企业用户，满足办公开发需求，包含加强的网络功能，如活动目录和域支持、远程桌面等，另外还有网络备份、位置感知打印、加密文件系统、演示模式（Presentation Mode）、Windows XP 模式等功能。64 位可支持更大内存（192GB）。该操作系统可以通过全球 OEM 厂商和零售商获得。

（5）Windows 7 Enterprise（企业版）。是面向企业市场的高级版本，满足企业数据共享、管理、安全等需求。包含多语言包、UNIX 应用支持、BitLocker 驱动器加密、分支缓存（Branch Cache）等，通过与 Microsoft 有软件保证合同的公司进行批量许可出售。不在 OEM 和零售市场发售。

（6）Windows 7 Ultimate（旗舰版）。该操作系统拥有所有功能，与企业版基本相同，只在授权方式及其相关应用和服务上有区别。面向高端用户和软件爱好者。专业版用户和家庭高级版用户可以付费通过 Windows 随时升级（WAU）服务升级到旗舰版。与 Windows Visita 旗舰版不同，Windows 7 旗舰版不包括 Windows Ultimate Extras 功能。在零售市场，Windows 7 旗舰版或许会造成 WindowsVista 的惨败，因此它被淡化处理。

在这 6 个版本中，Windows 7 家庭高级版和 Windows 7 专业版是两大主力版本，前者面向家庭用户，后者针对商业用户。只有家庭普通版、家庭高级版、专业版和旗舰版会出现在零售市场上，且家庭普通版仅供发展中国家和地区。而初级版提供给 OEM 厂商预装在上网本上，企业版只通过批量授权提供给大企业客户，在功能上和旗舰版几乎完全相同。

另外，32 位版本和 64 位版本没有外观或者功能上的区别，但是内在有一点不同。64 位版本支持 16GB 或者 192GB 内存，而 32 位版本只能支持最大 4GB 内存。目前所有新的和较新的 CPU 都是 64 位兼容的，可以使用 64 位版本。

还有一个问题，家庭普通版提供 64 位版本。但是根据目前情况来看，微软一直没有发布家庭普通版的 64 位版本，而其他各种版本都已经发布了。因此，家庭普通版是否支持 64 位仍然不确定，不排除微软取消这一版本的可能。

2.3.2　Windows 操作系统的特点

Windows 之所以如此广泛地流行，是因为其具有以下特点。

1. 多任务并行执行能力

Windows 是一个多用户多任务操作系统，提供了多任务的并行能力，即同时可以执行一个或多个程序，可在多个任务之间随意切换。同时，还提供了任务和任务之间进行动态数据连接（Object Linking Embedding，OLE）的协议、动态数据交换（Dynamic Data Exchange，DDE）的协议，使不同任务之间可以方便地进行数据通信。

2. 全新的图形用户界面

Windows 的信息表示以窗口为主体构造。窗口、控件（按钮、文本输入框、单选按钮、复选钮、进度条等）都是用直观形象的图形显示在屏幕上，操作起来更便利。以窗口方式对计算机资源进行管理和利用，为使用和切换任务提供了极其方便的方法。

3. 操作方式灵活多样

对于同一种操作，Windows 提供了多种操作方式供用户选择。Windows 提供的操作方式包括图标操作方式、菜单操作方式、工具按钮操作方式、鼠标操作方式和键盘操作方式等。数据的输入和排版亦有多种，包括键盘输入方式、列表选择方式、复选框或单选按钮选择方式、标尺拖动方式、数码器翻转方式和游标方式等。用户无须记忆大量的命令编码。

4. 外部设备即插即用

安装任何新购的硬件设备，如打印机、modem、CD 或 DVD 驱动器等，只要在系统上进行物理连接后，即可使用。

5. 应用程序携带功能强大

Windows 自带许多常用的应用程序，如写字板、笔记本、通信簿、画图程序、电话拨号程序、Internet 浏览器（IE）、计算器程序、多媒体演播程序以及计算机游戏等。Windows 与 Microsoft 开发的办公自动化套装软件 Office 实现无缝连接。几乎所有应用软件都可以毫无困难地在 Windows 环境下运行。

6. 文件命名直观

Windows 文件命名可使用"长文件名"，多达 255 个字符（或 127 个汉字）的文件名使文件标题一目了然，能确切反映文件内容。同时它提供了与 DOS 文件名之间的转换规则，使 Windows 文件名与 DOS 文件名兼容。

7. 系统配置个性化

可个性化设置 Windows 系统，如设置桌面风格、桌面背景、屏幕保护程序和保护方式、屏幕的分辨率和色彩、鼠标按键方向和光标、按键速度和工作方式、音量、汉字输入法的选择和启动方式等。

8. 联网手段方便便捷

只要提供适当的联网硬件（网卡、Modem 等），就可以使用户的计算机成为网络计算机，利用 Windows 提供的网络功能连接到 Internet 上，浏览网上信息。

9. 多媒体表现能力强大

利用 Windows 多媒体功能可以播放动画和影视，处理图像，录制或播放话音、音乐，支持多种多媒体软件。

10. 数据安全措施得力

Windows 提供了许多支撑软件，保证系统正确运行和数据安全，提高系统效率。Windows 回收站是对已删除文件的一种保护，防止操作失误引发的损失。磁盘扫描、磁盘碎片整理、磁盘清理程序能对磁盘空间进行优化，诊断磁盘错误并进行适当的修复，提供数据备份和恢复操作。

Windows 8 操作系统新增的功能包括：更好的备份、Windows store 应用程序商店、人脸识别登录、更佳的语音识别、更佳的防病毒能力和更快的开机速度。

2.3.3　Windows 引导过程

Windows 的引导过程是从安装时就已开始，故先介绍 Windows 的安装。

1. Windows 的安装

当 Windows Setup 运行时，其向硬盘上写入 MBR（主引导记录），同时在这个磁盘驱动器的第一个可引导分区（即在 fdisk 后激活的分区）写入引导扇区，引导扇区的内容根据不同的文件系统格式而变化（FAT 或者 NTFS）。若机器上装有 MS-DOS 操作系统并建立了引导扇区，Windows Setup 将检测要覆盖的引导扇区是否有效，如果有效，Windows Setup 安装程序就把引导扇区的内容复制到这个分区的根目录中的 bootsect.dos 文件中。Windows Setup 程序在写完引导扇区后，再把 Windows 所用的文件复制到硬盘，包括 Ntldr.com 和 Ntdetect.com 两个引导文件。另外，Windows Setup 还会在引导分区的根目录中建立引导菜单文件 boot.ini。

例如：

```
[boot loader]
timeout=3
default=multi(0)disk(0)rdisk(0)partition(1)\WINDOWS
[operating systems]
multi(0)disk(0)rdisk(0)partition(1)\WINDOWS="Microsoft Windows"
multi(0)disk(0)rdisk(0)partition(2)\WINDOWS="Windows Server 2000"/fastdetect
```

boot.ini 文件内容显示安装了两个操作系统，参数/fastdetect 的作用是使 Ntdetect.com 忽略并行和串行设备的枚举，是安装系统时的默认项。boot.ini 文件中的相关参数还有很多，各有不同的功能。

　　Windows 7 操作系统有 3 种安装方法，即光盘安装法、U 盘安装法和硬盘安装法。安装 Windows 7 的前提是先购买一张 Windows 7 系统光盘，购买方法多种多样，最简单的就是上京东、亚马逊、天猫等微软授权网上商城购买。如果笔记本电脑已经有了 Windows 7 预装版，只需要将笔记本背后的 Windows 7 激活码记录下来就行了。

　　（1）光盘安装法。光盘安装法是最原始的方法，只要有光驱，在 BIOS 中设置光驱启动，就能根据系统安装的步骤一步一步安装。光盘安装法虽然很简单，但如果光盘读不了或者遇上没有光驱的电脑，这个方法就不行了。

　　（2）U 盘安装法。目前很多笔记本电脑都不带光驱，甚至有很多台式机也不配置光驱了，因此安装系统只能使用 U 盘或者移动硬盘。用 U 盘来安装系统已经成为最新的重装系统方案。用 U 盘安装 Windows 7 已是目前最主流的 Windows 7 安装方法，也是目前成功率最高的安装方法，且 99.99% 的计算机都支持 U 盘启动。再加上 PE 的出现，连装系统高手也选择在 Windows 界面的 PE 中重装 Windows 7（也包括 Windows 8），不会再在 DOS 中输入麻烦的代码来重装 Windows 系统。用 U 盘安装 Windows 7 时，首先将 Windows 7 光盘的文件转换成 Windows 7 虚拟镜像，或者将 Windows 7 光盘中的文件直接拷贝到 U 盘中。用 U 盘安装系统的步骤如下。

　　① 做一个可以支持 U 盘启动的 Windows 7 PE 启动盘。

　　② 在笔记本/台式计算机设置 U 盘启动。

　　③ 用虚拟光驱加载 Windows 7 镜像。

　　④ 用 Win$Man 安装 Windows 7。

　　系统安装完成后再安装驱动程序和安装常用软件，并同步自己的数据等。

　　通过 U 盘安装完 Windows 7 系统之后，首先要做的就是安装好各种驱动程序和安全防护软件。驱动程序安装好了，计算机才能发挥出真正的性能；安全防护软件安装好后，才能通过各种网站获得自己需要的信息资源，进一步用软件解决应用需求，使其稳定可靠地运行。

　　（3）硬盘安装法。使用硬盘安装 Windows 7 适用于当前 Windows 系统仍然可以正常运行的情况下，如果无法运行，则这个方法是不行的。硬盘安装方法也有一个前提，就是将 Windows 7 光盘中的文件拷贝到硬盘上。

　　使用硬盘安装 Windows 7 系统的方法很多。使用硬盘安装 Windows 7，就是指不借助任何光驱或者 U 盘等外部硬件工具，只依靠软件来完成 Windows 7 系统重装的方法。然而，使用硬盘安装 Windows 7 只在已经安装了与支持 Windows 7 同步启动的 PE（微软的小型维护操作系统）时才有效，否则必须借助 U 盘或者光盘来启动安装 Windows 7。也就是说，使用硬盘安装 Windows 7 不适合用于没有 Windows 系统的新计算机上，也不适用于连 Windows 启动菜单都无法显示的情况下。即使用硬盘安装 Windows 7 只适用于 Windows 系统还能正常安装软件或者预先安装了 PE 工具的情况下。用硬盘安装系统的步骤如下。

　　① 安装绝对 PE 工具箱（Windows 7 PE 内核）。

　　② 重启计算机进入绝对 PE 工具箱。

　　③ 用虚拟光驱加载 Windows 7 镜像。

　　④ 用 Win$Man 安装 Windows 7。

　　有关 Windows 7 各种安装方法的步骤可参考网上相关资料。

2. Windows 的启动

　　当按 Power 键启动计算机后，Windows 按如下过程启动。

　　（1）加电自检，检查无误后，BIOS 引导计算机读取硬盘上的 MBR，根据 MBR 中的信息找到引导分区，将引导分区内的引导扇区代码读入内存并把控制权交给该代码。引导扇区代码的作用是向 Windows 提供磁盘驱动器（硬盘）的结构和格式信息，并从磁盘根目录中读取 Ntldr 文件。当引导扇区代码将 Ntldr 加载到内存后，再把控制权交给 Ntldr 的入口点。如果引导扇区代码在根目录中没有找到 Ntldr 文件，对于 FAT 格式的文件系统，则显示"Boot：无法找到 Ntldr"；对于 NTFS 格式的引导文件系统，则显示"NTLDR 丢失"。

（2）Ntldr 使用内建的文件系统代码从根目录读取 boot.ini 文件（Ntldr 内建代码与引导扇区文件系统代码不同，Ntldr 文件系统代码可以读取子目录），接着清除屏幕。若 boot.ini 中不止一种引导选项，则显示引导选择菜单，如果用户在 boot.ini 制定的超时范围内未有任何响应，Ntldr 就选择默认的选项。

（3）引导选项确定后，Ntldr 加载和执行 Ntdetect.com，实际上是使用系统 BIOS 查询计算机基本设备和设置信息的 16 位实模式程序。

（4）Ntldr 开始清除屏幕，并显示"Starting Windows…"进度栏。开始时进度栏保持空白，直到 Ntldr 加载引导驱动程序。假如有 100 个引导驱动程序，则每加载一个文件，进度条增加 1%。在进度条的下面显示如下信息。

```
"For
troubleshooting and advanced startup options for Windows 2000,press F8."
```
注：此时若按 F8 键，则出现高级启动菜单，包括以下选项。

last known good：已知的最近正确模式。

safe mode：安全模式。

debug mode：调试模式。

（5）Ntldr 加载合适的内核和 HAL 映像文件（默认为 Ntoskrnl.exe 和 HAL.dll），读入 SYSTEM 注册表 hive 文件（hive 文件是一种包含注册表子树的文件），以确定该加载哪些引导驱动程序，加载引导驱动程序是为 Ntoskrnl.exe 的执行准备 CPU 寄存器。

（6）Ntldr 调用 Ntoskrnl.exe 并由它开始初始化执行程序子系统，引导系统启动（system-start）设备驱动程序。当初始化工作全部完成后，Ntoskrnl.exe 为系统本机应用程序做准备并运行 smss.exe。smss 的主要任务是初始化注册表、创建系统环境变量、加载 Win32 子系统（Win32k.sys）的内核模式部分、启动子系统进程 Crss 和启动登录进程 winlogon。

（7）winlogon 开始执行其启动步骤，如创建初始的窗口和桌面对象等。

（8）创建服务控制管理器（SCM）进程（Winnt\System32\Services.exe），加载所有标记为自动启动（auto-start）的服务程序、设备驱动程序以及本机安全验证子系统（Lsass）进程（Winnt\system32\Lsass.exe）。

（9）当一切加载成功且用户在控制台成功登录后，SCM 认为系统引导成功，注册表中已知最近正确配置（HKLM\SYSTEM\select\LastKnownGood）由 \CurrentControlSet 替代。反之，若用户在引导时选择高级菜单中的已知最近正确模式（LastKnownGood）或者加载时，驱动程序返回一个关键的错误，系统会以 LastKnownGood 的值作为 CurrentControlSet 的值。

至此，Windows7 的引导过程结束。屏幕显示如图 2-4 所示。

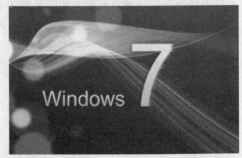

图 2-4　Windows 7 引导结束时的屏幕显示

Windows 7 在整体上做了较大优化，其中"显示桌面"也是最令用户头疼的，特别是装了原版 Windows 7 旗舰版的，默认的软件就是 Microsoft 自带的 IE 8.0、Media Player，桌面除了一个回收站图标什么都没有，任务栏也只有默认的 3 个图标。任务栏最右边有一个小长边形，其实它就是"显示桌面"按钮。这个改变对于忠实的 Windows XP 用户来说可是不小的麻烦，因为已经习惯了单击任务栏左边的按钮，而且常用图标对于老用户来说都放到了左边，也符合人从左向右阅读的习惯，所以很多人在纠结这个细节问题。介绍几种选择"显示桌面"按钮的简便方法。

① 在任务栏上单击鼠标右键，选择"显示桌面"。

② 按 Windows+D 组合键就可以把主屏幕的所有窗口最小化。

③ 用鼠标抓住当前窗口摇晃几次，除了当前窗口之外的窗口都最小化了，这个可是 Windows 7 的特色。

3. 仿 Windows XP 中的"显示桌面"

仿 XP 中的"显示桌面"代码和 XP 是一样，不同就是在 Windows 7 下不能直接拖入任务栏，不然达不到 XP 中的效果。随便找个程序的快捷方式，然后修改它的图标及链接位置，接下来只记锁定到任务栏就可以了。

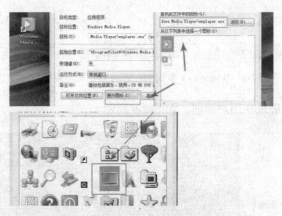

图 2-5　仿 Windows XP 中的"显示桌面"步骤 1

如图 2-5 所示，随便选中一个程序的快捷方式，如 Media Player，在快捷方式图标上右击，选择【属性】→【更改图标】，将【查找此文件中的图标】下的路径删除并回车，即就显示所有图标，然后选择显示桌面的图标，右击，选择"锁定到任务栏"。

打开记事本，输入下面的代码内容，然后点【另存为】，对保存类型输入：对所有文件，文件名输入：显示桌面.scf。然后将该文件内容存放到指定的磁盘，比如放到 C 盘根目录，路径为 C:\ 显示桌面.scf。

```
[Shell]
Command=2
IconFile=%SystemRoot%system32SHELL32.dll,34
[Taskbar]
Command=ToggleDesktop
```

随后的操作过程，如图 2-6 所示：打开【计算机】→【组织】→【文件夹和搜索选项】→【查看】→【隐藏文件和文件】选项，然后选择【显示隐藏的文件、文件夹和驱动器】。

设置完后，打开该路径 C:\ 用户 \ 你的用户名 \AppData\Roaming\Microsoft\Internet Explorer\Quick Launch\User Pinned\TaskBar。这时可以看到改过的 Media Player 图标，在图标上右

击，选择【属性】，将【目标】改成 C:\显示桌面.scf，如果放在其他地方，就换成相应的路径，如图 2-7 所示。

图 2-6　仿 Windows XP 中的"显示桌面"步骤 2　　　图 2-7　仿 Windows XP 中的"显示桌面"步骤 3

这样 Windows 7 中也有了 Windows XP 中的"显示桌面"图标了，使用起来方便多了，如图 2-8 所示。

图 2-8　Windows 7 中的 Windows XP"显示桌面"图标

Windows 桌面信息展现在用户面前，如图 2-9 所示。

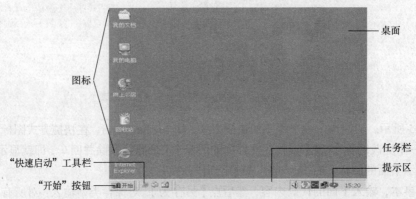

图 2-9　Windows 桌面

2.3.4　Windows 操作系统的界面

Windows 操作系统界面的主要组成要素如下。

（1）桌面：是启动 Windows 后的整个屏幕区域。桌面有自己的背景图案，桌面上有各种图标和有一个任务栏，如图 2-10 所示，任务栏上有一个开始菜单、任务按钮和其他显示信息。

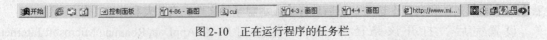

图 2-10　正在运行程序的任务栏

（2）图标：用以代表程序、文件、文件夹或对话框的小图片。这些图片用图形和文字标示其含义和属性。

（3）对象：Windows 的组成单元，包括程序、文件、文件夹、窗口、选项卡、按钮、输入框、复选框、单选按钮、标尺、数码器和列表等。

（4）窗口：是 Windows 桌面上的一个矩形区域。窗口是 Windows 重要的可视化操作界面，由边框、标题栏、菜单栏、工具栏、状态栏和工作界面等组成。窗口分为程序窗口、文档窗口和对话框窗口。图 2-11 为窗口的结构。

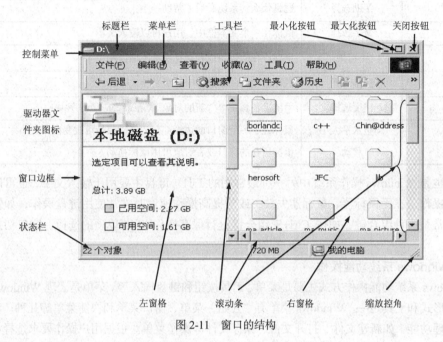

图 2-11　窗口的结构

2.3.5　Windows 的操作

Windows 有多种操作方式供用户在不同条件下选择使用。

1. Windows 操作工具

Windows 操作工具可以是鼠标器或键盘，鼠标器是 Windows 操作系统中最常用的工具之一。鼠标操作包括以下几项。

指向：将鼠标指针移动到某一选择的对象上称为指向操作。

单击（左键）：按下鼠标左键并立即松开，以确认选择的对象。

双击（左键）：在规定时间内连续按鼠标左键两次，以打开一个窗口或启动一个程序。

三击（左键）：在规定的时间内连续按鼠标左键三次，以确认选择特殊的对象。

右击（右键）：按下鼠标右键并立即松开，以打开关于某一特定对象的快捷菜单。

拖曳（左键）：将鼠标指针移动到某一选定的对象上，按住鼠标左键不放，滑动鼠标到另一位置，再松开左键，将所选对象移到新位置。

在 Windows 中，鼠标指针并不总是箭头形状。鼠件指针可以有各种不同的形状，至于会显示什么形状，取决于 Windows 在那一刻的状态。例如，如果 Windows 很忙，还没有做好接受另外一条命令的准备，那么鼠标指针就会变为漏斗形状。用户可以改变默认的鼠标指针形状。表 2-4 中列出了 Windows 7 中常用的鼠标指针形状。

表 2-4　　　　　　　　　　　　　　常用的鼠标指针形状

鼠 标 形 状	名　　称	用　　途
⏳	标准选择	Windows 准备接受用户输入的下一条命令
⌛	忙	Windows 处于忙碌状态，用户必须等待
⏳	后台操作	Windows 处于忙碌状态，但是用户可以继续工作
⏳?	帮助选择	这是什么？系统激活了帮助
I	文字选择	鼠标在一个文本框中，用户可以输入文本
⊘	不可用	鼠标所在的按钮或者某项功能不能使用
🖑	链接选择	鼠标所在的位置是一个超级链接
＋	精度选择	系统准备画一个"新的对象"（在某些应用程序中）
↔	调整水平大小	鼠标处于一个窗口的边缘部分，拖动鼠标可改变窗口大小
✛	移动	鼠标所在的窗口或者对象可用鼠标拖动

　　键盘也是 Windows 操作系统中另一种最常用的工具。键盘主要用于输入文字，也可以部分地代替鼠标操作。在无鼠标器、鼠标器失效，或为提高操作速度时常常使用键盘操作，如快捷键方式（这通常是一种组合键，如按 Ctrl+S 组合键进行保存操作）、菜单项的选择、窗口切换、启动程序等。

2. Windows 系统功能操作

　　Windows 系统功能操作方式主要是菜单、工具按钮和键盘输入等。菜单是表现 Windows 功能的主要有效形式和工具之一。Windows 菜单有"开始"菜单、窗口菜单和快捷菜单等几种。菜单直观地表现处理功能，如新建文件、打开文件、保存文件等操作菜单。根据用户操作要求选择相应的菜单项，系统就立即按菜单定义的功能去执行。也可以用鼠标或键盘去激活菜单。菜单按层次结构进行组织。最高层可以是一个具体功能的菜单项，也可以是一类菜单组成的菜单组项。每组又可能包含若干菜单项和/或菜单组项（称为级联菜单）还可能有再下一级级联菜单，呈树形结构。菜单项是树形结构的最底一层，表示一个具体的系统功能操作。图 2-12 为"开始"菜单的结构。

　　使用菜单的最终目的就是操作。Windows 提供了丰富的菜单形式，以适应各种操作环境和操作条件。Windows 的主要菜单形式如图 2-13 所示。

图 2-12　Windows 的级联菜单结构

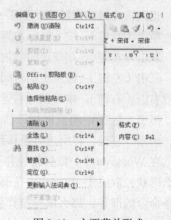

图 2-13　主要菜单形式

带省略号的菜单：表示单击该菜单项会弹出一个对话框。

带三角形的菜单：表示有下级菜单。

有效菜单和无效菜单：无效菜单文字为灰色。

带组合键的菜单：表示键盘组合键，可用键盘操作该功能。

带用户信息的菜单：将用户用过的信息（如打开过的文件名）作为菜单项列入菜单中。

带"√"的菜单：表示有菜单项说明的系统状态，多种状态可以并存。

带"·"的菜单：表示有菜单项说明的系统状态，多种状态只能有一种状态存在。

带分组线的菜单：用横线将菜单分组。

快捷菜单：在某对象上单击鼠标右键，弹出菜单供选择使用。鼠标指向的对象不同，快捷菜单包含的菜单项也不同。

3. 工具按钮操作

将常用的菜单项操作以按钮的形式放在窗口的工具栏上，每个按钮表示一个操作功能，与相应的菜单功能完全一致。若干相关按钮组成工具条，工具条可以显示在工具栏上，如图 2-14 所示。

工具栏的有无，工具栏上当前工具条的多少，工具条中含什么按钮、多少按钮都可以由用户自行安排。工具条可以放在窗口的任意位置。单击工具条中的按钮，系统就执行相应的功能。

图 2-14　工具条

2.3.6　文字信息输入方法

针对各种形式文字信息的输入，Windows 提供了相应的输入方法。输入中文和英文的方法是不同的。因此，输入中文和英文时必须交替切换这两种输入方法。启动 Windows 后，系统默认的输入状态是英文状态，任务栏右边的 CH 图标即是英文状态标识，如图 2-15 所示。这时，只能输入英文字符或数字。

1. 中文输入

如果要输入汉字，就需要把英文输入状态转换为汉字输入状态。转换的方法如下。

（1）单击状态栏上标有 CH 的输入状态按钮，屏幕显示如图 2-16 所示的输入法菜单。

图 2-15　英文输入状态显示图

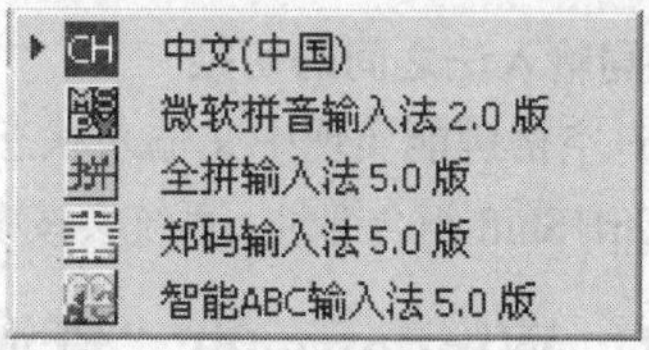

图 2-16　汉字输入法菜单

（2）选择所需的输入法。

在中文输入状态下，如果要回到英文输入状态，可在按住 Ctrl 键的同时按空格键。Ctrl + 空格键为中文/英文状态切换组合键。智能 ABC 输入法状态栏如图 2-17 所示。由于汉字同音字普遍，在计算机中称为重码，可在重码汉字选字栏中单击该字或按相应的数字键，将该字输入文档中。按 PageDown 或 PageUp 键（也可用"+"号或"−"号键）进行翻页选择，如图 2-18 所示。

中文输入法按钮　中英文标点切换按钮

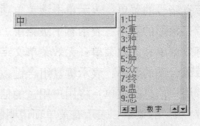

中英文输入　　全角/半角　　显示或隐藏
法切换按钮　　切换按钮　　软键盘按钮

图 2-17　输入法状态栏上各按钮的功能　　　　　　图 2-18　重码汉字选字栏

智能 ABC 输入法状态栏中各按钮的功能如下。

中英文输入法切换按钮：当该按钮显示 A 时，表示处于英文输入状态；单击该按钮切换为 ABC 图形时，表示处于中文输入状态。

中文输入法按钮：该按钮显示目前所采用的中文输入法。单击该按钮会由"标准"变成"双打"字样。一般选用"标准"方式。

全角/半角切换按钮：全角方式下一个符号占两个字符的位置，半角方式下一个符号占一个字符的位置。汉字用全角，而英文字母通常用半角。

中英文标点切换按钮：英文状态下的句号是实心圆点（.），中文状态下的句号为小圆圈（。）。使用该按钮可切换中英文标点。

软键盘按钮：右击软键盘按钮，屏幕弹出图 2-19 所示的软键盘菜单，按需要选择相应的键盘，如图 2-20 所示。这样，就可以输入特殊的字符。单击该按钮，可隐藏软键盘。单击该按钮能在显示/隐藏软键盘之间切换。默认情况下，显示标准 PC 键盘。

图 2-19　软键盘菜单

图 2-20　软键盘

2. 不同输入法之间的切换

按 Ctrl+空格键能实现中文输入状态/英文输入状态的切换。若 Windows 已安装了多个汉字输入法，按 Ctrl+Shift 组合键时，系统会按中文输入法的排列顺序在屏幕上逐个显示中文输入法状态栏。

2.3.7　Windows 的"资源管理器"和"我的电脑"

计算机系统由丰富的硬件资源和软件资源组成。硬件资源包括 CPU、硬盘驱动器、软盘驱动器、光盘驱动器、Modem、声卡、监视器、键盘、鼠标等。执行"开始→设置→控制面板→系统→设备管理器"进入"设备管理器"窗口，既可了解硬件设备的配置、性能、型号和当前工作状态等情况，还可以调整设备性能，如调节速度、音量，升级驱动程序等。软件资源是指存储在系统内的程序和数据。系统对其按规定的方法进行管理。

与 DOS 操作系统对应，Windows 操作系统在文件管理中也有如下术语。

文件：存储一个程序或一个相关数据的集合的管理单位。每一个文件必须有一个文件名，由文件主名和扩展名构成，两者之间用圆点隔开，如 hust.txt 文件主名标识文件，扩展名标识文件类型或性质。例如，ABC.EXE 是一个可执行的程序文件，ABC.DAT 是一个数据文件。系统对扩展名做了统一的规定，一般由 3 个字符构成，用户也可以自定义合适的扩展名。

文件夹（子目录）：是登录文件的场所。通常登录每一个文件的文件主名、扩展名、长度、日期、时间、文件属性和文件的存储位置等信息。在同一个文件夹里不能登录同名的两个文件。文件夹同样要有一个文件夹名。

文件夹（目录）的组织：一个文件夹内可以存储若干文件、若干文件夹，或若干文件夹和文件。因此，一个系统内的文件和文件夹组织呈层次结构或树形结构。

文件定位：是指唯一定位一个文件的表达方法，即 DOS 操作系统的路径。全程的文件定位是：[盘符\][目录路径\][文件主名][.扩展名]，称为文件定位符。例如，d:\dir1\dir2\dir3\abc.exe。

浏览：在 Windows 中，浏览软件资源常用的工具是"资源管理器"和"我的电脑"。选择"开始→程序→附件→资源管理器"命令，打开"资源管理器"窗口，如图 2-21 所示。

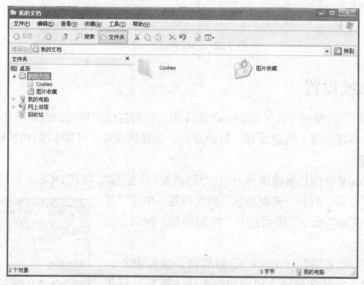

图 2-21 "资源管理器"窗口

"资源管理器"窗口包括两部分，左窗格显示计算机系统文件夹本身的信息，称为"文件夹"浏览栏。右窗格显示打开的文件夹所包含的内容。打开或关闭文件夹都有相应的文件夹图标表示。左边的文件夹以树形方式显示系统中所有存在的文件夹信息，文件夹按照级别顺序来安排。

通过"文件夹"浏览栏可对文件、文件夹和驱动器进行操作。"文件夹"浏览栏中的桌面、驱动器、文件夹采用层次结构，可以展开也可以折叠。若某个项目的旁边有加号（+），则表明其下还有未显示的子项目，单击加号（+）可将下一级子项目打开。若某个项目的旁边有减号（-），单击减号（-）就可以隐藏该级以下的所有子项目树。

在文件夹或"资源管理器"窗口中，若要退回到上一级文件夹，可单击工具栏中的"向上"按钮，或者按 Backspace 键。

单击"桌面"上"我的电脑"图标即打开"我的电脑"窗口，如图 2-22 所示。其浏览操作与"资源管理器"相同。

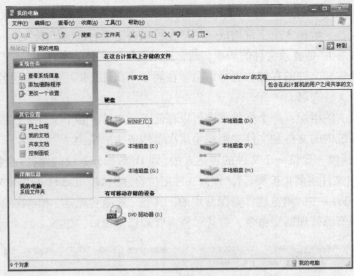

图 2-22 "我的电脑"窗口

2.3.8 系统设置

为适应不同用户的使用方式，Windows 先许用户根据自己的情况调整系统初始设置。系统设置包括 Windows 屏幕设置、键盘设置、鼠标设置、多媒体设置、日期/时间和区域设置等。

1. 控制面板

调整 Windows 系统的初始设置是通过"控制面板"来实现的，与在 DOS 系统中通过 config.sys
对系统进行配置一样。打开"控制面板"的操作是：单击"开始→设置→控制面板"命令，即可打开"控制面板"窗口，如图 2-23 所示。

"控制面板"可完成下列工作：定制桌面，鼠标设置，修改日期和时间，安装多种语言和添加输入法，调整"任务栏"和"开始"菜单，配置 Internet 访问服务；管理 PCMCIA卡、SCSI 适配器和 UPS 等，配置网络和拨号连接，调整服务功能等。

图 2-23 "控制面板"窗口

2. 定制桌面

有许多方法可以使自己的桌面具有个性。例如，改变背景颜色、在背景上添加图片、改变显示的大小、美化字体和图标的显示、更改任务栏的显示风格、在"开始"菜单中添加选项或在桌面上创建快捷方式等。

在"显示属性"对话框中可以改变桌面和屏幕，方法如下。

（1）在"控制面板"中双击"显示"对象图标。

（2）用鼠标右键单击桌面的空白部分，从快捷菜单中选择"属性"命令。

"显示属性"对话框如图 2-24 所示。下面主要介绍"背景"和"屏幕保护程序"选项卡。

（1）更改屏幕背景。在"显示属性"对话框中，单击"背景"选项卡。在"选择背景图片或 HTML 文档作为墙纸"列表中选择一个图案，单击"确定"按钮，即可更改桌面背景。

如果图案不能覆盖整个屏幕，可以在"显示图片"列表中选择"居中"、"平铺"或"伸展"

选项来设置图案在屏幕上的显示效果。

另外，还可以单击"图案"按钮，打开"图案"对话框，从中选择一种图案，用来填充墙纸不能覆盖到的屏幕区域。单击"应用"按钮，可在更改之前查看更改的效果。单击"确定"按钮就关闭对话框并更改背景。

（2）使用屏幕保护程序。一般计算机使用的 CRT（阴极射线管）显示器，是通过将电子束射到屏幕的荧光涂层上，使荧光粉发光来显示图像的。若显示的图像在屏幕上长时间不变，就会使显示器老化，显示效果变差。有了屏幕保护程序后，当屏幕长时间无变化时，屏幕会显示一个不断变化的图像，达到保护屏幕的效果。设置 Windows 7 屏幕保护程序的操作步骤如下。

① 单击任务栏上的"开始"按钮，在"开始"菜单中选择"设置"→"控制面板"命令。

② 在"控制面板"中双击"显示"图标，或者用鼠标右键单击桌面，从快捷菜单中选择"属性"命令，打开"显示属性"对话框。

③ 单击"屏幕保护程序"选项卡，显示设置屏幕保护程序的选项，如图 2-25 所示。

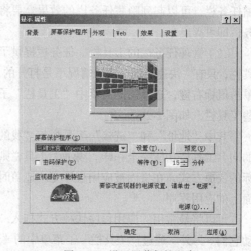

图 2-24 "显示属性"对话框   图 2-25 设置屏幕保护程序

④ 从"屏幕保护程序"下拉列表中选取需要的屏幕保护程序。

⑤ 单击"等待"框中右边的向上或向下箭头，指定计算机当前屏幕上内容的持续时间，还可选择是否"密码保护"。

⑥ 所有选项设置完毕后，单击"确定"或"应用"按钮，屏幕保护程序设置生效。

3. 调整任务栏和"开始"菜单

任务栏的两个主要功能是启动应用程序和在应用程序之间切换。单击任务栏上的"开始"按钮，可以选择相应的应用程序运行。另外，它还具有"自动隐藏"及"显示时钟"等其他功能。下面介绍如何自定义任务栏和"开始"菜单。

（1）改变任务栏的工作方式。通过任务栏，可轻松地在多个应用程序或多个窗口之间切换，就像转换电视频道那样容易。每个打开的窗口都在任务栏上有一个对应的按钮图标，用户可清楚地看到当前打开的窗口或应用程序。除了这种自动功能之外，任务栏还有很多自定义选项，具体包括以下几项。

重新定位：任务栏可以被拖动，放置在桌面上、下、左、右任何一边。

重设大小：拖动任务栏的内边可以增加任务栏的宽度。

自动隐藏：任务栏可以隐藏起来，只在鼠标指针移动到桌面边缘时才显现出来。

移动任务栏的步骤如下。

① 在任务栏上找到一个空白部位，并用鼠标指针指向该处，注意一定要指在任务栏之内。

② 按住鼠标左键不放，将任务栏拖动到桌面的另外一边。拖动鼠标时，任务栏的一个轮廓线会随鼠标移动。

③ 释放鼠标按键，任务栏被放置在新的位置。

缩放任务栏的方法如下。

① 若任务栏在桌面的上下两边，将鼠标指针移动到任务栏的上边沿，待鼠标指针变成一个双向的缩放指针"$\updownarrow$"时，按住鼠标左键不放并上下拖动鼠标，即可缩放任务栏。

② 若把任务栏移动到桌面的左右两边，就需要将任务栏的内部边沿拖向桌面的中央，以增加任务栏的大小。如果想收缩任务栏，可以逆向拖动任务栏的边沿，直到调整成所希望的大小。

③ 若将任务栏的顶端用鼠标一直朝下拖动到桌面的底部，任务栏就会消失。通过这种方式收缩任务栏，可以起到隐藏任务栏的效果。要将任务栏重新引回桌面，用鼠标向相反方向拖动，任务栏即可露出来。

（2）管理任务栏的工具栏。任务栏提供了"地址"、"链接"、"桌面"和"快速启动"4 个工具栏，只有"快速启动"默认情况下是打开的。在任务栏空白处，单击鼠标右键，选择快捷菜单中"工具栏"子菜单，可以打开这些工具栏，如图 2-26 所示。

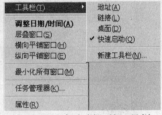

图 2-26 "任务栏"的工具栏

其中"地址"和"链接"工具栏与"我的电脑"和浏览器中的同名工具栏功能完全一样。"桌面"工具栏则显示桌面上所有图标的快捷方式，在桌面被应用程序完全遮盖时，可以快速访问桌面上的应用程序。

可以将最常用的应用程序快捷方式拖入"快速启动"工具栏，这样可以在需要的时候快速启动它们。另外，通过"工具栏"子菜单中的"新建工具栏"命令，可以自定义任务栏上的工具栏。

（3）设置任务栏属性。执行任务栏快捷菜单中的"属性"命令，可以打开"任务栏和开始菜单属性"对话框。该对话框不仅可以设置任务栏上的"开始"菜单，而且还能控制任务栏自身的显示形式及执行方式。

使用"任务栏和开始菜单属性"对话框设置任务栏的方法如下。

① 在"开始"菜单中选择"设置"→"任务栏和开始菜单"命令，显示图 2-27 所示的"任务栏和开始菜单属性"对话框。

② 单击"常规"选项卡，其中"总在最前"复选框在一般情况下都被选定，因为 Windows 7 通常都将任务栏设置成任何时刻都是可见的。

③ 取消选中"总在最前"复选框，单击"确定"按钮可查看不选中该复选框的结果（如果单击"应用"按钮，Windows 7 将迅速改变任务栏，并且仍显示该对话框）。

④ 再次打开"任务栏和开始菜单属性"对话框，选定"自动隐藏"复选框并单击"确定"按钮。此时任务栏消失，将鼠标指针指向桌面的底部，任务栏会重新出现。

若取消选中"总在最前"并选中"自动隐藏"，则其他应用程序窗口会覆盖任务栏。若在最大化窗口中操作，可按 Alt+Esc、Alt+Tab 以及 Ctrl+Esc 组合键在窗口间切换。

⑤ 当任务栏只有很少一部分显示出来时，可再次打开"任务栏和开始菜单属性"对话框将其恢复原状，只要选定"总在最前"复选框，取消选中"自动隐藏"复选框即可。

⑥ "在'开始'菜单中显示小图标"复选框控制"开始"菜单的图标将以何种形式显示。如果想要节省桌面空间，可以选定该复选框，使"开始"菜单占用较少的桌面空间。

⑦ 取消选中"显示时钟"复选框，时钟将从任务栏上隐去。

⑧ 单击"确定"按钮关闭该对话框。

如果打开"任务栏和开始菜单属性"对话框而又不打算对其作任何修改时，单击"取消"按钮，Windows 7 将关闭对话框并不对任务栏做任何修改。

（4）在"开始"菜单上添加新的项目。在"开始"菜单上添加新项目的操作步骤如下。

① 从"开始"菜单上选择"设置"→"任务栏和开始菜单"命令，显示"任务栏和开始菜单属性"对话框。

② 单击"高级"选项卡，如图 2-28 所示。

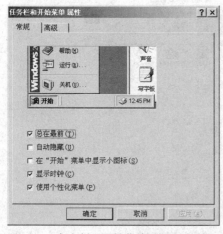
图 2-27 "任务栏和开始菜单属性"对话框

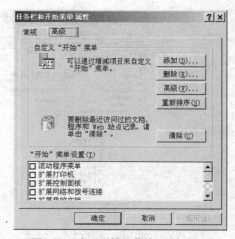
图 2-28 在"开始"菜单上添加新项目

③ 单击"添加"按钮，显示"创建快捷方式"向导，如图 2-29 所示。

④ 若要在"开始"菜单上放置"空当接龙"游戏，可在"请输入项目的位置"文本框中输入 C:\WINNT\SYSTEM32\FREECELL.EXE。另外，可以单击"浏览"按钮来搜寻想要添加到"开始"菜单上的程序的名称。

⑤ 单击"下一步"按钮，打开图 2-30 所示的"选择程序文件夹"对话框。该对话框显示"开始"菜单上程序选项的层次。

图 2-29 "创建快捷方式"向导

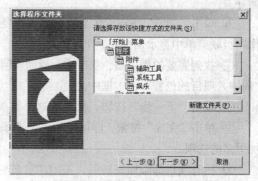
图 2-30 "选择程序文件夹"对话框

⑥ 这里把"空当接龙"选项放到"开始"菜单上，单击窗口中的"「开始」菜单"项。若想在"附件"菜单上添加选项，可单击"附件"选项，然后单击"下一步"按钮。

⑦ 在"选择程序标题"对话框中，键入想要在菜单上显示的名字。

⑧ 单击"完成"按钮，然后单击"开始"按钮查看新的"空当接龙"选项。

另外，向"开始"菜单添加选项更简单方法就是，将程序或文档直接拖到"开始"菜单中。

（5）在"开始"菜单上创建文件夹。下面将创建一个名为"工作"的文件夹，以放置日常使用的程序。此后，在"开始"菜单的"程序"项中，会看到"工作"文件夹。

在"开始"菜单上创建"工作"文件夹的操作步骤如下。

① 单击"开始"按钮，选择"设置"→"任务栏和开始菜单"命令。

② 单击"高级"选项卡，再单击"高级"按钮，打开"资源管理器"窗口，如图 2-31 所示。

图 2-31　创建一个自定义文件夹

③ 单击"程序"旁边的"+"号将它展开。注意这个窗口的内容，将创建一个新文件夹并把对象添加到里面，新的文件夹会在"程序"级联菜单中显示出来。

④ 执行"文件"→"新建"→"文件夹"命令，然后一个具有突出显示名称的新文件夹显示在文件列表窗格中。键入新的名称，如"工作"，然后按 Enter 键。

⑤ 双击新文件夹，并执行"文件"→"新建"→"快捷方式"命令，出现"创建快捷方式"向导。

⑥ 单击"浏览"按钮，在系统里寻找想要放到文件夹中的程序。要添加的程序将在新的"工作"级联菜单中显示出来。

⑦ 找到需要的程序后，双击它，返回"创建快捷方式"向导。此时程序的名称及路径显示在"请键入项目的位置"文本框中。

⑧ 单击"下一步"按钮，然后为这个菜单选项键入名称，键入的名称将显示在级联菜单中。

⑨ 单击"完成"按钮，即可将一个选项添加到新菜单中。重复上述步骤，可以在新菜单里添加更多的选项。

⑩ 所有项目都添加完毕后，关闭"资源管理器"窗口。

（6）在"开始"菜单中删除选项。从"开始"菜单或其他级联菜单中删除菜单选项的操作步骤如下。

① 在"开始"菜单中选择"设置"→"任务栏和开始菜单"命令。

② 打开"任务栏和开始菜单属性"对话框，单击"高级"选项卡。

③ 单击"删除"按钮，查看"程序"级联菜单上的文件夹列表。

④ 要删除文件夹中的任何一项，单击文件夹，显示其内容，然后单击要删除的项目，最后单击"删除"按钮。

2.3.9　Windows 操作系统平台上程序的执行

软件资源的组织提供了对软件和数据的有效管理。为了方便用户便捷地使用和操作软件资源，Windows 设置了多种放置文件的层次。

（1）放在桌面上。以图标的形式将文件或文件的快捷方式安置在桌面上。这是最为方便使用的地方。

（2）放在"开始"菜单中。将文件添加到"开始"菜单的某一层级联菜单中。这是较为方便使用的地方。

（3）留驻在文件夹里。将文件留驻在文件夹里。这是较不方便使用的地方。根据 Windows 放置文件的不同层次，运行程序的方法也有多种。

① 在桌面或窗口上用程序文件图标运行程序。在桌面或窗口上找到期望的程序文件图标，指向它并双击，可立即运行这个程序。

② 利用"开始"菜单运行程序。单击"开始"按钮，按级联菜单逐层寻找期望的程序文件菜单项，单击它即可运行该程序。

③ 利用"开始"菜单的"运行"菜单项运行程序。选择"开始"菜单中的"运行"命令，显示"运行"对话框，在其中输入要运行程序的文件定位符，或单击"浏览"按钮选择程序名称，再单击"确定"按钮，可立即运行该程序。

④ 利用数据文件运行程序。通过操作桌面或窗口上的数据文件图标、"开始"菜单中的数据文件菜单、文件夹中的数据文件名可以运行产生该数据文件的相应程序。

⑤ 利用"快速启动"按钮运行程序。在桌面的任务栏上可以设置"快速启动"按钮，单击其中表示程序的按钮就能运行该程序。

⑥ 利用快捷方式。快捷方式是进入应用程序、文档、网络服务器或其他任何对象最快的方法。在桌面上为对象建立快捷方式，就可以通过鼠标快速访问这些对象。

实际上，快捷方式起到"路标"的作用，用于告诉系统原始对象放在什么位置。无论对象原来的位置在哪里，都可以将其图标拖曳到桌面上或另一个窗口中，以此创建快捷方式，使得以后随时可以访问需要使用的对象。

由于快捷方式只是指向对象的一个链接，而不是对象本身，因此创建或者删除快捷方式都不会影响与之相连的对象本身。为一个应用程序创建快捷方式并不意味着复制应用程序本身，一般快捷方式占用的磁盘空间少于 2KB，所以即使创建了许多快捷方式也没有关系。创建快捷方式的方法如下。

（1）使用拖放来创建快捷方式。操作步骤如下。

① 在"资源管理器"或文件夹窗口中，打开包含想要创建快捷方式对象的文件夹。

② 用鼠标右键单击文件图标并拖曳到桌面，然后松开鼠标右键，如图 2-32 所示。

③ 从快捷菜单中选择"在当前位置创建快捷方式"命令，即可将该文件的快捷方式创建到桌面上。

（2）使用快捷方式向导创建快捷方式。

操作步骤如下。

① 在桌面上或在想要创建快捷方式的文件夹中的空白区域单击鼠标右键。

② 从快捷菜单中选择"新建"→"快捷方式"命令，如图 2-33 所示。

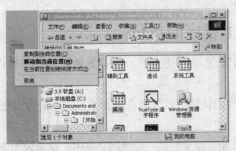 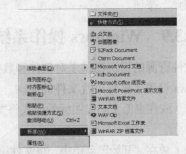

图 2-32　右键单击文件图标并拖曳到桌面　　　　图 2-33　用"快捷方式"向导创建快捷方式

③ 根据"快捷方式"向导的提示创建快捷方式。

（3）使用"粘贴快捷方式"命令创建快捷方式

图 2-33 中的快捷菜单中有"粘贴快捷方式"命令，事实上这也是一种创建快捷方式的好方法，适用于无法或者不方便同时打开快捷方式的源文件夹和目标文件夹时。

操作步骤如下。

① 在"资源管理器"或文件夹窗口中，打开包含想要创建快捷方式的文件夹。

② 选定待创建快捷方式对象，执行"编辑"→"复制"命令，或者按 Ctrl＋C 组合键。

③ 在桌面上或在想要创建快捷方式的文件夹中的空白区域单击鼠标右键，从快捷菜单中选择"粘贴快捷方式"命令即可。

快捷方式是打开文件、打印文件或者发送一个文件到磁盘、打印机或其他目标的简便方法。使用快捷方式，可以在本地或者网络上快速打开文件夹或文件，并且如果快捷方式是一个应用程序或打印机，还可以将文件拖放到该快捷方式上，迅速在应用程序中打开文件或打印文件。

2.4　Linux 操作系统

Linux 是一个完全免费的与 UNIX 兼容的操作系统，可运行在多种平台上。Linux 的开发者来自整个 Internet，他们具有各种 UNIX 系统的背景，因此 Linux 也集中了各种 UNIX 的优点，从广义上来说，Linux 可划分到 UNIX 派系。

UNIX 操作系统开始于 1969 年，由 Bell 实验室的设计者 Ken Thompson 和 Dennis Ritchie 在 DEC PDP-7 上开发完成，1984 年起制定了 UNIX 标准，其对操作系统的发展带来了深远的意义。在随后的时间里，UNIX 得到了不断的更新升级，开发了许多具有特色的 UNIX 产品，如 PWB、UNIX/RT、XENIX、4.4BSD UNIX 等，还开发了支持 Internet 网络协议 TCP/IP 的 UNIX，成为目前主流的多用户多任务操作系统。

2.4.1　UNIX 操作系统概况

1.　UNIX 发展的 3 个阶段

第一阶段是 UNIX 的初期，1969 年 Ken Thompson 和 Dennis Ritchie 在 AT&T 贝尔实验室开发完成了 UNIX 操作系统，刚开始运行在 DECPDP-7 计算机上，这个阶段 UNIX 从版本 1 发展到了版本 6。当时的 UNIX 是用汇编语言编写的，1970 年作者使用 C 语言重新改写了 UNIX 的源代码，将 UNIX 移植到 PDP-11/20 上，并使得 UNIX 非常具有可移植性。此时 AT&T 没有把 UNIX 作为它的正式商品，因此研究人员只是在实验室内部使用并完善它。随后，在 AT&T 许可下，其他科研机构和大学的计算机研究人员加入了 UNIX 源代码的研究，一方面科研人员能够根据需要改进系统，或者将其移植到其他的硬件环境中，另一方面又培养了大量掌握 UNIX 使用和编程的人员，这使得 UNIX 的普及更为广泛。

第二阶段为 20 世纪 80 年代，这是 UNIX 丰富发展的时期，在这个阶段 UNIX 有了版本 7，同时对外发行 System III 和 System V 的 UNIX 版本。此外，其他厂商以及科研机构都纷纷改进 UNIX，如美国加州大学伯克利分校的 BSD 版本。从 4.2BSD 中也派生出了多种商业 UNIX 版本，如 Solaris、HP-UX、IRIX、AIX、SCO 等。Sun 是最早的工作站厂商，其操作系统 SunOS 是基于 4.2BSD 开发的，直到 SunOS 4。但是在此之后，Sun 将操作系统的开发工作转向了 System V，这个新版本称为 Solaris 2，或者称为 SunOS 5，因此也可以将 SunOS 4 称为 Solaris 1.0。另外 SUN 也开发了用于 Intel 平台的系统 Solaris x86。IRIX 是 SGI 公司的 UNIX，这也是一种基于 UNIX System V 的产品。SGI 的 UNIX 图形工作站是图形图像处理领域的顶级产品，这一方面是由于 SGI 的硬件性能相当优秀，另一方面 SGI 开发了工作站下的图形图像处理软件，成为这个领域的领先者。SGI 组建了一个基于 Linux 的使用 256 个 CPU 的超级服务器。SCO UNIX 是运行在 Intel 平台上的操作系统，并且较早进入中国市场，其历史可追溯到 Microsoft 开发的 Xienx。Xienx 是运行在 Intel 平台上的一种基于 UNIX V6 的系统。在小型机特别昂贵的年代，使用 SCO 在 x86 上运行，可以节约大量成本，早期银行、金融行业的终端大多使用 SCO。SCO 随后被更加优秀的 Linux 所取代。IBM 的 UNIX，是根据 SVR2 以及一部分 BSD 延伸而来的。随着 Internet 开始投入研究，在 BSD UNIX 实现了 TCP/IP 后，Internet 和 UNIX 紧密结合在一起。伯克利大学所出的 DB 和 DNS 解析服务器为 Internet 打下了基石，这所大学为 Internet 做出了贡献。

第三阶段是 UNIX 的完善阶段，从 20 世纪 90 年代开始到现在。当 AT&T 推出 System V Release 4（第五版本的第四次正式发布产品）之后，由于伯克利大学不得不推出不包含任何 AT&T 源代码的 4.4BSD Lite，很多 UNIX 厂商从 BSD 转向了 System V。之后，芬兰的 Linus 独立编写了 Linux 操作系统，Linux 是一个完全免费的与 UNIX 兼容的操作系统，可运行在多种平台上。Linux 系统在 Internet 上众多爱好者的帮助下迅速开发出来，并取得了巨大的成功。这也是 FreeBSD 的发展速度落后于后起之秀 Linux 的一个重要原因。Linux 和其他 UNIX 的源代码完全无关，严格来讲只能算仿制品。但 Linux 的开发者来自整个 Internet，具有各种 UNIX 系统背景的 Linux 系统在性能上与商业产品领域的 UNIX 系统相比毫不逊色。

2.　UNIX 操作系统的特点

UNIX 操作系统具有以下特点。

（1）UNIX 具有良好的性能，体现在：系统短小精悍，功能强大；算法简单可行，数据结构和程序占用的内存空间小，核心系统常驻内存。

（2）系统接口简洁有效，使用灵活方便。使用简洁的命令语言，提供交互命令方式操作，也可以用由 Shell 命令编写的程序（成为 Shell 程序）表示一组命令的操作顺序。

（3）文件系统结构简单，便于统一使用。采用流式文件组织逻辑文件，可实现顺序存取和随机存取。采用磁盘索引方式组织物理文件，存取速度快，安全可靠。采用树形文件目录结构，把目录信息和文件属性信息分开，提高了文件的查找速度。把外部设备看作文件处理，用户不必区分文件和设备，统一以文件方式使用。因此，UNIX 提供普通文件、目录文件和设备文件。

（4）易移植、可扩充，有利于系统扩散。UNIX 的大部分程序都用 C 语言编写，易于理解，便于移植到不同硬件上。在 UNIX 系统下开发的应用程序可以方便地在其他机器的 UNIX 平台上运行。对 UNIX 功能进行修改，增加程序员接口，就可以满足各种新功能的需求。

（5）具有开放性，有利于系统普及和发展。UNIX 一直公开它的源代码，任何人只要对它进行部分替换就可以开发出自己的系统。

3. UNIX 操作系统的基本结构

UNIX 操作系统是一个交互式分时操作系统，其基本结构采用以全局变量为中心的模块结构，分为内核层和外壳层两部分。内核层是 UNIX 系统的核心层，其实现存储管理、文件管理、设备管理和进程管理等功能，以系统调用方式向外壳层提供服务。外壳层向用户提供各种操作命令（称为 Shell 命令）和程序设计环境。外壳层由 Shell 命令解释程序、各种语言（如 C、PASCAL、BASIC 等）的处理程序、使用程序和系统库组成。

2.4.2 Linux 操作系统概况

1. Linux 操作系统简介

Linux 最早开始于一位名叫 Linus Torvalds 的芬兰赫尔辛基大学的学生。他想设计一个代替 Minix 操作系统的操作系统平台，这个操作系统可用于 386、486 或奔腾处理器的个人计算机上，并且具有 UNIX 操作系统的全部功能，这就是 Linux 操作系统最早的设计思想。通过世界各地成千上万的程序员共同努力设计，实现了这个系统。Linux 操作系统是一套免费使用和自由传播的类 UNIX 操作系统，它主要用于基于 Intel x86 系列 CPU 的计算机上，是不受任何商品化软件的版权制约的、全世界都能自由使用的 UNIX 操作系统兼容产品。Linux 操作系统是在 GNU（GNU's Not Unix）公共许可权限下免费获得的，是一个符合 POSIX 标准的操作系统。Linux 操作系统以高效性和灵活性著称，具有多任务、多用户的能力。Linux 操作系统软件包不仅包括完整的 Linux 操作系统，而且包括文本编辑器、高级语言编译器等应用软件，以及带有多个窗口管理器的 X-Windows 图形用户界面，如同 Windows NT 一样，允许使用窗口、图标和菜单对系统进行操作。Linux 操作系统属于自由软件，用户不用支付任何费用就可以获得，包括源代码，其为广大的计算机爱好者提供了学习、探索以及修改计算机操作系统内核的机会。用户还可以根据自己的需要对其进行必要的修改。Linux 操作系统具有 UNIX 操作系统的全部功能，任何使用 UNIX 操作系统或想要学习 UNIX 操作系统的人都可以从 Linux 操作系统中获益。例如用户在公司的编程环境是 UNIX 系统，或者是一位 UNIX 的系统管理员，他可以在家里安装 Linux 系统，回家时使用 Linux 操作系统就能继续完成一些工作任务。Linux 操作系统本身包含的应用程序以及移植到 Linux 操作系统的应用程序包罗万象，用户能从有关 Linux 操作系统的网站上找到适合自己需要的应用程序及其源代码，下载的源代码能修改和扩充操作系统或应用程序的功能。现在有许多 CD-ROM 供应商和软件公司（如 RedHat 和 TurboLinux）都支持 Linux 操作系统。基于以上原因，能无偿使用、无约束地继续传播的 Linux 操作系统深受广大计算机用户的喜爱。

2. Linux 操作系统的优点

（1）完全免费。用户可以通过网络或其他途径免费获得 Linux 操作系统，并可以任意修改其源代码。这是其他操作系统做不到的。全世界的无数程序员长期参与 Linux 操作系统的修改、编写工作，程序员可以根据自己的兴趣和灵感对其进行修改，吸收了无数程序员精华的 Linux 操作系统将不断壮大。

（2）完全兼容 POSIX 1.0 标准。这使得可以在 Linux 操作系统下通过相应的模拟器运行常见的 DOS、Windows 程序。这为用户从 Windows 转到 Linux 奠定了基础。用户使用 Linux 操作系统时，不会影响程序在 Windows 下的正常运行。

（3）多用户、多任务。Linux 操作系统支持多用户，各个用户对自己的文件设备有特殊的权利，保证了各用户之间互不影响。多任务使 Linux 操作系统可以使多个程序同时并独立地运行。

（4）良好的界面。Linux 操作系统同时具有字符界面和图形界面。在字符界面中，用户可以通过键盘输入相应的指令来进行操作。通过类似 Windows 图形界面的 X-Windows 系统，用户可以使用鼠标对其进行操作。X-Windows 环境与 Windows 相似，可以说是 Linux 版的 Windows。

（5）丰富的网络功能。互联网是在 UNIX 操作系统的基础上繁荣起来的，Linux 操作系统的网络功能及其内核紧密相联，在这方面 Linux 操作系统要优于其他操作系统。在 Linux 操作系统中，用户可以轻松实现网页浏览、文件传输、远程登录等网络工作，并且可以作为服务器提供 WWW、FTP、E-mail 等服务。

（6）可靠的安全、稳定性能。Linux 操作系统采取了许多安全技术措施，包括对读、写进行权限控制，审计跟踪，核心授权等，这些都为安全提供了保障。Linux 操作系统由于需要应用到网络服务器，这对稳定性也有较高的要求，实际上 Linux 操作系统在这方面也十分出色。

（7）支持多种平台。Linux 操作系统可以运行在多种硬件平台上，如具有 x86、680x0、SPARC、Alpha 等处理器的平台。此外 Linux 操作系统还是一种嵌入式操作系统，可以运行在掌上电脑、机顶盒或游戏机上。同时 Linux 操作系统也支持多处理器技术。多个处理器同时工作，使系统性能大大提高。

Linux 操作系统的不足之处在于：目前在个人计算机操作系统行业中，Windows 系统仍然是主流，在绝大多数软件公司的支持下，Windows 上的应用软件应有尽有。要考虑操作系统的更换对以前软件的继续使用是否有影响。虽然 Linux 具有 DOS、Windows 模拟器，可以运行一些 Windows 程序，但 Windows 系统极其复杂，模拟器所模拟的运行环境不可能完全与真实的 Windows 环境相同，一些软件有可能无法正常运行。由于硬件厂商是在推出 Windows 版本的驱动程序后才编写 Linux 版本的，因此，许多硬件设备面对 Linux 操作系统的驱动程序不足。软件支持的不足是 Linux 操作系统最大的缺憾，但随着 Linux 操作系统的发展，越来越多的软件厂商也支持 Linux 操作系统，其应用的范围越来越广。

3. Linux 操作系统的安装要点

安装前要先规划好硬盘，即确定 Linux 操作系统安装在哪个分区。因为 Linux 操作系统支持的分区格式为 Linux Native（根分区）和 Linux Swap（数据交换区），与 Windows 支持的分区格式不兼容。

Linux 操作系统安装要点如下。

（1）Linux 操作系统应安装在硬盘分区的最后一个扩展分区。例如，原来分区为 C、D、E、F，一定要将 Linux 安装在 F 盘。如果将 Linux 操作系统安装在了 D 盘，那么进入 Windows 后，原来的 E 盘成了 D 盘，F 盘成了 E 盘。虽然各盘的软件都还能运行，但是桌面、"开始"菜单的快捷键却都已无效。更麻烦的是注册表内还是原先 E、F 盘的信息。

（2）必须确保 Linux 操作系统的 Swap 分区有 60MB。Native 分区的大小由要安装的 Linux 操作系统组件多少决定，但最少要保证 240MB。由于现在 Linux 操作系统的应用软件比较少，Native 分区也不必留得太大。建议 Native 分区不要超过 550MB。

（3）由于安装过程中会询问一些有关硬件的信息，因此要提前准备好 PC 硬件的信息，主要包括显示器、显卡、鼠标、键盘等。特别是显示器的信息，将直接决定安装 Linux 操作系统后，使用图形界面程序 fvwm 的效果。

（4）Linux 操作系统的安装比 Windows 的安装麻烦得多。首先，安装时它不支持鼠标，必须频繁使用 Tab、方向、空格、回车等键做出选择。

（5）Linux 操作系统区分大小写。在安装、使用中输入命令时，请注意大小写。

2.4.3　Linux 操作系统的引导过程

接通 PC 的电源之后，CPU 执行的第一条指令通常使 CPU 能跳跃到 BIOS 的入口地址上，然后 BIOS 开始开机自检，包括对内存等硬件进行检测，若其他设备自带 BIOS（如 SCSI 或 RAID 设置等），也会执行它们。完成自检后的 BIOS 会根据设定好的启动设备和启动顺序来启动 Linux 操作系统。

对于 PC，以下几种设备可以作为启动设备来使用。

1．Linux 操作系统：启动硬设备

（1）硬盘。硬盘是最常用的启动设备，硬盘有 IDE 接口和 SCSI 接口两种。由于 IDE 硬盘价格比 SCSI 硬盘要便宜得多，所以，大多数 PC 使用的都是 IDE 硬盘。一台 PC 中可能有多个硬盘，用户可以在 PC 的 CMOS 设置哪块硬盘首先启动。

（2）光盘驱动器。光盘驱动器是 PC 必备的设备之一，包括 CD-ROM、DVD-ROM，以及各种刻录机等。现在多数用户都是通过光驱来安装 Linux 的。

（3）U 盘。随 U 盘的出现，许多主板也都开始支持从 USB 设备上来启动系统。

（4）网卡的 Boot ROM。有一些网卡带有 Boot ROM 芯片，可将引导信息写入 Boot ROM，许多主板都支持 Boot ROM 启动，常用于无盘工作环境中。

无论系统选择了哪一种启动设备，都将该设备起始地址的内容读入内存，如果启动设备是 IDE 硬盘，系统就读取硬盘的第一个扇区（这个扇区通常称作主引导扇区，又称为 MBR），并将这个扇区的内容读入内存，然后运行它。这一步是引导 Linux 操作系统的关键，将启动 Linux 操作系统的引导程序，若找不到引导程序，则无法引导 Linux 操作系统。无法启动 Linux 操作系统大多都是引导程序损坏或是配置不当造成的。

引导程序的责任是载入操作系统内核软件并把控制权转交给它。对于 Linux 操作系统来说，引导程序负责在启动计算机时装入 Linux 操作系统的 Kernel，并将计算机的控制权交给 Kernel，然后 Kernel 再进一步初始化剩余的操作系统，直到 Linux 操作系统显示用户登录画面。由此可见，引导程序对于操作系统来说是非常重要的。

2．Linux 操作系统：引导程序

Linux 操作系统的引导程序有很多种，最为常见的是 lilo 和 grub。

（1）lilo。lilo 是用于 Linux 操作系统的灵活多用的引导程序。其不依赖于某一特定文件系统，能够从软盘和硬盘引导 Linux 内核映像，也能够引导其他操作系统。在 grub 出现之前，lilo 是 Linux 操作系统引导程序的最佳选择，目前仍然有很多人在使用。

（2）grub。grub 是比 lilo 新的一个功能强大的引导程序，专门处理 Linux 操作系统与其他操作系统共存的问题，可以引导的操作系统有 Linux、OS/2、Windows 系列、BeOS、Solaris、FreeBSD、NetBSD 等。其优势在于支持大硬盘、开机画面（能支持 1024 像素×768 像素的画面）和菜单式选择，并且分区位置改变后不必重新配置，使用非常方便。Linux 操作系统新版本大多采用 grub 作为默认的引导程序。

（3）其他引导程序。如果没有安装 lilo 或 grub，或者 lilo 或 grub 损坏了（如不小心覆盖了MBR），Linux 操作系统无法直接引导时，可通过 Linux 操作系统的引导盘，或者利用 loadin、syslinux等程序来从 MS-DOS 中载入 Linux 操作系统。

启动 Linux 操作系统，通常需要安装 lilo（the Linux Loader），lilo 不仅可以引导 Linux 操作系统，还可以引导其他操作系统，包括 MS-DOS 或 Windows 7 等。在安装 Linux 操作系统时，lilo既可以装在硬盘的 MBR 中，也可以安装在活动分区的引导扇区中。

微机启动时，BIOS 装载 MBR，然后从当前活动分区启动，lilo 获得引导过程的控制权后，会显示如下 lilo 提示符。

```
LILO BOOT:
```

此时如果用户不进行任何操作，lilo 将在等待指定时间（如 5s）自动引导默认的操作系统，而如果在此期间按下 Tab 键，则可以看到一个可引导的操作系统列表，例如：

```
LILO BOOT:[TAB]
WIN7 LINUX
BOOT:
```

上述列表表明 lilo 可引导 Windows 7 和 Linux 两种操作系统，并且 Windows 2000 是默认的操作系统。如果此时用户在 lilo 提示符后键入 Linux，则可启动 Linux 操作系统。

Linux 操作系统还可以将许多参数传递给 Linux 内核，例如：

```
BOOT:LINUX SIGLE
```

可指定 Linux 进入单用户模式。

当用户选择启动 Linux 操作系统时，lilo 会根据事先设置好的信息从 ROOT 文件系统所在的分区读取 Linux 操作系统映像，然后装入内核映像并将控制权交给 Linux 内核。Linux 内核获得控制权后，以如下步骤继续引导系统。

① Linux 内核一般是压缩保存的。因此，首先要进行内核映像前面的一些代码完成解压缩。

若系统中安装有可支持特殊文本模式的，且 Linux 操作系统可识别的 SVGA 卡，Linux 操作系统会提示用户选择适当的文本显示模式。若在内核的编译过程中预先设置了文本模式，则不会提示选择显示模式。该显示模式可通过 lilo 或 rdev 工具程序设置。

② 内核接下来检测其他硬件设备，如硬盘和网卡等，并对相应的设备驱动程序进行配置。在显示器中显示内核运行输出的一些硬件信息。

③ 内核装载 ROOT 文件系统。ROOT 文件系统的位置可在编译内核时指定，也可通过 lilo或 rdev 指定。文件系统的类型可自动检测。如果由于某些原因装载失败，则内核启动失败，最终终止系统。

④ INIT 切换到多用户模式，并为每个虚拟控制台和串行线路启动一个 GETTY 进程，GETTY进程管理用户从虚拟控制台和串行终端上的登录。根据不同的配置，INIT 也可以启动其他进程。

3. Linux 操作系统引导过程发生错误：处理

引导程序成功后，Linux 内核就接管了系统，开始 Linux 操作系统的启动过程。若引导过程发生错误，则按如下处理。

（1）分析屏幕显示的错误信息。引导程序本身显示的错误信息的含义如下。

① lilo 的错误信息。当 lilo 启动完成时，会在屏幕上显示字符串 "lilo"。若 lilo 在某个部分出错，可根据屏幕上当前出现的字母推断出故障原因。例如，如果屏幕上什么都没有显示，就可能表示 lilo 还未安装或者 lilo 所在的分区未被设为 active 状态。如果屏幕显示 "lilo"，则表示 lilo 引导程序的第一部分能够将 lilo 引导装入程序的第二部分装入，但却不能执行，这可能是因为硬盘参数设置不当或者在移动/boot/boot.b 时没有运行 map 安装程序。如果屏幕显示 "lil"，则可能是介质故障或硬盘参数设置不当，无法从 map 文件中装载描述符表等。

② grub 的错误信息。和 lilo 相比，grub 的信息要好理解一些，因为它是直接用英语来表达的，而不是用符号，如 "Hard Disk Error"、"Read Error"、"Selected disk doesn't exist"、"Disk geometry error"、"Device string unrecognizable"、"Attempt to access block outside partition"、"Partition table invalid or corrupt" 等。

（2）通过光盘或 USB 盘引导进入系统，修复原引导程序。

通过分析屏幕显示的错误信息，能大致找到原引导程序的出错原因。此时可通过光盘或 USB 盘引导进入系统。许多 Linux 操作系统的发行光盘是可启动的，如 slackware 就是很好的引导光盘。进入系统后，可以重装引导程序或者重新设置引导程序。

2.4.4 Linux 操作系统结构

Linux 操作系统一般由 4 个主要部分组成：内核、Shell、文件结构和实用工具。

1. 内核

内核是系统的心脏，是运行程序和管理磁盘和打印机等硬件设备的核心程序。

2. Shell

Shell 是系统的用户界面，提供了用户与内核进行交互操作的接口。它接收用户输入的命令并把它送入内核执行。

实际上 Shell 是一个命令解释器，它解释由用户输入的命令并把它们送到内核。Shell 还有自己的编程语言用于编辑命令，它允许用户编写由 shell 命令组成的程序。Shell 编程语言具有普通编程语言的很多特点，如有循环结构和分支控制结构等，用这种编程语言编写的 Shell 程序与其他应用程序具有同样的效果。

Linux 操作系统提供了与 Windows 类似的可视化命令输入界面——X Window 的图形用户界面（GUI）。它提供了很多窗口管理器，其操作就像 Windows 一样，有窗口、图标和菜单，所有的管理都通过鼠标控制。现在比较流行的窗口管理器是 KDE 和 GNOME。

每个 Linux 操作系统的用户都可以拥有自己的用户界面或 Shell，以满足专门的 Shell 需要。

同 Linux 操作系统一样，Shell 也有多种版本。目前主要有下列版本。

Bourne Shell：是贝尔实验室开发的。

BASH：是 GNU 的 Bourne Again Shell，是 GNU 操作系统上默认的 shell。

Korn Shell：是对 Bourne SHell 的发展，大部分内容与 Bourne Shell 兼容。

C Shell：是 SUN 公司 Shell 的 BSD 版本。

3. 文件结构

文件结构是文件存放在磁盘等存储设备上的组织方法，主要体现在对文件和目录的组织上。目录提供了管理文件的方便、有效的途径。用户能从一个目录切换到另一个目录，并可以设置目录和文件的权限，以及文件的共享程度。

使用 Linux 操作系统，用户可以设置目录和文件的权限，以便允许或拒绝其他人对其进行访问。Linux 操作系统目录采用多级树形结构。用户可以浏览整个系统，可以进入任何一个已授权进入的目录，访问其中的文件。

文件结构的相互关联性使共享数据变得容易，几个用户可以访问同一个文件。Linux 操作系统是一个多用户系统，操作系统本身的驻留程序存放在以根目录开始的专用目录中，有时被指定为系统目录。

内核、Shell 和文件结构一起形成了基本的操作系统结构。它们使得用户可以运行程序、管理文件以及使用系统。此外，Linux 操作系统还有许多被称为实用工具的程序，辅助用户完成一些特定的任务。

4．实用工具

标准的 Linux 操作系统都有一套实用工具的程序，是专门的程序，如编辑器、执行标准的计算操作等。用户也可以创建自己的工具。

实用工具可分为以下 3 类。

编辑器：用于编辑文件。

过滤器：用于接收数据并过滤数据。

交互程序：允许用户发送信息或接收来自其他用户的信息。

Linux 操作系统的编辑器主要有：Ed、Ex、Vi 和 Emacs。Ed 和 Ex 是行编辑器，Vi 和 Emacs 是全屏幕编辑器。

Linux 操作系统的过滤器（Filter）读取从用户文件或其他地方的输入，检查和处理数据，然后输出结果。从这个意义上说，过滤器过滤了经过它们的数据。Linux 操作系统有不同类型的过滤器，一些过滤器用行编辑命令输出一个被编辑的文件。另外一些过滤器按模式寻找文件并以这种模式输出部分数据。还有一些执行字处理操作，检测文件中的格式，输出格式化的文件。过滤器的输入可以是一个文件，也可以是用户从键盘输入的数据，还可以是另一个过滤器的输出。过滤器可以相互连接，因此，一个过滤器的输出可能是另一个过滤器的输入。在有些情况下，用户可以编写自己的过滤器程序。

交互程序是用户与机器的信息接口。Linux 操作系统是一个多用户系统，它必须和所有用户保持联系。信息可由系统上的不同用户发送或接收。信息的发送有两种方式，一种方式是与其他用户一对一地链接进行对话，另一种是一个用户与多个用户同时链接进行通信，即广播式通信。

本章小结

本章对计算机操作系统的基本知识进行了简要介绍，使读者了解操作系统在计算机系统中的位置及其功能。重点讲解了 DOS 磁盘操作系统及其组成、启动过程、利用 DOS 磁盘操作系统对磁盘文件和目录进行管理、磁盘文件路径和系统配置文件的概念等知识，熟练掌握其应用，会产生很好的系统运行效果。熟练掌握 Windows 操作系统及其启动过程、Windows 窗口及菜单的使用、对文件和文件夹的管理等，对计算机的学习及应用会产生极大的好处。Linux 操作系统的发展阶段、基本结构、特点及其系统引导，让读者初步了解多用户多任务操作系统。

习　题

1. 什么是操作系统，它包括哪些功能？
2. 简述操作系统的分类情况。
3. 什么是 DOS 系统盘？
4. 什么是文件？
5. 在 DOS 环境下文件名最多有几个字符？
6. 简述 DOS 的目录结构。
7. 简述 Windows 操作系统的特点。
8. 简述 Windows 的启动过程。
9. 什么是 Windows 的桌面？
10. 什么是 Windows 的窗口？
11. 简述 Windows 的鼠标操作。
12. 什么是 Windows 的菜单？
13. 如何使用计算机系统提供的资源？
14. 什么是 Windows 的文件夹、文件定位符？请举例说明。
15. 简述 Windows 操作系统平台上程序的执行方法。
16. 什么是 Linux 操作系统？
17. 简述 Linux 操作系统的特点。
18. 简述 Linux 操作系统的基本结构。

第3章
办公软件及其应用

计算机软件由系统软件和应用软件两大部分组成。其中，应用软件是专业人员为实现各种应用目的而开发的程序，这些程序通常利用高级语言编程生成。常见的应用软件有办公自动化软件、管理信息系统、大型科学计算软件包等。其中，办公软件是应用软件中使用最多的软件之一，其主要用于帮助人们在日常工作中快速方便地处理文字、文件和制作数据、报表、幻灯片等。

办公软件的种类很多，包括微软 Office 系列、金山 WPS 系列、永中 Office 系列、红旗 2000 RedOffice、协达 CTOP 协同 OA、致力协同 OA 系列等。本章主要介绍微软 Office 系列中的字处理软件 Word、表格处理软件 Excel 和演示文稿制作软件 PowerPoint 的使用方法。

3.1 字处理软件 Word 2010

Word 2010 是 Microsoft 公司开发的 Office 2010 系列办公软件的组件之一，于 2010 年 6 月 18 日上市，主要用于文字处理。

Word 2010 提供了非常出色的功能，可以创建具有专业水准的文档，可以轻松地与他人协同工作并可在任何地点访问自己的文件。Word 2010 采用功能区替代了传统的菜单操作方式，为用户提供了最直观的文档格式设置工具，其界面设计更加人性化。用户利用它可以轻松、高效地创建、组织和编写处具有专业外观的文档，如信函、论文、报告和手册等。

3.1.1 Word 2010 基础

1. Word 2010 的新功能

与其他版本相比较，Word 2010 在功能上更先进、方便、直观。其新功能主要表现在以下几个方面。

（1）改进的搜索与导航体验。在 Word 2010 中，可以更加迅速、轻松地查找所需的信息。利用改进的"查找"体验，可以在单个窗格中查看搜索结果的摘要，并单击以访问任何单独的结果。改进的导航窗格提供文档的直观大纲，以便于对所需的内容进行快速浏览、排序和查找。

（2）与他人协同工作，不必排队等候。Word 2010 重新定义了可针对某个文档协同工作的方式。利用共同创作功能，可以在编辑论文的同时，与他人分享您的观点。也可以查看正与您一起创作文档的其他人的状态，并在不退出 Word 的情况下轻松发起会话。

（3）访问和共享文档。在线发布文档，然后通过任何一台计算机或 Windows 电话对文档进行访问、查看和编辑。借助 Word 2010，可以从多个位置使用多种设备来尽情体会非凡的文档操作过程。

Microsoft Word Web App。当用户离开办公室、出门在外或离开学校时，可利用 Web 浏览器来编辑文档，同时不影响用户查看体验的质量。

Microsoft Word Mobile 2010。利用专门适合于 Windows 电话的移动版本的增强型 Word，保持更新并在必要时立即采取行动。

（4）向文本添加视觉效果。利用 Word 2010，可以像应用粗体和下画线那样，将阴影、凹凸效果、发光、映像等格式效果轻松应用到文档文本中。可以对使用了可视化效果的文本执行拼写检查，并将文本效果添加到段落样式中。可将很多用于图像的效果应用于文本和形状中，从而能够无缝地协调全部内容。

（5）将文本转换为醒目的图表。Word 2010 提供了增强文档视觉效果的更多选项。从众多附加流程图模块及操作图形中选择，从而只需键入项目符号列表，即可构建精彩的图表。使用 SmartArt，可将基本的文本转换为视觉画面以更好地阐释用户的观点。

（6）增强文档视觉冲击力。利用 Word 2010 的新型图片编辑工具，可在不使用其他照片编辑软件的情况下，添加特殊的图片效果。可以利用色彩饱和度和色温控件来轻松调整图片。还可以利用改进工具来轻松、精确地对图像进行裁剪和更正，从而有助于将一个简单的文档转化为一件艺术作品。

（7）恢复自认为已丢失的工作。在某个文档上工作片刻之后，如果在未保存该文档的情况下意外地将其关闭，可以像打开任何文件那样轻松恢复最近编辑文件的草稿版本，即使从未保存过该文档也是如此。

（8）跨越沟通障碍。Word 2010 有助于跨不同语言进行有效的工作和交流，轻松地翻译某个单词、词组或文档。针对屏幕提示、帮助内容和显示，分别对语言进行不同的设置。利用英语文本到语音转换播放功能，为以英语为第二语言的用户提供额外的帮助。

（9）将屏幕截图插入文档。可以直接从 Word 2010 中捕获和插入屏幕截图。如果使用已启用 Tablet 的设备（如 Tablet PC 或 Wacom Tablet），则经过改进的工具使设置墨迹格式与设置形状格式一样轻松。

（10）利用增强的用户体验完成更多工作。Word 2010 可简化功能的访问方式。新的 Microsoft Office Backstage 视图将替代传统的"文件"菜单，用户只需单击几次鼠标即可保存、共享、打印和发布文档。利用改进的功能区，可以更快速地访问常用命令，方法为：自定义选项卡或创建自己的选项卡，从而体现用户的工作风格。

2. Word 2010 的启动

在 Windows 7 操作系统中可以使用多种方法启动中文 Word 2010，常用方法如下。

（1）从开始程序菜单中启动 Word。选择"开始"→"所有程序"→"Microsoft Office"→"Microsoft Word 2010"命令，即可启动 Word 2010，其过程如图 3-1 所示。

（2）通过已创建的 Word 文档启动。在"我的电脑"中找到有 Word 文档的文件夹，然后双击任意一个 Word 文档，如图 3-2 所示。

（3）通过快捷方式启动。如果在桌面上创建了快捷方式，双击该应用程序的快捷方式图标，即可打开中文版

图 3-1　从"开始"菜单中启动 Word 2010

Word 2010 的工作窗口。

（4）通过新建 Word 文档启动。在 Windows 桌面、"我的电脑"和"资源管理器"等窗口中的空白处单击鼠标右键，在弹出的快捷菜单中选择"新建"→"Microsoft Word 文档"命令，如图 3-3 所示。这时，在屏幕上出现一个"新建 Microsoft Word 文档"的图标，双击该图标，即自动启动 Word 2010 并创建一个新文档。

图 3-2　双击已有文档启动 Word 2010

图 3-3　通过新建 Word 文档启动 Word 2010

3．Word 2010 的工作界面

启动中文版 Word 2010 后，打开中文版 Word 2010 的工作界面，如图 3-4 所示。

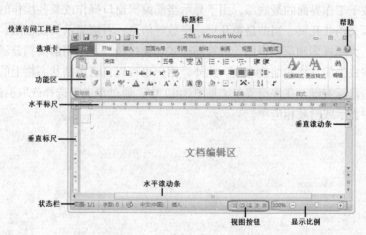

图 3-4　Word 2010 的工作界面

标题栏：位于窗口的顶端，主要显示正在编辑文档的名称和编辑软件的名称，其右端有 3 个窗口控制按钮，分别用于最小化、最大化（还原）和关闭窗口。

快速访问工具栏：主要显示用户日常工作中频繁使用的命令，安装好 Word 2010 之后，其默认显示"保存"、"撤销"和"恢复"按钮。用户也可以单击此工具栏中的"自定义快速访问工栏"按钮，在弹出的菜单（见图 3-5）中选择某些命令项，将其添加至工具栏中，以便以后可以快速使用这些命令。

"文件"按钮：在 Word 2010 中，"文件"按钮替代了 Word 2007 中的"Office"按钮，单击"文件"按钮将打开"文件"面板，包含"打开"、"关闭"、"保存"、"信息"、"最近所用文件"、"新建"、"打印"等常用命令。在"最近所用文件"列表中，可以查看最近使用的 Word 文档。单击历史 Word 文档名称右侧的固定按钮，可以将该记录位置固定，不会被后续历史 Word 文档替换。

功能区：功能区取代了 Word 2003 及早期版本中的菜单栏和工具栏，由选项卡、组和命令 3 个基本组件组成。选项卡位于功能区的顶部，包括"开始"、"插入"、"页面布局"、"引用"、"邮件"等。单击某一选项卡，可在功能区中看到若干组，相关项显示在一个组中。在某些组的右下角有一个小箭头按钮，该按钮称为对话框启动器。单击该按钮，会弹出特定的对话框，用于显示与该组相关的更多选项。命令是指组中的按钮、文本框等。在 Word 2010 中还有一些特定的选项卡，这些选项卡只在需要时才会出现。例如，在文档中插入图片后，可以在功能区看到图片工具"格式"选项卡。如果用户选择其他对象，如剪贴画、表格或图表等，则显示相应的选项卡。

标尺：分为水平标尺和垂直标尺两种，分别位于工作区的上方和左侧。标尺上有刻度和数字，通常以 cm 为单位。标尺主要用来查看正文、表格及图片等的高度和宽度，设置制表位以及缩进段落。可以通过垂直滚动条上方的"标尺"按钮或"视图"选项卡"显示"组中的"标尺"复选框来显示或隐藏标尺。

文档编辑区：是用户使用 Word 2010 进行文档编辑排版的主要工作区域，可以在此区域输入文本、插入图片或设置格式。编辑区中有一个闪烁的垂直线光标符号"|"，称为插入点，标志要插入的文字或对象出现的位置，也是各种编辑修改命令生效的位置，以及拼写、语法检查、查找等操作的起始位置。另外，在文档编辑区中进行文字编辑排版时，如果通过拖动鼠标选择文本后，会看到所选文字的右上方以淡出形式出现一个工具栏，当鼠标指针指向该工具栏时，它的颜色会加深，此工具栏称为浮动工具栏，用户可以通过此工具栏快速访问这些命令，对所选择文本进行格式设置。

状态栏：位于工作界面的最底部，用于显示当前编辑窗口操作或某些操作的简单信息。在状态栏的左侧显示文档共几页、当前是第几页、字数等信息；右侧显示页面视图、阅读版式视图、Web 版式视图、大纲视图和草稿视图 5 种视图模式切换按钮、显示当前文档显示比例的"缩放级别"按钮以及缩放当前文档的缩放滑块。此外，用户也可以自己定制状态栏上的显示内容，在状态栏空白处单击鼠标右键，在快捷菜单（见图 3-6）中，通过单击来选择或取消选择某个菜单项，从而在状态栏中显示或隐藏相应项。

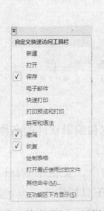

图 3-5 "自定义快速访问工具栏"菜单列表 图 3-6 "自定义状态栏"菜单

滚动条：分为水平滚动条和垂直滚动条两种，分别位于工作区的下方和右侧。用鼠标拖动滚动条来显示在当前屏幕上看不到的内容。

4．Word 2010 的退出

退出中文版 Word 2010 的方法很多，常用的方法有如下几种。

（1）单击标题栏最右端的"关闭"按钮 。

（2）双击标题栏最左端的标题控制菜单图标 。

（3）单击标题栏最左端的标题控制菜单图标 ，打开如图 3-7 所示的控制菜单，然后选择其中的"关闭"命令。

（4）选择"文件"选项卡中的"退出"命令。

（5）用鼠标右键单击标题栏的任意处，选择快捷菜单中的"关闭"命令，打开的菜单如图 3-7 所示。

（6）按 Alt+F4 组合键。

退出 Word 应用程序时，对于之前没有保存过的文档，Word 2010 会弹出信息提示对话框，如图 3-8 所示。单击"保存"按钮，Word 2010 会保存文档，然后退出；单击"不保存"按钮，Word 2010 不保存文档直接退出；单击"取消"按钮，Word 2010 取消这次操作并返回刚才的 Word 2010 编辑窗口。

图 3-7　"关闭"命令

图 3-8　信息提示对话框

5．Word 2010 的视图模式

文档在屏幕上的显示方式称为视图模式。文档的不同视图方式可以满足用户在不同情况下编辑、查看文档效果的需要。灵活使用文档的视图方式，可以在编辑文档或查看文档时达到事半功倍的效果。

Word 2010 提供了 5 种视图模式，分别为页面视图 、阅读版式视图 、Web 版式视图 、大纲视图 和草稿视图 。用户可以根据需要在"视图"功能区中选择相应的视图模式，也可以在 Word 2010 窗口右下方单击视图选择按钮来选择喜欢的视图模式。

（1）页面视图。页面视图是最常用的视图模式，它可以显示 Word 2010 文档的打印效果外观，主要包括页眉、页脚、图形对象、分栏设置、页面边距等元素，是最接近打印效果的页面视图，如图 3-9 所示。

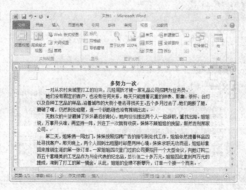

图 3-9　页面视图

（2）阅读版式视图。阅读版式视图以分栏样式显示 Word 2010 文档，主要用来供用户阅读文档，所以"文件"按钮、功能区等窗口元素被隐藏起来。在该视图模式中，用户还可以单击"工具"按钮选择各种阅读工具，如图 3-10 所示。

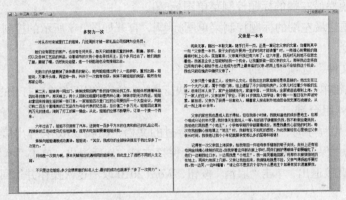

图 3-10　阅读版式视图

（3）Web 版式视图。Web 版式视图用来查看文档在 Web 浏览器中的外观效果。在 Web 版式视图中，文档显示为一个不带分页符的页面，用户可看到背景和为适应窗口大小而自动换行的文本，且图形位置与在 Web 浏览器中的位置一致。该视图方式最大的优点是优化了屏幕布局，文档具有最佳的屏幕外观，使得联机阅读变得很容易。Web 版式视图效果如图 3-11 所示。

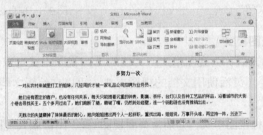

图 3-11　Web 版式视图

（4）大纲视图。大纲视图主要用于设置和显示 Word 2010 整体文档的层级结构，并可以方便地折叠和展开各种层级的文档。大纲视图广泛用于快速浏览和设置 Word 2010 长文档，视图效果如图 3-12 所示。

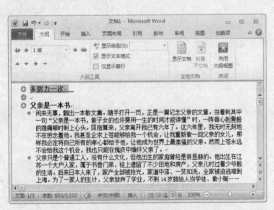

图 3-12　大纲视图

（5）草稿视图。草稿视图用于查看草稿形式的文档，便于快速编辑文本，在该视图模式下，隐藏了页面边距、分栏、页眉页脚和图片等元素，仅显示标题和正文，是最节省计算机系统硬件资源的视图方式。视图效果如图 3-13 所示。

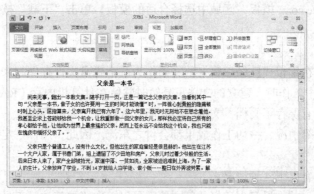

图 3-13　草稿视图

3.1.2　文档的基本操作

启动 Word 2010 后，用户主要进行的工作就是操作文档，文档的基本操作包括创建文档、打开文档、关闭文档和保存文档 4 方面，下面分别进行介绍。

1. 创建文档

（1）创建空白文档。创建空白文档的方法很多，常用方法有以下 3 种。

① 系统自动新建空白文档：启动 Word 2010 应用程序后，系统自动新建一个名为"文档 1"、扩展名为".docx"的空白文档。

② 利用模板创建空白文档：选择"文件"选项卡，单击"新建"命令，选择右侧"可用模板"下的"空白文档"，单击"创建"按钮，即可创建一个空白文档，如图 3-14 所示。

图 3-14　"新建"命令面板

③ 利用"自定义快速访问工具栏"创建：单击"自定义快速访问工具栏"按钮，选择"新建"命令，单击快速访问工具栏中的"新建"按钮，创建空白文档。

（2）利用模板创建文档。Word 2010 提供了许多模板，用户可以使用这些模板来创建各种类型的文档，如信函和传真等。模板中包含了特定类型文档的格式和内容等，用户只需根据个人需求稍做修改即可创建精美的文档。选择图 3-14 中"可用模板"列表中的合适模板，单击"创建"按钮，或者在"Office.com 模板"区域中选择合适的模板，单击"下载"按钮均可创建一个基于特定模板的新文档。

2. 保存文档

保存文档是将正在编辑或已经编辑好的文档作为一个磁盘文件存储起来。保存文档是非常必要的，因为在 Word 中工作时，建立的文档只是暂时驻留在计算机内存（RAM）中和保存于磁盘上的临时文件中。只有保存了文档，文档内容才能永久保存下来；否则，一旦退出 Word 应用程序或遇到断电、死机等情况，一切工作成果都会付之东流。因此，用户一定要养成及时保存文档的好习惯。

通常，保存文档有以下 4 种情况。

（1）保存新文档。首次保存创建好的新文档，可以单击"快速访问工具栏"中的"保存"按钮 或者选择"文件"按钮面板中的"保存"命令，弹出"另存为"对话框，如图 3-15 所示。在"保存位置"下拉列表框中选择文档要保存的位置；在"文件名"文本框中输入文档的名称，若不输入新名称，则 Word 自动将文档的第一句话作为文档的名称；在"保存类型"下拉列表框中选择"Word 文档"，最后单击"保存"按钮，文档即被保存在指定的位置。

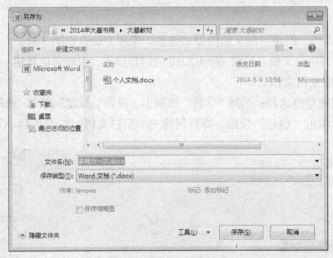

图 3-15 "另存为"对话框

（2）保存旧文档与更名、更换类型文档。如果当前编辑的文档是旧文档且不需要更名或更改位置保存，则直接单击"快速访问工具栏"中的"保存"按钮，或者选择"文件"面板中的"保存"命令即可保存文档。此时不会出现对话框，只是以新内容代替了旧内容保存到原来的旧文档中。

若要为一篇正在编辑的文档更改名称或保存位置，单击"文件"面板中的"另存为"命令，也会弹出如图 3-15 所示的"另存为"对话框，根据需要选择新的存储路径或者输入新的文档名称即可。通过"保存类型"下拉列表中的选项还可以更改文档的保存类型，选择"Word 97-2003 文档"选项可将文档保存为 Word 的早期版本类型，选择"Word 模板"选项可将该文档保存为模板类型。

（3）文档加密保存。为了防止他人未经允许打开或修改文档，可以对文档进行保护，即在保存时为文档加设密码，具体操作步骤如下。

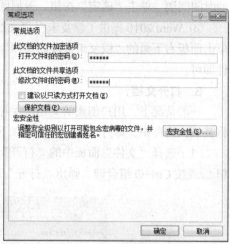

① 单击图 3-15 所示的"另存为"对话框中的"工具"按钮，在弹出的下拉框中选择"常规选项"，弹出"常规选项"对话框，如图 3-16 所示。

② 分别在对话框中的"打开文件时的密码"和"修改文件时的密码"文本框中输入密码，单击"确定"按钮，弹出"确认密码"对话框，再次输入打开及修改文件时的密码后单击"确定"按钮，返回图 3-15 所示对话框，单击"保存"按钮。

③ 设置完成后，再打开文件时，弹出如图 3-17 所示的对话框，输入正确的打开文件密码后，弹出如图 3-18 所示的对话框，只有输入正确的修改文件密码时，才可以修改打开的文件，否则只能以只读方式打开。

图 3-16　"常规选项"对话框

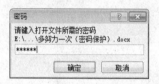

图 3-17　打开文件"密码"对话框

图 3-18　修改文件"密码"对话框

对文件设置打开及修改密码，不能阻止文件被删除。

（4）文档定时保存。在文档的编辑过程中，建议设置定时自动保存功能，以防不可预期的情况发生使文件内容丢失。操作步骤如下。

① 单击图 3-15 所示"另存为"对话框中的"工具"按钮，在弹出的下拉框中选择"保存选项"，弹出"Word 选项"对话框，如图 3-19 所示。

图 3-19　"Word 选项"对话框

② 选中对话框中的"保存自动恢复信息时间间隔"复选框，并在"分钟"数值框中输入保存的时间间隔，单击"确定"按钮，返回图 3-15 所示对话框，单击"保存"按钮。

③ Word 2010 提供了恢复未保存文档的功能，单击"文件"面板中的"最近所用文件"命令，单击面板右下角的"恢复未保存的文档"按钮，在弹出对话框的文件列表中直接选择要恢复的文件即可。

3. 打开文档

一般情况下，用户创建的文档都保存在本地硬盘中。要编辑一个已经存在的文档时，必须先将其调入内存中，即打开它。可通过以下操作步骤打开文档。

（1）选择"文件"面板中的"打开"命令、单击"自定义快速访问工具栏"中的"打开"按钮或按 Ctrl+O 组合键，弹出"打开"对话框，如图 3-20 所示。

图 3-20　"打开"对话框

（2）找到欲打开文档所在的位置。

（3）在列表框中选中所需文档后，单击"打开"按钮或直接双击所需文档快速打开。

除此之外，还可以通过查找功能搜索并打开文档或使用文件清单打开文档。

4. 关闭文档

文档编辑及保存完成之后，就可以关闭该文档了。关闭文档的方法为：单击"文件"面板中的"关闭"命令。如果打开的文档没有作任何修改或者在关闭之前已经执行了保存操作，执行关闭操作时会立刻关闭该文档。如果对文档作了修改而没有保存，会弹出如图 3-21 所示的信息提示框询问是否保存修改。单击"保存"按钮，如果该文档是新文档，则显示"另存为"对话框，让用户为该文档命名；单击"不保存"按钮，则不保存对该文档进行的修改；单击"取消"按钮，则取消这次关闭操作，并重新返回当前文档。

图 3-21　信息提示框

3.1.3　文档编辑

在使用 Word 制作出结构清晰、版式精美的各种文档之前，首先要掌握如何在 Word 中输入文本、选择文本、复制文本等基本操作。

1. 输入文本

新建文档相当于 Word 为用户提供了一张"纸",用户可以在这张"纸"上进行"书写",而这个"书写"的过程就是输入文本的过程。输入的起始位置为文本工作区中的插入点,同时光标自动向后移动至最后输入的字符右侧,当输入的文本到达右边界时会自动换行。要开始新段落,只需按 Enter 键即可。要选择新的插入点,只需将鼠标定位到选定位置单击即可。下面介绍不同类型文本的输入。

（1）普通文本的输入。普通文本的输入非常简单,只需将光标定位到指定位置,选择合适的输入法后即可进行录入操作。常用的输入法切换快捷键如下。

① 组合键 Ctrl + Space:中/英文输入法切换。

② 组合键 Ctrl + Shift:各种输入法之间的切换。

③ 组合键 Shift + Space:全/半角之间的切换。

（2）特殊符号的输入。在输入过程中常会遇到一些特殊符号无法使用键盘录入,此时可以单击"插入"选项卡,在"符号"组中的"符号"下拉框中选择录入相应的符号。如果要录入的符号不在"符号"下拉框中显示,则可以单击下拉框中的"其他符号"选项,在弹出的"符号"对话框中选择所要录入的符号后单击"插入"按钮即可。

（3）日期和时间的输入。在 Word 2010 中,可以直接插入系统的当前日期和时间,具体操作步骤如下。

① 将插入点定位到要插入日期或时间的位置。

② 单击"插入"选项卡中"文本"组中的"日期和时间"命令,弹出"日期和时间"对话框,如图 3-22 所示。

图 3-22 "日期和时间"对话框

③ 在对话框中选择语言后,在"可用格式"列表中选择需要的格式,如果要使插入的时间能随系统时间自动更新,则选中对话框中的"自动更新"复选框,单击"确定"按钮即可。

2. 文本的选择

在对文档进行输入的过程中,难免会发生输入错误或重复输入相同文本的情况,此时需要对文本进行修改、复制或删除等操作来更正错误或简化输入,在执行这些操作之前都必须先选择要处理的文本内容。选择文本的方法很多,可以使用鼠标选择,也可以通过键盘选择,当然也可以二者相结合,下面分别进行介绍。

（1）使用鼠标选择文本。使用鼠标选择的文本可以是一个字、一句话、一行、多行、一个段落、多个段落、一个区域或整个文档。具体操作方法见表 3-1。

表 3-1 使用鼠标选定文本和图形的操作方法

选 定 范 围	操 作 方 法
单字	双击该字
图形	单击该图形
一行文字	将鼠标指针移至该行左侧，指针改变方向后单击
多行文字	将鼠标指针移至这些行左侧，指针改变方向后单击并拖动
一句	按住 Ctrl 键单击句中的任意位置
一段	将鼠标指针移至该段左侧，指针改变方向后双击，或在该段中的任意位置单击
多段	将鼠标指针移至这些段左侧，指针改变方向后双击并拖动鼠标
相邻文本	将鼠标指针移至要选择文本的起始位置，按住 Shift 键不放，再移动鼠标指针到要选择文本的末端位置单击
不相邻文本	先选中第一段文本，然后按住 Ctrl 键不放，并移动鼠标指针到文档左侧逐个单击选择
整篇文档	将鼠标指针移至文档中任意文字的左侧，指针改变方向后三击
页眉和页脚	将插入点置于窗格中，将鼠标指针移至页眉或页脚的左侧，指针改变方向后单击鼠标。在页面视图中，可双击灰色显示的页眉或页脚文字（以切换到页眉或页脚），然后在页眉或页脚的左侧单击
批注、脚注及尾注	将插入点置于窗格中，将鼠标指针移至文本左侧，指针改变方向后单击
垂直的一块文本（在表格单元格中除外）	将鼠标指针移动到要选择内容的起始位置按住鼠标左键，然后按住 Alt 键拖动鼠标
任意项或任意数量的文本	拖过所选对象

（2）使用键盘选择文本。

① 使用组合键选择文本。

按住 Shift 键或 Ctrl 键的同时按其他快捷键，可以在文档中选定不同的范围。使用组合键选择文本的范围见表 3-2。

表 3-2 使用组合键选择文本

组合键	选 定 范 围	组合键	选 定 范 围
Shift+→	右侧一个字符	Shift+Ctrl+↓	从光标处移至段尾
Shift+←	左侧一个字符	Shift+Ctrl+↑	从光标处移至段首
Shift+Ctrl+→	单词结尾	Shift+Page Down	下移一屏
Shift+Ctrl+←	单词开始	Shift+Page Up	上移一屏
Shift+End	从光标处移至行尾	Shift+Ctrl+End	移至文档结尾
Shift+Home	从光标处移至行首	Shift+Ctrl+Home	移至文档开始
Shift+↓	从光标处移至下一行	Ctrl+A	整篇文档
Shift+↑	从光标处移至上一行		

② 使用扩展选取模式选择文本。

按 F8 键可切换到扩展选取模式。按 F8 键时，状态栏中的"扩展"指示器变成黑色显示，说明扩展选取模式已被激活。按 F8 键扩展选择文本的操作方法为：按 F8 键，进入扩展选取模式，执行相关操作以完成相应的选择（见表 3-3），双击状态栏中的"扩展"指示器或按 Esc 键关闭扩展选取模式，即可恢复正常的编辑操作状态。

表 3-3　　　　　　　　　　　　　　使用扩展选取模式选择文本

操 作 方 法	选 定 范 围
→	向右选择一个或多个相邻字符
←	向左选择一个或多个相邻字符
↑	向上选择一行或多行相邻文本
↓	向下选择一行或多行相邻文本
End 键	选择光标插入点位置至当前行末尾的文本
Home 键	选择光标插入点位置至当前行行首的文本
单击鼠标	选择光标插入点位置至鼠标单击处之间的所有文本

3. 编辑文本

Word 2010 具有非常强大的文本编辑功能，不仅可以将文本对象移动到其他位置，还可以对文本进行复制、删除、定位、查找和撤销等操作。

（1）复制文本。复制文本是通过 Word 的复制和粘贴功能实现的。首先利用复制功能将文档中选定的内容复制到内存的剪贴板中，被复制文本在原位置仍然保留；然后将剪贴板中的内容粘贴到当前文档中指定的位置，复制与粘贴往往一起配合使用，实现文本的复制。复制文本的具体操作方法为：选定要复制的文本，选择"编辑"菜单中的"复制"命令或按"Ctrl+C"组合键复制文本，将光标定位至文档中要插入文本的位置，选择"编辑"菜单中的"粘贴"命令或按"Ctrl+V"组合键粘贴文本。

（2）移动文本。移动文本是通过 Word 的剪切和粘贴功能实现的。首先利用剪切功能将文档中选定的内容剪切到内存的剪贴板中，被剪切的文本在原位置不存在了；然后将剪贴板中的内容粘贴到当前文档中指定的位置，剪切与粘贴往往一起配合使用，实现文本的移动。通常采用如下两种方法移动文本。

① 使用 剪切 按钮、快捷菜单或快捷键移动文本：选定要移动的文本，选择"开始"面板中的"剪切"命令、快捷菜单中的"剪切"命令或按"Ctrl+X"组合键剪切文本，将光标定位至文档中要插入文本的位置，选择"开始"面板中的"剪切"命令、快捷菜单中的"粘贴选项"命令 或按"Ctrl+V"组合键粘贴文本。

② 通过鼠标拖动移动文本：如果移动对象所在的位置与目标位置相距很近，还可通过拖动鼠标来移动文本。其具体操作方法为：选定要移动的文本，在选定的文本上拖动鼠标直至新位置，释放鼠标即可。

（3）删除文本。在文档编辑过程中，如果用户要删除的文本内容是一个文件块，可先将其选定，然后按 Backspace 键或 Delete 键即可。在不选择内容的情况下，按 Backspace 键可以删除光标左侧的字符，按 Delete 键删除光标右侧的字符。

（4）撤销与恢复。Word 2010 具有对文档操作的自动记忆功能，如果用户在编辑过程中执行了错误操作，可通过快速访问工具栏中的"撤销"按钮或"恢复"按钮对操作失误进行修正。如果是撤销或恢复前一步操作，可以直接单击"撤销"按钮或"恢复"按钮，若要撤销或恢复前几步操作，则可以单击"撤销"按钮或"恢复"按钮旁的下拉按钮，在弹出的下拉框中选择对应操作即可。

　　只有执行了"撤销"操作，"编辑"菜单中的"恢复"命令及常用工具栏中的"恢复"按钮才能使用。

（5）查找文本。利用查找功能可以方便快速地在文档中找到指定的文本。

一般查找：选择"开始"选项卡，单击"编辑"下拉框中的"查找"按钮，在文本编辑区的左侧显示如图 3-23 所示的"导航"窗格，在"搜索文档"文本框内键入查找关键字后按回车键，列出整篇文档中所有包含该关键字的匹配结果项，并在文档中高亮显示相匹配的关键词，单击某个搜索结果能快速定位到正文中的相应位置。

高级查找：选择"查找"下拉框中的"高级查找"选项，在弹出的"查找和替换"对话框（见图 3-24）中的"查找内容"文本框内键入查找关键字，如"查找"，然后单击"查找下一处"按钮，定位到正文中匹配该关键字的位置。如果需要查找文档中多处相同的文本内容，可连续单击"查找下一处"按钮，直到找到所有文本为止。另外，单击该对话框中的"更多"按钮，列出更多的查找功能选项，如是否区分大小写、是否全字匹配以及是否使用通配符等，利用这些选项能完成更高级的查找操作。

图 3-23　　"导航"窗格

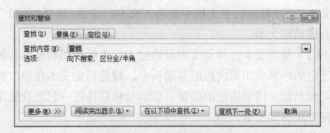

图 3-24　"查找和替换"对话框

（6）替换文本。替换文本是在查找的基础上进行的，是指替换查找到的目标文本内容。具体操作方法为：单击图 3-24 中的"替换"选项卡，在"查找内容"文本框内输入要查找的文本，在"替换为"文本框内输入要替换的文本，单击"替换"按钮，即可将查到的第一个目标文本替换为指定内容，单击"查找下一处"按钮，继续下一处的查找、替换操作，直到完成全部工作，或单击"全部替换"按钮，将全部符合条件的文本替换为指定内容，效果如图 3-25 所示。

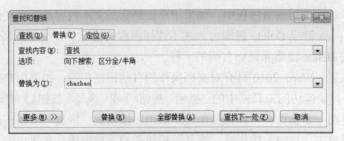

图 3-25　"查找和替换"对话框

3.1.4　文档排版

在 Word 中仅输入文字是远远不够的，因为这样既不能突出整篇文档的重点，也不美观。所以当用户完成文档的输入后，有必要对文档进行排版操作，以期达到最佳显示效果，满足不同读者的需要。

1. 字符格式化

字符包括汉字、字母、数字、标点符号和各种可见字符，设置字符的格式包括字符的字体、字形、字号、字体颜色及字符间距等，字符格式决定了字符在屏幕上的显示样式。用户可以通过功能区、对话框、浮动工具栏和快捷菜单 4 种方式来完成字符的格式化。但是，无论使用哪种方式，都需要在设置前先选中要设置样式的字符，之后再进行设置。

（1）利用功能区进行设置。

具体操作步骤为：单击功能区的"开始"选项卡，可以看到"字体"组中的相关命令，如图 3-26 所示，利用这些命令可以完成对字符的格式设置。

在"字体"下拉列表框中单击其中的某种字体，如楷体，即可将所选字符以该字体显示。将鼠标指针指向下拉列表框的字体选项时，所选字符的字体也会随之改变，这是之前提到过的 Word 2010 的修改之前预览显示效果的功能。

图 3-26　"开始"选项卡中的"字体"

在"字号"下拉列表框中单击其中的某字号，如二号，即可将所选字符以该字号显示。也可以通过"增大字号" A 和"减小字号"按钮 A 来改变所选字符的字号。

单击"加粗"、"倾斜"或"下画线"按钮，可以将选定的字符设置成粗体、斜体或下画线显示形式。3 个按钮允许联合使用，当"加粗"和"倾斜"按钮同时按下时显示的是粗斜体。单击"下画线"按钮，可以为所选字符添加黑色直线下画线，若想添加其他线型的下画线，单击"下画线"按钮旁的下拉按钮，在弹出的下拉框中单击所需线型即可；若想添加其他颜色的下画线，在"下画线"下拉框中的"下画线颜色"子菜单中单击所需颜色项即可。

单击"突出显示"按钮 可以为选中的文字添加底色以突出显示，这一般用在文中的某些内容需要特别注意的时候。如果要更改突出显示文字的底色，单击该按钮旁的下拉按钮，在弹出的下拉框中单击所需的颜色即可。

Word 2010 中增加了为文字添加轮廓、阴影、发光等视觉效果的功能。单击图 3-26 中的"文本效果"按钮 ，在弹出的下拉框中选择所需的效果，即可将该效果应用于所选文字。

图 3-26 中还有其他的一些按钮，如将字符设置为上标或下标等，在此不做详述。

（2）利用对话框进行设置。

具体操作步骤为：单击图 3-26 中"字体"组右下角的命令按钮 ，弹出如图 3-27 所示的"字体"对话框，根据用户需求进行相关设置后，单击"确定"按钮。

其中"字体"选项卡中的选项说明如表 3-4 所示。

图 3-27　"字体"对话框

表 3-4   "字体"选项卡中的选项说明

选 项	说 明
中文字体	打开该列表可为选定的文本设置中文字体
西文字体	打开该列表可为选定的文本设置西文字体
下画线	单击该列表右侧的下拉按钮，可选择下画线类型
颜色	单击该列表右侧的下拉按钮，可选择文本的颜色
着重号	可在选定文本的下面添加一个着重号
删除线	设置一条贯穿选定文本的横线
双删除线	设置一条贯穿选定文本的双横线
上标、下标	将选定文本变成上/下标形式，上/下标的大小和位置取决于字体
小型大写字母	将选定文本改为小号的大写字母
全部大写字母	将选定文本显示成大写字母
隐藏	选择该项可防止显示或打印"注释"或"备注"这样的文字
预览	所有用户设置的格式均可在该栏中显示出来

其中"高级"选项卡中的选项说明如表 3-5 所示。

表 3-5   "高级"选项卡中的选项说明

选 项	说 明
缩放	设置字符横向缩放比例
间距	设置字符间距，系统默认的加宽值为 3 磅，默认的紧缩距离为 1.75 磅
位置	以基准线为标准，升高或降低选定字符
根据字体调整字间距	该项有效时，Word 会自动调整字间距，调整量取决于选定字体

（3）利用浮动工具栏进行设置。

具体操作步骤为：选中要设置格式的字符，将鼠标指向选中对象后，选中字符的右上角会出现如图 3-28 所示的浮动工具栏，利用浮动工具栏进行设置与使用功能区的按钮进行设置的方法相同，不再赘述。

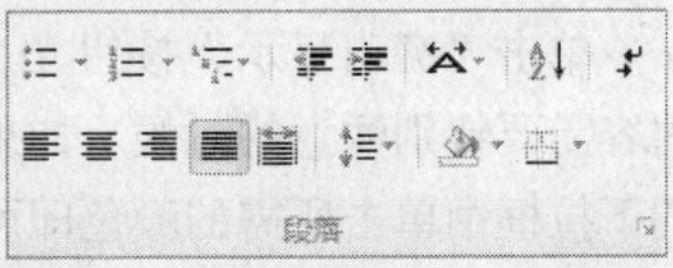

（4）利用快捷菜单进行设置。

具体操作步骤为：选中要设置格式的字符，在选区内单击鼠标右键，在弹出的快捷菜单中选择"字体"命令，弹出

图 3-28 "开始"选项卡中的"段落"

"字体"对话框，根据需要进行相关设置后，单击"确定"按钮即可。

2. 段落格式化

段落是指以段落标记符为结束标记的一段文字。段落的格式化主要是指对段落的对齐方式、段落缩进、行距和段落间距等进行设置。设置段落格式时不必选中整个段落，只需将插入点放在段落中的任意位置即可。如果要同时对多个段落进行设置，则需要将这些段落全部选中。通过设置段落格式可以使文档的结构更清晰，层次更分明。

用户可以通过功能区、对话框和快捷菜单 3 种方式来完成段落的格式化。同样，无论使用哪种方式，都需要在设置前先选中要设置样式的段落，之后再进行设置操作。

（1）利用功能区进行设置。

具体操作步骤为：单击功能区的"开始"选项卡，可以看到"段落"组中的相关命令，如

图 3-28 所示，利用这些命令可以完成对字符的格式设置。

（2）利用对话框进行设置。

具体操作步骤为：单击图 3-28 中"段落"组右下角的 按钮，弹出如图 3-29 所示的"段落"对话框，根据需要选择所需选项卡并设置所需选项（选项说明见表 3-6）后，单击"确定"按钮即可。

图 3-29　"段落"对话框

表 3-6　　　　　　　　　　　　　　"段落"对话框中的选项说明

选　项	说　　明
两端对齐	除该段最后一行外，其他所有行中的文字将均匀分布在左右页边距，其效果与左对齐相同
居中对齐	段落文字居中对齐，每一行文字与页面两端距离相等
右对齐	段落文本靠右对齐，如果文字不满移行，左边将不能对齐
分散对齐	段落文字左右两边均对齐。当不满一行时，自动拉开字符间距使该行均匀分布
首行缩进	段落文字中的第一行文本与页面左边的距离
悬挂缩进	段落文字中除了第一行文字外的其他文字与页面左边的距离
左缩进	整个段落文字左边界与页面左边的距离对齐
右缩进	整个段落文字右边界与页面右边的距离对齐
行距	某一段落中行与行的距离
段间距	相邻两段落之间的距离

其中，段落缩进是指段落中的文字与页边距之间的距离。

（3）利用快捷菜单进行设置。

具体操作步骤为：选中要设置格式的字符，在选区内单击鼠标右键，在弹出的快捷菜单中选择"段落"命令，弹出"段落"对话框，之后的操作不再赘述。

3. 设置边框和底纹

边框和底纹能增加读者对文档内容的兴趣和注意程度，并对文档起到一定的美化效果。在 Word 中，可为文档中的字符、段落、表格、图形等对象设置各种边框和底纹。

（1）添加边框。选定要添加边框的文字或段落，单击"开始"选项卡，"段落"组中的"下框线"按钮田 右侧的下拉按钮 ，在弹出的下拉列表框中选择"边框和底纹"选项 边框和底纹(O)… ，弹出"边框和底纹"对话框，如图 3-3 所示，在"边框"选项卡进行相应的设置，单击"确定"按钮完成设置。

　　用户可以设置边框的类型为"方框"、"阴影"、"三维"或"自定义"类型，若要取消边框可选择"无"。选择好边框类型后，还可以选择边框的样式、颜色和宽度，只要在相应的下拉列表框中选择即可。若要给文字加边框，则在"应用于"下拉列表框中选择"文字"选项，文字的四周都有边框。若要给段落加边框，则在"应用于"下拉列表框中选择"段落"选项，可以利用"预览"区域中的"上边框"、"下边框"、"左边框"、"右边框"4 个按钮来为所选段落添加或删除相应方向上的边框。

　　（2）添加页面边框。为文档添加页面边框要通过如图 3-30 所示的"页面边框"选项卡来完成，页面边框的设置方法与为文字/段落添加边框的方法基本相同。除了可以添加线型页面边框外，还可以添加艺术型页面边框。操作方法为：在"页面边框"选项卡的"艺术型"下拉列表框中选择喜欢的边框类型，单击"确定"按钮即可。

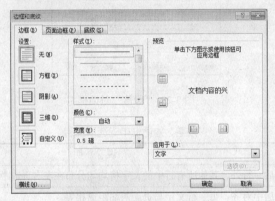

图 3-30　"边框和底纹"对话框

　　（3）添加底纹。在图 3-30 所示的"底纹"选项卡的相应选项中选择填充色、图案样式和颜色以及应用的范围后，单击"确定"按钮即可。也可通过"段落"组中的"底纹"按钮 为所选内容设置底纹。

4. 设置项目符号和编号

　　对于一些内容并列的相关文字，如一个问答题的几个要点，可以使用项目符号或编号对其进行格式化，这样可以使文档内容看起来醒目有序，从而提高文档的可读性。下面分别介绍项目符号和编号的设置方法。

　　设置项目符号的操作步骤为：选中要添加项目符号的段落，选择功能区的"开始"选项卡，单击"段落"组中的"项目符号"按钮 ，或单击该按钮旁的下拉按钮，在弹出的下拉框（见图 3-31）中选择所需的项目符号样式。

　　设置编号的操作步骤为：选中要添加项目符号的段落，选择功能区的"开始"选项卡，单击"段落"组中的"编号"按钮 ，或单击该按钮旁的下拉按钮，在弹出的下拉框（见图 3-32）中选择所需的编号样式。

图 3-32　"编号"下拉列表框

图 3-31　"项目符号"下拉列表框

5. 设置分栏

分栏是一种常用的排版格式,可将文档内容在页面上分成多块显示,使排版更加灵活,是常用于报纸、杂志的一种排版形式。

设置分栏的操作步骤为:选择需要分栏的文字/段落,若不选择,则系统默认对整篇文档进行分栏排版,单击"页面布局"选项卡,在"页面设置"组中单击"分栏"按钮 ▓ 分栏 ▾,在弹出的下拉框(见图 3-33)中选择某个选项,即可将所选内容进行相应的分栏。

图 3-33　"分栏"下拉列表框

如果想对文档进行其他形式的分栏,选择"分栏"下拉框中的"更多分栏"选项,在弹出的"分栏"对话框中可以设置详细分栏,包括设置更多的栏数、每一栏的宽度以及栏与栏的间距等。若要撤销分栏,选择"一栏"即可。

需要注意的是,分栏排版只有在页面视图下才能够显示出来。

6. 插入页码

页码用来表明某页位于文档中的相对位置,通常出现在页面的页眉和页脚。在 Word 2010 中可以很方便地在文档页面中插入页码,并对它进行修改、修饰、删除或者其他特定操作。

插入页码的操作步骤为:单击功能区的"插入"选项卡,选择"页眉和页脚"组中的页码下拉按钮 ▾,弹出页码下拉框(见图 3-34),根据需求选择相应的页码格式。(见图 3-35)

图 3-34　"页码"下拉列表框

图 3-35　"页码格式"对话框

7. 格式刷

使用格式刷可以快速将某文本的格式设置应用到其他文本上，操作步骤如下。

（1）选中要复制样式的文本。

（2）在功能区的"开始"选项卡中单击"剪贴板"组中的"格式刷"按钮 ，将鼠标指针移到文本编辑区，会看到鼠标指针旁出现一个小刷子图标。

（3）用格式刷扫过（即按下鼠标左键拖动）需要应用样式的文本即可。

单击"格式刷"按钮使用一次后，格式刷功能就自动关闭了。如果需要将某文本的格式连续应用多次，则可以双击"格式刷"按钮，之后直接用格式刷扫过不同的文本即可。要结束使用格式刷功能，再次单击"格式刷"按钮或按 Esc 键。

8. 样式与模板

样式与模板是 Word 中非常重要的内容，熟练使用这两个工具可以简化格式设置操作，提高排版的质量和速度。

（1）样式。样式是应用于文档中的文本、表格等的一组格式特征，利用其能迅速改变文档的外观。应用样式时，只需执行简单的操作就可以应用一组格式。选择功能区"开始"选项卡下"样式"组中的样式，显示区域右下角的"其他"按钮 ，出现如图 3-36 所示的下拉框，其中列了可供选择的样式。要对文档中的文本应用样式，应先选中这段文本，然后再单击下拉框中需要使用的样式名称即可。要删除文本中已经应用的样式，先将其选中，再选择图 3-36 中的"清除格式"选项即可。

要快速改变具有某种样式的所有文本的格式，可通过重新定义样式来完成。选择图 3-36 所示下拉框中的"应用样式"选项，在弹出的"应用样式"任务窗格中的"样式名"框中选择要修改的样式名称，如"正文"，单击"修改"按钮 ，弹出如图 3-37 所示的对话框，可以看到"正文"样式的字体格式为"中文宋体，西文 Times New Roman，五号"，段落格式为"两端对齐，单倍行距"。若要将文档中正文的段落格式修改为"两端对齐，1.5 倍行距，首行缩进 2 字符"，则可以选择对话框中"格式"下拉框中的"段落"项，在弹出的"段落"对话框中设置行距为 1.5 倍，首行缩进为 2 字符，单击"确定"按钮使设置生效后，即可看到文档中所有使用"正文"样式的文本段落格式已发生变化。

图 3-36 "样式"下拉列表框

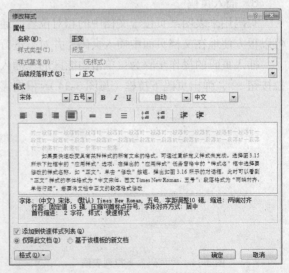

图 3-37 "修改样式"对话框

（2）模板。模板是一种预先设定好的特殊文档，已经包含了文档的基本结构和文档设置，如页面设置、字体格式、段落格式等，方便以后重复使用，省去每次都要排版和设置的烦恼。对于某些格式相同或相近文档的排版工作，模板是不可缺少的工具。Word 2010 提供了多种模板，包括博客文章、书法字帖、信函、传真、简历和报告等，利用这些模板可以快速创建专业美观的文档。另外，Office.com 网站还提供了贺卡、名片、信封、发票等特定功能模板。Word 2010 模板文件的扩展名为 ".dotx"，利用模板创建新文档的方法在前面已经介绍到，故不再赘述。

9. 创建目录

在撰写书籍或杂志等类型的文档时，通常需要创建目录以便快速浏览文档中的内容，并可通过目录右侧的页码找到所需内容。在 Word 2010 中，可以非常方便地创建目录，并在目录发生变化时，通过简单的操作就可以更新目录。

（1）标记目录项。在创建目录之前，需要先将要在目录中显示的内容标记为目录项，操作步骤如下。

① 选中要创建为目录的文本。

② 选择功能区 "开始" 选项卡下 "样式" 组中的样式，显示区域右下角的 "其他" 按钮，弹出如图 3-36 所示的下拉框。

③ 根据所要创建的目录项级别，选择 "标题 1"、"标题 2" 或 "标题 3" 选项。

如果所要使用的样式不在图 3-36 中显示，则可以通过以下步骤标记目录项。

① 选中要创建为目录的文本。

② 单击功能区 "开始" 选项卡下 "样式" 组中的对话框启动器，打开如图 3-38 所示的 "样式" 窗格。

③ 单击 "样式" 窗格右下角的 "选项" 按钮，弹出如图 3-39 所示的 "样式窗格选项" 对话框。

④ 选择对话框中 "选择要显示的样式" 列表框中的 "所有样式" 选项，单击 "确定" 按钮返回 "样式" 窗格。

⑤ 此时在 "样式" 窗格中显示出了所有的样式，单击选择所要的样式选项即可。

图 3-38 "样式" 窗格

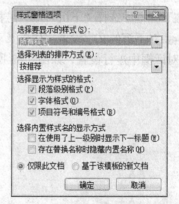

图 3-39 "样式窗格选项" 对话框

（2）创建目录。标记好目录项之后，就可以创建目录了，操作步骤如下。

① 将光标定位到需要显示目录的位置。

② 选择功能区 "引用" 选项卡下 "目录" 组中 "目录" 下拉框中的 "插入目录" 项，弹出如图 3-40 所示的对话框。

③ 选择是否显示页码、页码是否右对齐，并设置制表符前导符的样式。

④ 在"常规"区选择目录的格式以及目录的显示级别，一般目录显示到3级。

⑤ 单击"确定"按钮即可。

（3）更新目录。当文档中的目录内容发生变化时，就需要及时更新目录。

要更新目录，单击功能区"引用"选项卡下"目录"组中的"更新目录"按钮，在弹出的如图3-41所示对话框中选择是只更新页码，还是更新整个目录。也可以将光标定位到目录上，按F9键打开"更新目录"对话框进行更新设置。

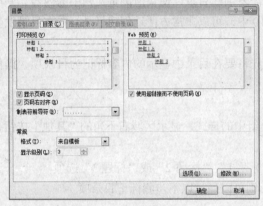

图3-40 "目录"对话框

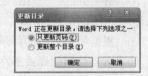

图3-41 "更新目录"对话框

10. 特殊格式设置

（1）首字下沉或悬挂。在很多报刊和杂志当中，经常可以看到将正文的第一个字放大突出显示的排版形式。这可以通过设置首字下沉或悬挂来实现，操作步骤如下。

① 将光标定位到要设置首字下沉或悬挂的段落。

② 单击功能区"插入"选项卡下"文本"组中的"首字下沉"按钮，弹出如图3-42所示的下拉框。

③ 在下拉框中选择"下沉"或"悬挂"项。

④ 若要对下沉的文字设置字体以及下沉行数等，单击"首字下沉选项"命令，在弹出的"首字下沉"对话框中进行设置，如图3-43所示。

图3-42 "首字下沉"下拉列表框

图3-43 "首字下沉"对话框

（2）给中文加拼音。给中文加拼音的方法为，选中要加拼音的文字，单击功能区"开始"选项卡下"字体"组中的"拼音指南"按钮，弹出如图3-44所示的"拼音指南"对话框。

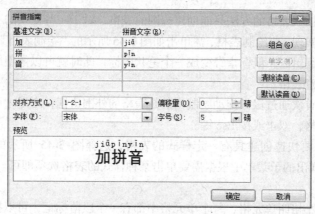

图 3-44 "拼音指南"对话框

在"基准文字"文本框中显示文中选中要加拼音的文字,"拼音文字"文本框中显示基准文字的拼音,设置后的效果显示在对话框下边的预览框中,若不符合要求,可以通过"对齐方式"、"字体"、"偏移量"和"字号"下拉列表框进行调整。

3.1.5 表格制作

表格是文字处理的重要组成部分。利用 Word 2010 提供的制表功能,可以创建、编辑、格式化比较复杂的表格,可以对表格内的数据进行排序,还可以将表格转换成各类统计图表,从而通过很少的文字来表达大量的信息,突出文档主题,增强文档可读性。但不管表格的形式如何,表格都是由许多行和列的单元格构成的一个综合体。

1. 创建表格

Word 2010 提供了创建表格的多种方法,下面分别介绍其操作方法。

(1)插入表格。要在文档中插入表格,先将光标定位到要插入表格的位置,单击功能区"插入"选项卡下"表格"组中的"表格"按钮,弹出如图 3-45 所示的下拉框,其中显示一个示意网格,沿网格右下方移动鼠标,当达到需要的行列位置后单击即可。

除上述方法外,也可选择下拉框中的"插入表格"项 ▦ 插入表格(I)...,弹出如图 3-46 所示的对话框,在"列数"文本框中输入列数,在"行数"文本框中输入行数,在"'自动调整'操作"选项中根据需要进行选择,设置完成后单击"确定"按钮,即可创建一个新表格。

图 3-45 "表格"按钮下拉列表框

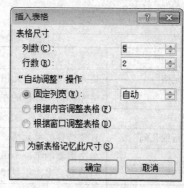

图 3-46 "插入表格"对话框

（2）绘制表格。插入表格的方法只能创建规则的表格，对于一些复杂的不规则表格，可以通过绘制表格的方法来实现。要绘制表格，需单击如图 3-45 所示的"绘制表格"选项 ✍ 绘制表格(D)，将鼠标指针移到文本编辑区，鼠标指针变成一个笔状图标，此时就可以像使用画笔一样，通过鼠标拖动画出所需的任意表格。

需要注意的是，首次通过鼠标拖动绘制出的是表格的外围边框，之后才可以绘制表格的内部框线，要结束绘制表格，双击或按 Esc 键。

（3）快速制表。要快速创建具有一定样式的表格，选择图 3-45 所示的"快速表格"选项 ▦ 快速表格(T)，在弹出的子菜单中根据需要单击某种样式的表格选项即可。

2. 编辑表格

表格中的每一个小格叫单元格，每个单元格中都有一个段落标记，可以把每个单元格当作一个小的段落来处理。

（1）在表格中输入文本。要在单元格中输入内容，需要先将光标定位到相应的单元格中。在表格中移动插入点的方法很简单，只需将鼠标指针移动到希望光标插入的单元格上单击或者使用方向键将光标移动到单元格中即可，具体操作方法见表 3-7。

表 3-7　　　　　　　　　　　使用键盘在表格中移动光标的操作说明

方　法	说　明
按 Tab 键	光标移至后一个单元格
按 Shift+Tab 组合键	光标移至前一个单元格
按"↑"键	光标移至上一行
按"↓"键	光标移至下一行
按 Alt+Home 组合键或 Alt+数字键盘上的 7（此时 Num Lock 键必须关闭）	光标移至同行的第一个单元格
按 Alt+End 组合键或 Alt+数字键盘上的 1（此时 Num Lock 键必须关闭）	光标移至同行的最后一个单元格
按 Alt+Page Up 组合键或 Alt+数字键盘上的 9（此时 Num Lock 键必须关闭）	光标移至同列的第一个单元格
按 Alt+Page Down 组合键或 Alt+数字键盘上的 3（此时 Num Lock 键必须关闭）	光标移至同列的最后一个单元格
按 Enter 键	在本单元格开始一个新段落
在最后一行的最后单元格后按 Tab 键或 Enter 键	在表格末添加一行

表格中内容的输入与一般文档的输入方法相同。

（2）选定表格、单元格。在表格中选择文本，多数情况下与在文档的其他地方选择文本的方法相同。此外，由于表格的特殊性，Word 2010 提供了多种选择单元格和单元格区域的方法，其具体选择方法见表 3-8。

表 3-8　　　　　　　　　　　选择单元格和单元格区域的操作说明

选　项	说　明
选择一个单元格	将光标指向该单元格的左侧边界内，待鼠标指针变成实心右上的箭头时单击
选择一整行	将光标指向该行的左侧边界内，待鼠标指针变成空心右上方向的箭头时单击
选择一整列	将光标指向该列的顶端边界线上，待鼠标指针变成实心向下方向的黑色箭头时单击
选择连续几行或几列	在要选择的单元格、行或列上拖动鼠标
选择几个不连续的单元格	单击需要的第一个单元格、行或列，按住 Ctrl 键，再单击所需的下一个单元格、行或列，多次重复操作，直到所需单元格、行或列全部选定
选择整个表格	可以拖动鼠标选取，也可以通过单击表格左上角的 ⊞ 图标来选中整个表格

（3）移动、复制和删除表格中的内容。复制和删除表格中单元格、行或列中的内容有多种方法，如使用键盘组合键、工具栏上的按钮和菜单命令等。使用键盘组合键的操作与处理普通文档中的文本一样。下面着重介绍使用工具栏上的按钮和使用菜单命令的方法。

移动表格中内容的操作步骤为：选定要移动的文本，单击"开始"选项卡下的"剪切"按钮、选择快捷菜单中的"剪切"命令或按 Ctrl+X 组合键剪切文本，将光标置于要移动的位置，单击"开始"选项卡下的"粘贴"按钮、选择快捷菜单中的"粘贴"命令或按 Ctrl+V 组合键，完成表格中内容的移动。

复制表格中内容的操作步骤为：选中需要复制的内容，单击"开始"选项卡下的"复制"按钮、选择快捷菜单中的"复制"命令或按 Ctrl+C 组合键剪切文本，将光标置于要复制的位置，单击"开始"选项卡下的"粘贴"按钮、选择快捷菜单中的"粘贴"命令或按 Ctrl+V 组合键，完成表格中内容的复制。

删除表格中内容的操作步骤为：选中需删除的内容，单击"开始"选项卡下的"剪切"按钮、选择快捷菜单中的"剪切"命令、按 Ctrl+X 组合键或按 Delete 键，完成表格中内容的删除。

（4）调整表格的行高和列宽。当插入一个表格时，Word 会提供一个默认的行高和列宽。另外，用户还可以自定义表格的行高和列宽，以满足不同的需要。调整表格行高和列宽的操作方法有很多，常用方法有以下几种。

① 将光标定位到要改变行高或列宽的行或列中的任一单元格时，功能区中出现用于表格操作的两个选项卡"设计"和"布局"，单击"布局"选项卡中"单元格大小"组中显示当前单元格行高和列宽的两个文本框右侧的上下微调按钮，即可精确调整行高和列宽。

② 将鼠标指针指向此行的下边框线，鼠标指针变成垂直分离的双向箭头，直接拖动鼠标即可调整一行的高度；将鼠标指针指向此列的右边框线，鼠标指针变成水平分离的双向箭头，直接拖动鼠标即可调整一列的宽度。

③ 用鼠标右键单击选中的表格，选择快捷菜单中的"表格属性"命令，弹出如图 3-47 所示的"表格属性"对话框，选择所需选项卡，输入各参数，单击"确定"按钮完成设置。

图 3-47　"表格属性"对话框

④ 利用水平标尺和垂直标尺也可以很直观地调整表格的行高和列宽。

（5）插入行或列。在表格中插入新行或新列的操作方法为：将光标定位到要在其周围加入新行或新列的单元格，选择功能区"布局"选项卡中"行和列"组中的按钮（见图 3-48）即可。

如果单击"在上方插入"或"在下方插入"按钮，则会在光标所在单元格的上方或下方插入一行单元格。

如果单击"在左侧插入"或"在右侧插入"按钮，则会在光标所在单元格的左侧或右侧插入一列单元格。

如果单击"行和列"组右边的 按钮，则可弹出如图 3-49 所示的"插入单元格"对话框，然后在该对话框中设置插入单元格的方式，最后单击"确定"按钮。

图 3-48 "插入"命令列表框

图 3-49 "插入单元格"对话框

（6）删除行或列。要删除表格中的某一列或某一行，先将光标定位到此行或此列中的任一单元格中，再单击功能区 "布局"选项卡中"行和列"组中的"删除"按钮，在弹出的下拉框中根据需要单击相应选项即可。若要一次删除多行或多列，则先将其都选中，再执行上述操作。

需要注意的是，选中行或列后直接按 Delete 键只能删除其中的内容而不能删除行或列。

（7）合并和拆分单元格。在创建一些不规则表格的过程中，经常需要将某一个单元格拆分成若干小单元格，或者要将某些相邻的单元格合并成一个的操作，此时就需要使用表格的合并与拆分功能。

合并单元格的操作方法为：选定要合并的单元格（见图 3-50），单击功能区"布局"选项卡中"合并"组中的"合并单元格"按钮，或者单击鼠标右键，在弹出的快捷菜单中选择"合并单元格"命令完成。合并单元格后的表格效果如图 3-51 所示。

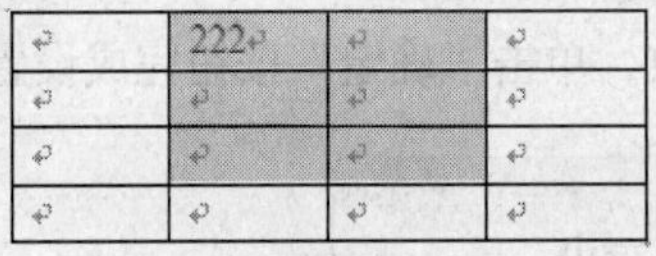

图 3-50 选定要合并的单元格    图 3-51 合并单元格后的表格

合并后，各单元格中的内容将以一列的形式显示在新单元格中。

拆分单元格的操作方法为：将光标置于要拆分的单元格中或选定要拆分的单元格，如图 3-52 所示，单击功能区"布局"选项卡中"合并"组中的"拆分单元格"按钮，在弹出的"拆分单元格"对话框（见图 3-53）中设置要拆分的行数和列数，单击"确定"按钮完成操作。拆分单元格后的表格效果如图 3-54 所示。

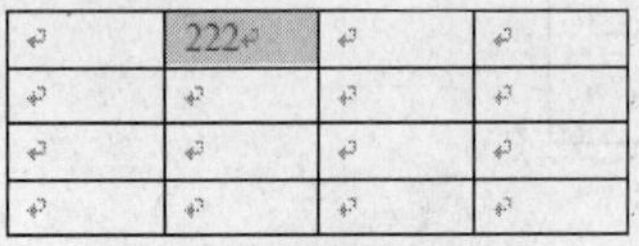

图 3-52 选定要拆分的单元格   图 3-53 "拆分单元格"对话框 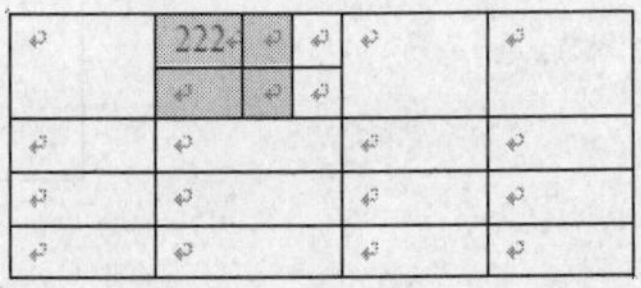   图 3-54 拆分单元格后的表格

拆分后，原有单元格中的内容将显示在拆分后的首个单元格中。

（8）设置单元格的对齐方式。由于表格中每个单元格相当于一个小文档，因此能对选定的单个或多个单元格、行或列中的文档进行对齐操作，Word 2010 共有 9 种对齐方式，默认的对齐方式是靠上左对齐。更改单元格文字对齐方式的常用操作方法有两种。

方法一：选定需要对齐的单元格，单击功能区"表格工具"下的"布局"选项卡，在"对齐方式"组中可以看到 9 个对齐方式按钮，如图 3-55 所示，根据需要单击某个按钮即可。

方法二：选定需要对齐的单元格，在选区内单击鼠标右键，在弹出的快捷菜单中单击"单元格对齐方式"项下的某个对齐方式按钮，如图 3-56 所示。

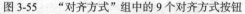
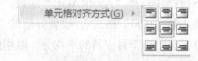

图 3-55　"对齐方式"组中的 9 个对齐方式按钮　　　　图 3-56　快捷菜单中"单元格对齐方式"按钮

（9）绘制斜线表头。斜线表头是指在表格的第一个单元格中以斜线划分出多个项目标题，分别对应表格的行和列。在实际工作中，经常需要使用带有斜线表头的表格。

为表格加斜线表头的操作步骤为：将光标定位于表头位置（第一行第一列），在功能区的"设计"选项卡"表格样式"组的"边框"下拉框中选择"斜下框线"选项，在单元格中出现一条斜线，在有斜线表头的单元格中输入所需的分类项目标题即可。

3. 格式化表格

格式化表格是指对表格的外观进行修饰，即调整表格在文档中的位置，给表格添加边框、底纹等，以使表格更加美观、实用。

（1）设置表格的位置。可以根据需要调整表格在文档中的位置。设置表格位置的具体操作方法为：将插入点置于表格中或选中表格，在选区内单击鼠标右键，在弹出的快捷菜单中选择"表格属性"命令，弹出"表格属性"对话框，如图 3-57 所示，单击"表格"选项卡，设置表格位置，单击"确定"按钮完成。

（2）添加边框和底纹。默认情况下，在 Word 2010 中创建的表格为单线边框，用户可根据需要设置合适的边框，并可以为表格或某个单元格添加底纹，以凸显相关内容。添加边框和底纹的具体操作方法为：将插入点置于表格中或选中表格，在选区内单击鼠标右键，在弹出的快捷菜单中选择"表格属性"命令，弹出"表格属性"对话框，如图 3-57 所示，单击"边框和底纹"按钮 边框和底纹(B)... ，打开"边框和底纹"对话框，如图 3-58 所示，单击"边框"选项卡，选择合适的边框，单击"底纹"选项卡，选择合适的底纹，单击"确定"按钮完成。

图 3-57　"表格属性"对话框　　　　　　　图 3-58　"边框和底纹"对话框

4. 表格中的排序与计算

Word 虽然不是专业的表格制作软件，但是同样提供了比较强大的计算功能和排序功能。下面分别进行介绍。

（1）数据的计算。在 Word 2010 中，可以通过在表格中插入公式的方法来计算表格中的数据。

例如，要计算表 3-9 中 3 位同学的三科平均分，具体操作步骤为：将光标定位到要插入公式的单元格中，单击功能区的"布局"选项卡中"数据"组中的"公式"按钮f_x，弹出如图 3-59 所示的"公式"对话框，确定需要使用的计算函数（因为要计算每位同学的平均成绩，故需选用的计算函数是"AVERAGE"），在"公式"文本框中输入"=AVERAGE(left)"或者在"粘贴函数"下拉框中选择"AVERAGE"函数，在"编号格式"下拉框中选择数据显示格式（在此选保留两位小数"0.00"格式），设置好后的"公式"对话框如图 3-60 所示，单击"确定"按钮，即可计算并显示出李月三科的平均分。以相同方式计算其他两位同学的平均分，计算结果如表 3-10 所示。

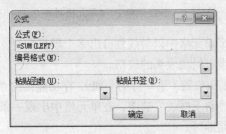

图 3-59　"公式"对话框（设置前）

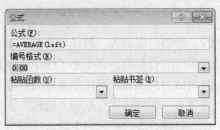

图 3-60　"公式"对话框（设置后）

表 3-9　　　　　　　　　　　　　　　　成绩统计表

姓　　名	语　　文	数　　学	英　　语	平均分
李月	87	90	79	
张文	68	86	90	
王敏燕	76	92	85	

表 3-10　　　　　　　　　　　　　　　　成绩统计结果

姓　　名	语　　文	数　　学	英　　语	平均分
李月	87	90	79	85.33
张文	68	86	90	81.33
王敏燕	76	92	85	84.33

（2）数据的排序。若对表格中的数据进行排序，首先选择排序区域，如果不选择，则默认对整个表格进行排序。例如，将表 3-10 按平均分降序排序，具体操作步骤为：将插入点置于要排序的表格中，单击功能区"布局"选项卡中"数据"组中的"排序"按钮$\frac{2↓}{A}$，打开如图 3-61 所示的"排序"对话框，设置合适的参数，单击"确定"按钮完成。

在"主要关键字"下拉框中选择"平均分"，"类型"下拉列表框的排序方式自动变为"数字"，再选择"降序"排序，根据需要用同样的方式设置"次要关键字"以及"第三关键字"。在对话框底部选择表格是否有标题行。如果选择"有标题行"，顶行条目就不参与排序，并且这些数据列将用相应标题行中的条目来表示，而不是用"列 1"、"列 2"等方式表示；选择"无标题行"，则顶行条目将参与排序，这里选择"有标题行"，再单击"选项"按钮微调排序命令，如排序时是否区分大小写等，设置完成后单击"确定"按钮，完成排序，结果如表 3-11 所示。

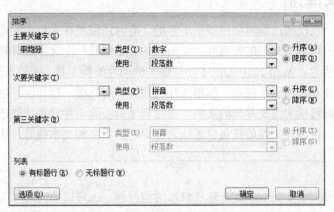

图 3-61　"排序"对话框

表 3-11　　　　　　　　　　　　按"平均分"降序排序后的成绩统计表

姓　　名	语　　文	数　　学	英　　语	平均分
李月	87	90	79	85.33
王敏燕	76	92	85	84.33
张文	68	86	90	81.33

5. 表格与文字的转换

表格与文字的转换包括文本转换为表格和表格转换为文本两种转换方式。

（1）表格转换为文本。把表格转换成文本的步骤为：选择需要转换成文本的整个表格或将光标定位于表格中，单击功能区"布局"选项卡"数据"组中的"转换为文本"按钮 ，弹出如图 3-62 所示的"将表格转换成文本"对话框，选择单元格中文字的分隔符，单击"确定"按钮完成。

（2）文本转换为表格。将文本转换成表格时，首先要在文本中添加逗号、制表符或其他分隔符来把文本分行、分列。一般情况下，建议使用制表符来分列，使用段落标记来分行。文本转换为表格的具体操作方法为：选择要转换的文本，单击功能区"插入"选项卡中"表格"下拉按钮 ，选择"文本转换成表格"命令，弹出"将文字转换成表格"对话框，如图 3-63 所示，根据需要进行设置，单击"确定"按钮完成。

图 3-62　"表格转换成文本"对话框

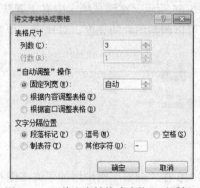

图 3-63　"将文字转换成表格"对话框

3.1.6　图文混排

要使文档美观，仅仅通过编辑和排版是不够的，有时还需要在文档中的适当位置放置一些图片并对其进行编辑，以增加文档的美观性。Word 2010 虽然是一个文字处理软件，但是它同样具有强大的图形处理能力。Word 2010 提供了功能强大的图片编辑工具，无须其他专用的图片工具，就能插入、剪裁图片和添加图片特效，调整图片的亮度、对比度、饱和度、色调等，能够轻松、快速地将简单的文档转换为图文并茂的文档。通过新增的去除图片背景功能还能方便地移除所选图片的背景。另外，可以在文档的任意位置插入图形、艺术字和文本框等，从而编辑出图文并茂的文档。

1. 插入图片

在 Word 中既可以插入 Office 2010 软件自带的剪贴画，也可以插入图片文件。下面分别进行介绍。

（1）插入图片。在文档中插入图片文件的具体操作方法为：将光标定位于文档中要插入图片的位置，单击功能区"插入"选项卡中"插图"组中的"图片"按钮，打开"插入图片"对话框，如图 3-64 所示，找到要用的图片并选中，单击"插入"按钮或直接双击该图片文件，即可将图片插入文档中。

图 3-64　"插入图片"对话框

图片插入文档中后，四周会出现 8 个蓝色的控制点，把鼠标指针移到控制点上，当鼠标指针变成双向箭头时，拖动鼠标可以改变图片的大小。同时功能区中出现用于编辑图片的"格式"选项卡，如图 3-65 所示，在该选项卡中有"调整"、"图片样式"、"排列"和"大小"4 个组，利用其中的按钮可以调整图片的亮度、对比度、位置、环绕方式等。

图 3-65　图片工具

Word 2010 在"调整"组中增加了许多图片编辑的新功能，包括为图片设置艺术效果、图片修正、自动消除图片背景等。通过对图片应用艺术效果，如铅笔素描、线条图形、水彩海绵、马赛克气泡、蜡笔平滑等，可使其看起来更像素描、绘图或绘画作品。通过微调图片的饱和度、色调，使其具有引人注目的视觉效果，调整亮度、对比度、锐化和柔化，或重新着色能使其更适合文档内容。通过去除图片背景能够更好地突出图片主题。要对所选图片进行以上设置，只需在图 3-65 中单击相应的设置按钮，在弹出的下拉框中选择即可。

需要注意的是，在删除图片背景时，单击"删除背景"按钮，打开"背景消除"选项卡，如图 3-66 所示，Word 2010 自动在图片上标记出要删除的部分。一般还需要手动拖动标记框周围的调整按钮进行设置，之后通过"标记要保留的区域"或"标记要删除的区域"按钮修改图片的边缘效果，完成设置后单击"保留更改"按钮，删除所选图片的背景。如果想恢复图片到未设置前的样式，单击图 3-65 中的"重设图片"按钮 🖼️ 即可。

通过"图片样式"组不仅可以将图片设置成该组中预设的样式，还可以根据需要通过"图片边框"、"图片效果"和"图片版式"3 个下拉按钮自定义设置图片，包括更改图片的边框以及添加阴影、发光、三维旋转等效果，将图片转换为 Smart Art 图形等。

将图片插入文档中后，一般都要设置环绕方式，这样可以使文字与图片以不同的方式显示。选中图片后单击图 3-65 所示"排列"组中的"自动换行"按钮，在弹出的下拉框中根据需要选择即可。图 3-67 为将图片设置为"衬于文字下方"环绕方式的显示效果。

图 3-66　"背景消除"选项卡

图 3-67　"衬于文字下方"环绕方式的效果

Word 2010 中增加了屏幕截图功能，能将屏幕截图即时插入文档中。单击功能区"插入"选项卡中"插图"组中的"屏幕截图"按钮，在弹出的下拉菜单中可以看到所有已经开启的窗口缩略图，单击任意一个窗口，即可将该窗口完整截图并自动插入文档中。如果只想截取屏幕上的一小部分，选择"屏幕剪辑"选项，然后在屏幕上鼠标拖动选取想要截取的部分，即可将选取内容以图片的形式插入文档中。添加屏幕截图后，可以使用图片工具"格式"选项卡对截图进行编辑或修改。

（2）插入剪贴画。在文档中插入剪辑库中剪贴画的操作步骤为：将光标定位到文档中要显示剪贴画的位置，单击功能区"插入"选项卡中"插图"组中的"剪贴画"按钮，在文档编辑区的右侧显示"剪贴画"任务窗格，在"搜索文字"中输入查找图片的关键字，如"动物"，在"结果类型"下拉框中选择要显示的搜索结果类型。如果需要显示 Office.com 网站的剪贴画，则选中"包括 Office.com 内容"复选框，单击"搜索"按钮，在任务窗格下方的列表框中显示如图 3-68 所

图 3-68　"剪贴画"任务窗格

示的搜索结果，单击要使用的图片，即可将其插入文档中。

剪贴画插入后，在功能区同样会出现用于图片编辑的"格式"选项卡，利用其设置剪贴画的方法与图片类似，只是不能删除剪贴画背景以及设置艺术效果。

2. 绘图功能的使用

使用 Word 中的绘图工具栏，可以绘制出一些基本形状的图形（如直线、矩形、椭圆、箭头等）或自选图形（如标注、流程图、星与旗帜等）。在 Word 中绘制图形的操作方法为：单击功能区"插入"选项卡中"插图"组中的"形状"按钮，在弹出的形状下拉框中选择所需的自选图形，移动鼠标指针到文档中要显示自选图形的位置，按下鼠标左键并拖动至合适的大小后松开，即可绘出所选图形。

自选图形插入文档后，在功能区中显示绘图工具"格式"选项卡，此时可以设置自选图形的边框、填充色、阴影、发光、三维旋转以及文字环绕等。

另外，还可将在文档中绘制的多个图形组合，使之成为一个整体。具体操作方法为：选中要组合的多个图形中的任意一个图形，按住 Ctrl 键，将要组合的其他图形选中（效果见图 3-69），将鼠标移至选中的图形中，单击鼠标右键，在弹出的快捷菜单中选择"组合"→"组合"命令（见图 3-70）即可。

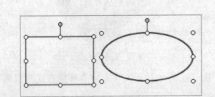

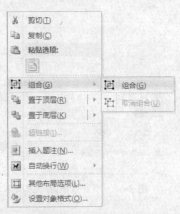

图 3-69　文档中多个图形同时选中后的效果　　　　图 3-70　"组合"命令

3. 插入 Smart Art 图形

Word 2010 中的 Smart Art 工具增加了大量新模板和多个新类别，提供丰富的图表绘制功能，能帮助用户制作出精美的文档图表对象。使用 Smart Art 工具，可以非常方便地在文档中插入用于演示流程、层次结构、循环或者关系的 Smart Art 图形。

在文档中插入 Smart Art 图形的操作步骤如下。

（1）将光标定位到文档中要显示图形的位置。

（2）单击功能区"插入"选项卡中"插图"组中的"Smart Art"按钮，打开"选择 Smart Art 图形"对话框，如图 3-71 所示。

（3）对话框左侧列表中显示 Smart Art 图形分类列表，包括列表、流程、循环、层次结构、关系等，单击某一类别，会在对话框中间显示出该类别下的所有 Smart Art 图形的图例，单击某一图例，在右侧可以预览该种 Smart Art 图形并在预览图的下方显示该图的文字介绍，在此选择"层次结构"分类下的组织结构图。

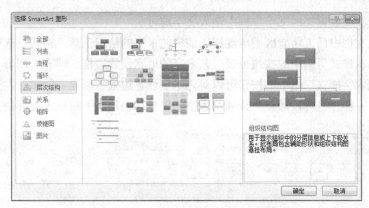

图 3-71 "选择 Smart Art 图形"对话框

（4）单击"确定"按钮，即可在文档中插入如图 3-72 所示的组织结构图。

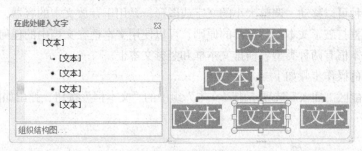

图 3-72 组织结构图

插入组织结构图后，既可以在图 3-72 中显示"文本"的位置输入文本，也可在图左侧的"在此处输入文字"文本窗格中输入。输入的文字按照预先设计的格式显示，当然用户也可以根据自己的需要进行更改。

当文档中插入组织结构图后，在功能区显示用于编辑 Smart Art 图形的"设计"和"格式"选项卡，如图 3-73 所示。通过 Smart Art 工具可以为 Smart Art 图形添加新形状，更改布局、颜色、形状样式（包括填充、轮廓以及阴影、发光等效果设置），还能为文字更改边框、填充色以及设置发光、阴影、三维旋转和转换等效果。

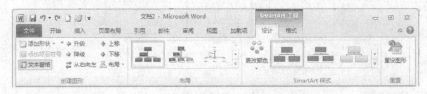

图 3-73 Smart Art 工具

4. 插入艺术字

艺术字是具有特殊效果的文字。在制作报纸、杂志和海报等文档时，经常要使用一些有特殊效果的艺术字，此时可以使用 Word 2010 艺术字库中的艺术字功能。艺术字与图片一样，都是以图形对象的形式存在，其插入与插入图片有一些共性。

在文档中插入艺术字的操作步骤为：将光标定位到文档中要显示艺术字的位置，单击功能区"插入"选项卡中"文本"组中的"艺术字"按钮，在弹出的艺术字样式框中选择一种样式，在文本编辑区中"请在此放置您的文字"框中输入文字即可。

艺术字插入文档中后，功能区中出现用于编辑艺术字的绘图工具"格式"选项卡，如图 3-74 所示。利用"形状样式"组中的按钮可以对艺术字的形状设置边框、填充、阴影、发光、三维效果等；利用"艺术字样式"组中的按钮可以对艺术字设置边框、填充、阴影、发光、三维效果和转换等。与图片一样，也可以通过"排列"组中的"自动换行"下拉框设置环绕方式。

图 3-74　绘图工具

5. 插入文本框

文本框是一种可以移动、调整大小的文字或图形，是用于存放文本的容器，也是一种特殊的图形对象。文本框打破了文本中行连续的原则，可以使用文本框在文档中的任何位置自由地插入图片或文字。文本框有两种类型：横排文本框和竖排文本框。

插入文本框的操作步骤如下。

（1）单击功能区"插入"选项卡中"文本"组中的"文本框"按钮，弹出如图 3-75 所示的下拉框。

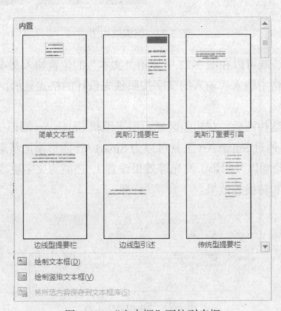

图 3-75　"文本框"下拉列表框

（2）如果要使用已有的文本框样式，直接在"内置"栏中选择所需的文本框样式即可。

（3）如果要手工绘制文本框，选择"绘制文本框"项；如果要使用竖排文本框，选择"绘制竖排文本框"项；选择后，鼠标指针在文档中变成十字形状，将鼠标指针移动到要插入文本框的位置，按住鼠标左键并拖动至合适大小后松开即可。

（4）在插入的文本框中输入文字。

文本框插入文档后，在功能区中显示绘图工具"格式"选项卡，如图 3-74 所示。文本框的编辑方法与艺术字类似，可以对其及其中的文字设置边框、填充色、阴影、发光、三维旋转等。若想更改文本框中的文字方向，单击"文本"组中的"文字方向"按钮，在弹出的下拉框中选择即可。

3.1.7　公式的输入与排版

功能区"插入"选项卡下"符号"组中的"公式"按钮 $\frac{\pi}{\Omega}$ 非常实用，利用它可以很方便地编辑数学公式。下面以数学公式为例，介绍如何在 Word 2010 中编辑公式。

打开公式工具"设计"面板的操作步骤如下。

（1）单击功能区"插入"选项卡中"符号"组中的"公式"按钮 $\frac{\pi}{\Omega}$，弹出如图 3-76 所示的下拉框。

（2）如果要使用某些常用的数学公式，可以在"内置"栏中直接选择。

（3）如果要手工输入公式，可以单击下拉框中的"插入新公式"命令，打开如图 3-77 所示的界面。此时功能区中出现公式工具"格式"选项卡，在文档的编辑区可见公式的编辑框 在此处键入公式。 。

（4）在编辑框中可以输入符号和公式，编辑框能随输入公式的长短而变化。在公式"设计"选项卡中，几乎包括了所有的数学符号，包括关系符号、运算符号、集合符号、逻辑符号、箭头符号、希腊字母（大小写）符号、分式和根式模板、上下标模板、矩阵模板、求和模板、积分模板、底线和顶线模板等。利用公式中的符号和模板能编辑排版出各种表达式。

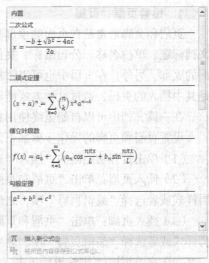

图 3-76　"公式"下拉列表框

图 3-77　公式编辑界面

例如，输入公式 $\sum_{i=1}^{\infty} \frac{2^i}{\sqrt{i}}(m-1)^i$

具体操作步骤如下。

（1）在公式"设计"选项卡中选择"大型运算符"下拉框中的求和模板 $\sum$，在"求和模板"的上标框中输入"∞"，在下标框中输入"$i=1$"；

（2）把光标移到右边的输入框，选择分数模板、级数模板、根式模板，分别输入 2^n、$\sqrt{i}$、$(m-1)^i$ 等内容即可。

3.1.8 文档页面的设置与打印

为了使文档具有较好的输出效果，都必须事先进行页面设置。页面设置主要包括：页眉和页脚、页边距、纸张方向、纸张大小等的设置。通常 Word 2010 在新建文档时采用默认的纸张大小、方向、页码等参数设置，用户可根据需要随时修改这些页面格式参数。此外，还可以选择是否为文档添加封面以及是否将文档设置成稿纸的形式。设置完成之后，还可以根据需要选择是否将文档打印输出。

1. 设置页眉、页脚

页眉和页脚通常是在页面的顶部和底部反复出现的附加信息，常用来插入时间、日期、页码、文档标题、单位名称、公司微标、文件名和作者名等。其中，页眉位于页面的顶部，页脚位于页面的底部。另外，在页眉中也可以添加文档注释等内容。页眉和页脚也用于显示提示信息，特别是其中插入的页码，通过这种方式能够快速定位要查找的页面。

在一篇文档中可以自始至终使用相同的页眉和页脚，也可以使用不同的页眉和页脚。

设置页眉和页脚的操作步骤如下。

（1）单击打开功能区的"插入"选项卡。

（2）插入页眉：单击"页眉和页脚"组中的"页眉"按钮，在弹出的下拉框中选择内置的页眉样式或者选择"编辑页眉"项，之后输入页眉内容。

（3）插入页脚：单击"页眉和页脚"组中的"页脚"按钮，在弹出的下拉框中选择内置的页脚样式或者选择"编辑页脚"项，之后输入页脚内容。

（4）完成页眉/页脚编辑后单击"关闭页眉和页脚"按钮即可。

在设置页眉和页脚的过程中，页眉和页脚的内容会突出显示，正文中的内容则变为灰色，同时在功能区中出现如图 3-78 所示的用于编辑页眉和页脚的"设计"选项卡。通过"页眉和页脚"组中的"页码"下拉框可以设置页码出现的位置和页码的格式；通过"插入"组中的"日期和时间"按钮，可以在页眉或页脚中插入日期和时间，并可以设置其显示格式；通过单击"文档部件"下拉框中的"自动图文集"选项，可以在弹出的下拉框中对文档添加各种系统自带的备注信息；单击"文档部件"下拉框中的"域"选项，在弹出的"域"对话框中的"域名"列表框中选择在页眉或页脚中显示作者名、文件名以及文件大小等信息；通过"选项"组中的复选框可以设置首页不同或奇偶页不同的页眉和页脚。

图 3-78　页眉和页脚工具

2. 设置页边距

页边距是页面四周的空白区域，"页边距"选项组用来设置文档上、下、左、右、装订线与页面边框的距离。

设置页边距的具体操作步骤如下。

（1）切换到"页面布局"选项卡。

（2）单击"页面设置"组中"页边距"下方的 ▼ 按钮，弹出如图 3-79 所示的下拉框。

（3）在下拉框中选择页边距选项，或单击"自定义边距"选项，打开"页面设置"对话框的"页边距"选项卡，如图 3-80 所示。

（4）在"页边距"区域中的"上"、"下"、"左"、"右"数值框中输入要设置的数值，或者通过数值框右侧的上下微调按钮 ▲▼ 进行设置。如果文档需要装订，可以在该区域中的"装订线"数值框中输入装订边距，并确定装订线的位置。

（5）单击"确定"按钮完成页边距的设置。

图 3-79　"页边距"下拉列表框

图 3-80　"页边距"选项卡

3．设置纸张的方向和大小

在进行文字编辑排版之前，通常要先设置好纸张的大小和方向。

设置纸张方向的具体操作步骤如下。

（1）切换到"页面布局"选项卡。

（2）单击"页面设置"组中"纸张方向"下方的 ▼ 按钮，弹出如图 3-81 所示的下拉框。

（3）在下拉框中选择纸张方向为"纵向"或"横向"即可，默认为"纵向"。

设置纸张大小的操作步骤如下。

（1）切换到"页面布局"选项卡。

（2）单击"页面设置"组中"纸张大小"下方的 ▼ 按钮，弹出如图 3-82 所示的下拉框。

图 3-81　"纸张方向"下拉列表框

（3）在下拉框中选择常用文档的纸张大小，或单击"其他页面大小"选项，打开"页面设置"对话框的"纸张"选项卡，如图 3-83 所示。

（4）在"纸张大小"区域中的"宽度"、"高度"数值框中适当的数值，或者通过数值框右侧

的上下微调按钮  进行设置。

（5）单击"确定"按钮，完成纸张大小的设置。

图 3-82 "纸张大小"下拉列表框

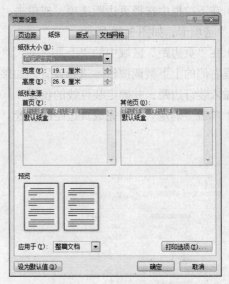

图 3-83 "纸张"选项卡

4. 设置文档封面

为文档创建封面的具体操作步骤如下。

（1）单击功能区的"插入"选项卡中"页"组中的"封面"按钮，弹出如图 3-84 所示的"封面"下拉框。

（2）单击选择所需的封面，此时在文档首页插入了所选类型的封面。

（3）在封面的指定位置输入文档标题、副标题等信息，即完成封面的创建。

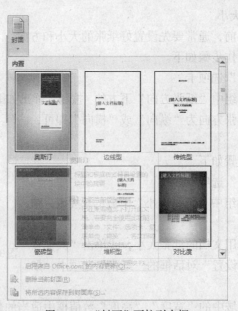

图 3-84 "封面"下拉列表框

5．设置稿纸

为文档创建封面的具体操作步骤如下。

（1）单击功能区"页面布局"选项卡中"稿纸"组中的"稿纸设置"按钮，弹出如图 3-85 所示的"稿纸设置"对话框。

（2）根据需要设置稿纸的格式、网格行列数、颜色以及页面大小等参数。

（3）单击"确认"按钮，完成当前文档稿纸形式的设置。

6．文档的预览与打印

当文档编排完成后，可以通过打印机将其打印出来，通常打印文档是文字处理的最后一道工序。但是，在打印之前要先安装该打印机的驱动程序，并要确认计算机与打印机连接无误方可进行。

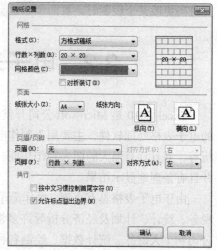

图 3-85　"稿纸设置"对话框

Word 2010 将打印预览、打印设置及打印功能都融合在了"文件"选项卡的"打印"面板中，如图 3-86 所示。在 Word 2010 中，用户可以一边设置打印属性，一边进行打印预览，设置完成后可以直接一键打印，大大简化了打印工作，节省了时间。

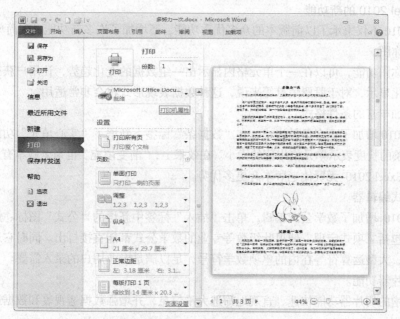

图 3-86　"打印"面板

"打印"面板分为左右两部分，左侧是打印设置及打印，右侧是打印预览。左侧面板包含了所有与打印相关的设置，包括打印份数、打印机属性、打印范围、打印方向及纸张大小等，也可根据右侧的预览效果调整页边距以及设置双面打印，还可通过面板右下角的"页面设置"打开在打印设置过程中最常用的"页面设置"对话框。在右侧面板中可以看到当前文档的打印预览效果，通过预览区下方左侧的翻页按钮前后翻页预览，调整右侧的滑块能改变预览视图的大小。在 Word 早期版本中，用户需要在修改文档后，通过"打印预览"选项打开打印预览功能，而在 Word 2010

中，用户无须进行以上操作，只要打开"打印"面板，就能直接显示出实际打印出来的页面效果，并且当更改某个设置时，页面预览也会自动更新。

3.2　电子表格软件 Excel 2010

Excel 2010 是 Microsoft 公司开发的 Office 2010 系列办公软件中的另一个组件，是功能强大的电子表格处理软件，主要用于制作电子表格、完成许多复杂的数据运算、进行数据的统计和分析等，并且具有强大的图表制作功能。Excel 与文本处理软件的差别在于它能够计算复杂的公式，并且有条理地显示结果。

由于电子表格具有直观、操作简单、数据及时更新、数据分析函数丰富等特点，因此在财务、税务、统计、计划及经济分析等许多领域都得到了广泛的应用，目前已成为国内外广大用户管理公司和个人财务、统计数据、绘制各种专业表格的得力助手。

3.2.1　Excel 2010 基础

在 Excel 2010 新的面向结果的用户界面中，提供了强大的工具和功能，用户可以使用这些工具和功能轻松地分析、共享和管理数据。

1. Excel 2010 的新功能

Excel 2010 不仅秉承了以前版本的众多优秀功能，还增加了许多新功能，现简单归纳如下。

（1）迷你图。

使用迷你图功能，可以在一个单元格内显示出一组数据的变化趋势，让用户获得直观、快速的数据可视化显示，对于股票信息等来说，这种数据表现形式将会非常适用。

（2）更加丰富的条件格式。

Excel 2010 增加了更多条件格式，在"数据条"标签下新增了"实心填充"功能，实心填充之后，数据条的长度表示单元格中值的大小。在效果上，"渐变填充"也与老版本有所不同。在易用性方面，Excel 2010 无疑比老版本有更多优势。

（3）公式编辑器。

Excel 2010 增加了数学公式编辑，单击"插入"标签中新增的"公式"图标，进入公式编辑页面。其中包括二项式定理、傅里叶级数等专业的数学公式都能直接打出。同时它还提供了包括积分、矩阵、大型运算符等在内的单项数学符号，足以满足专业用户的录入需要。

（4）切片器功能。

使用新增的切片器功能快速、直观地筛选大量信息，并增强数据透视表和数据透视图的可视化分析。

（5）搜索筛选器。

使用新增的搜索筛选器可以快速缩小表、数据透视表和数据透视图中可用筛选选项的范围。

（6）访问功能更简化。

Excel 2010 简化了访问功能的方式，全新的 Microsoft Office Backstage 视图取代了传统的文件菜单，用户几次单击即可保存、共享、打印和发布电子表格。

（7）强大的回复功能。

可以恢复用户已关闭但没有保存的未保存文件。

（8）简化了多个来源的数据集成和快速处理多达数百万行的大型数据集，可对几乎所有数据进行高效建模和分析。

（9）利用交互性更强和更动态的数据透视图，用具有说服力的视图来分析和捕获数字。

（10）允许企业用户将电子表格发布到 Web，从而在整个组织内共享分析信息和结果。

2. Excel 2010 的启动

在 Windows 7 操作系统中可以使用多种方法启动 Excel 2010，常用方法如下。

（1）从开始菜单中启动 Excel。选择"开始"→"所有程序"→"Microsoft Office"→"Microsoft Excel 2010"命令，即可启动 Excel 2010，其过程如图 3-87 所示。

（2）通过已创建的 Excel 文档启动。在"我的电脑"中找到有 Excel 文档的文件夹，然后双击任意一个 Excel 文档，如图 3-88 所示。

图 3-87　从"开始"菜单中启动 Excel 2010　　　　图 3-88　双击已有文档启动 Excel 2010

（3）通过快捷方式启动。如果在桌面上创建了快捷方式，双击该应用程序的快捷方式图标，即可打开 Excel 2010 的工作窗口。

（4）通过新建 Excel 工作表启动。在 Windows 桌面的空白处单击鼠标右键，或在"我的电脑"和"资源管理器"等窗口中单击鼠标右键，在弹出的快捷菜单中选择"新建"→"Microsoft Excel 工作表"命令，在屏幕上出现"新建 Microsoft Excel 工作表"图标，双击该图标，即可启动 Excel 2010 并创建一个新工作表。

3. Excel 2010 的工作界面

启动 Excel 2010 后，系统自动新建一个文件名为"工作簿 1"，扩展名为".xlsx"的空工作簿，界面如图 3-89 所示。

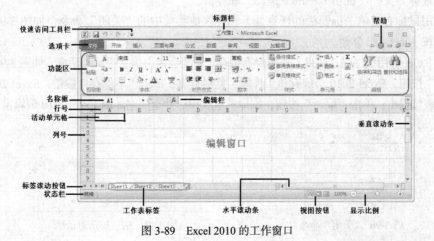

图 3-89　Excel 2010 的工作窗口

快速访问工具栏：显示多个常用的工具按钮，默认状态下包括"保存"、"撤销"、"恢复"按钮。用户也可以根据需要进行添加或更改。

标题栏：用来显示当前使用的应用程序名称和工作簿名称。

选项卡：单击相应的选项卡，在功能区中提供了不同的设置选项。例如，"文件"选项卡用于执行基本操作（如新建、打开、另存为、打印和关闭）。选择"选项"可以设置默认值。

功能区：单击功能区上方的选项卡，即可打开相应的功能区选项，如图3-89所示即打开了"开始"选项卡，在该区域中可以设置字体、段落等。

名称框：显示当前所在单元格或单元格区域的名称或引用。

行号、列号：用来定位单元格，其中行标题用数字表示，列标题用英文字母表示。例如，A2代表第二行第一列单元格。

编辑栏：它是 Excel 的特有部分，用来定位和选择单元格数据以及显示活动单元格中的数据和公式，可在其中输入所在单元格的内容。

编辑窗口：显示正在编辑的工作表。工作表由行和列组成，工作表中的方格称为"单元格"。用户可以在工作表中输入或编辑数据。

状态栏：显示当前的状态信息，如页数、字数及输入法等信息。

视图按钮：包括"普通"视图、"页面布局"视图和"分页预览"视图，单击想要显示的视图类型按钮，即可切换到相应的视图方式下，查看工作表。

显示比例：用于设置工作表区域的显示比例，拖动滑块可方便快捷地调整。

水平、垂直滚动条：用来在水平、垂直方向改变工作表的可见区域。

帮助按钮：用于打开 Excel 的帮助文件。

4. Excel 2010 的退出

当退出 Excel 时，将关闭所有文档。如果打开的文档改动后没有保存，Excel 在退出之前会询问是否保存这些文档。

退出 Excel 有以下几种方法。

（1）单击标题栏最右端的"关闭"按钮 ⊠ 。

（2）双击标题栏最左端的标题控制菜单图标 Ⓧ 。

（3）单击标题栏最左端的标题控制菜单图标 Ⓧ ，打开如图 3-90 所示的控制菜单，然后选择其中的"关闭"命令。

（4）选择"文件"选项卡中的"退出"命令。

（5）用鼠标右键单击标题栏的任意处，选择快捷菜单中的"关闭"命令，如图3-90所示。

（6）按 Alt+F4 组合键。

退出 Excel 应用程序时，如果工作簿没有保存，系统会弹出信息提示对话框，如图3-91所示。单击"保存"按钮，Excel 2010 会保存该工作簿，然后退出；单击"不保存"按钮，Excel 2010 不保存该工作簿直接退出；单击"取消"按钮，则取消这次操作并返回刚才的 Excel 2010 编辑窗口。

图 3-90 "关闭"命令

图 3-91 信息提示对话框

3.2.2 Excel 2010 的基本操作

1. 工作簿的基本操作

工作簿是 Excel 环境中处理工作数据的文件。默认状态下，一个工作簿中包含 3 个工作表，分别以 Sheet1、Sheet2、Sheet3 来命名。一个工作簿最多可以有 255 个工作表。

（1）创建空白工作簿。创建空白工作簿的方法很多，常用方法有以下 3 种。

① 系统自动新建空白工作簿：启动 Excel 2010 应用程序后，系统自动新建一个文件名为"工作簿 1"，扩展名为".xlsx"的空白工作簿。

② 利用模板创建空白工作簿：单击"文件"选项卡中的"新建"命令，选择右侧"可用模板"下的"空白工作簿"，单击"创建"按钮，即可创建一个空白工作簿，如图 3-92 所示。

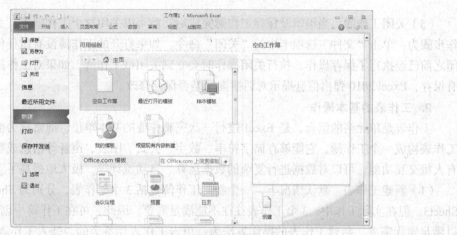

图 3-92　"新建"面板

③ 利用"自定义快速访问工具栏"创建：单击"自定义快速访问工具栏"按钮，选择"新建"命令，单击快速访问工具栏中的"新建"按钮，创建空白工作簿。

（2）利用模板创建工作簿。Excel 2010 提供了许多模板，用户可以使用这些模板来创建各种类型的工作簿，如贷款分期付款、考勤卡和预算报表等。模板中包含了特定类型工作簿的格式和内容等，用户只需根据需要稍作修改，即可创建一个精美的工作簿。选择图 3-92 中"可用模板"列表中的合适模板，单击"创建"按钮，或者在"Office.com 模板"区域中选择合适的模板，单击"下载"按钮，即可创建一个基于特定模板的新工作簿。

（3）保存工作簿。完成对工作簿的输入和编辑后，需要将其保存，以便下次打开查看或继续编辑，也可以防止发生意外而造成数据丢失。

保存工作簿的操作步骤为：选择"文件"选项卡中的"保存"命令、单击常用快速访问工具栏上的"保存"按钮或按 Ctrl+S 组合键，弹出如图 3-93 所示的"另存为"对话框，确定工作簿要保存的位置，在"文件名"下拉列表框中输入该工作簿的名称。若不输入，则 Excel 会以其默认文件名保存，在"保存类型"下拉框中选择以何种格式保存当前文件（默认扩展名为".xlsx"），单击"保存"按钮完成保存操作。

（4）打开工作簿。通常情况下，打开工作簿的具体操作方法为：选择"文件"选项卡中的"打开"命令、单击快速访问工具栏上的"打开"按钮或按 Ctrl+O 组合键，弹出"打开"对话框，如图 3-94 所示，选择要打开的工作簿，单击"打开"按钮或直接双击所需工作簿快速打开。

图 3-93　"另存为"对话框　　　　　　　　图 3-94　"打开"对话框

（5）关闭工作簿。当编辑及保存工作簿完成后，就可以关闭这个工作簿了。关闭工作簿的操作步骤为：单击"文件"选项卡中的"关闭"命令。如果打开的工作簿没有做任何修改或者在关闭之前已经执行了保存操作，执行关闭操作时会立刻关闭该工作簿。如果对工作簿做了修改而没有保存，Excel 2010 弹出信息提示对话框询问是否保存修改。

2．工作表的基本操作

工作表是单元格的组合，是 Excel 进行一次完整作业的基本单位，通常称为电子表格。若干工作表构成一个工作簿，它能够存储字符串、数字、公式、图表、声音等信息或数据。工作表具有人机交互功能，可以对数据进行复杂的数据运算、自动统计等，极大地提高了工作效率。

（1）新建工作表。默认情况下，一个新的工作簿包括 3 个工作表，分别为 Sheet1、Sheet2 和 Sheet3。但在实际工作中，3 个工作表往往不能满足需要，因此，可在工作簿中创建新的工作表，以满足实际需要。新建工作表的操作方法为：单击工作表标签旁的"插入工作表"按钮或按 Shift+F11 组合键。

（2）重命名工作表。通常，在 Excel 2010 中新建工作表时，所有工作表的默认文件名是 Sheet1、Sheet2、Sheet3……，这在实际工作中不便于记忆和管理。为此，需要修改工作表的名称，以便于记忆和管理。重命名工作表的操作方法为：将鼠标指针置于要重命名的工作表标签上，单击鼠标右键，在弹出的快捷菜单中选择"重命名"命令，如图 3-95 所示，输入新名称，按回车键即可。

此外，还可以直接双击工作表标签或者选择"格式"选项卡"工作表"下拉列表框中的"重命名"命令，来重命名选中工作表。

图 3-95　选择快捷菜单中的"重命名"命令

（3）选择工作表。对工作表进行各种操作之前，必须先将目标工作表选中。可以根据需要选择单张工作表、连续的多张工作表或不连续的多张工作表，具体方法见表 3-12。

表 3-12　　　　　　　　　　　　选择工作表的操作方法

选 定 范 围	操 作 方 法
选中一张工作表	单击应用程序窗口底部的工作表标签
选中连续的多张工作表	按住 Shift 键，分别单击要选择的第一张工作表和最后一张工作表标签
选中不连续的多张工作表	按住 Ctrl 键，分别单击要选中的工作表标签
选中当前全部工作表	鼠标右键单击工作表标签处，在弹出的快捷菜单中选择"选定全部工作表"命令

（4）删除工作表。删除工作表时，首先选中希望删除的工作表标签，然后单击鼠标右键，从弹出的快捷菜单中选择"删除"命令，即可删除工作表，如图 3-96 所示。

（5）移动或复制工作表。移动工作表是指改变工作表的位置；复制工作表是指在不改变原来工作表位置的基础上，将该工作表复制到其他位置。用户既可以在同一个工作簿内移动和复制工作表，也可以在不同工作簿之间移动或复制工作表。

① 在同一个工作簿中移动或复制工作表

图 3-96　选择快捷菜单中的"删除"命令

在同一个工作簿中移动和复制工作表的操作方法为：在需要复制的工作表标签上单击鼠标右键，弹出如图 3-97 所示的快捷菜单，选择"移动或复制工作表"命令，弹出如图 3-98 所示的"移动或复制工作表"对话框，确定工作表要移动或复制（如果想复制工作表，需选中"建立副本"复选框）的位置，单击"确定"按钮完成。

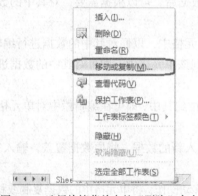

图 3-97　选择快捷菜单中的"删除"命令

图 3-98　"移动或复制工作表"对话框

除此之外，还可以选中要移动的工作表，沿着工作表标签拖动选中的工作表标签，到达目的地后释放鼠标来完成工作表的移动。如果在移动工作表的过程中按住 Ctrl 键，则可在移动的同时完成工作表的复制。

② 在不同工作簿之间移动或复制工作表。

在不同工作簿之间移动或复制工作表的具体操作方法为：在需要移动或复制的工作表标签上单击鼠标右键，弹出如图 3-97 所示的快捷菜单，选择"移动或复制工作表"命令，弹出如图 3-98 所示的"移动或复制工作表"对话框，在"工作簿"下拉列表框中选择工作簿，确定工作表要移动或复制（如果想复制工作表，需选中"建立副本"复选框）的位置，单击"确定"按钮完成。

3. 单元格的基本操作

工作表是由行和列构成的，每张工作表包括 256 列和 65 536 行，列标由 A、B、C 等英文字母表示，行号由 1、2、3 等数字表示。行与列的交叉处为一个单元格，它是 Excel 中的最小单位，也是工作表的基本元素。用户可以向单元格中输入文字、数据、公式、日期等字符串信息，也可以对单元格进行各种格式设置，如字体、长度、宽度、对齐方式等。

（1）选定单元格。用户可以根据需要，选中一个单元格、连续或不连续的多个单元格、较大的单元格区域等操作。具体操作方法见表 3-13。

表 3-13   选择工作表的操作方法

选 定 范 围	操 作 方 法
选中一个单元格	单击单元格即定位到修改点或者在编辑栏中输入单元格的名称
选中连续的多个单元格	拖动鼠标框选需要选中的多个单元格
选中不连续的多个单元格	按住 Ctrl 键，分别单击所需单元格
选中较大的单元格区域	单击区域中的第一个单元格，按住 Shift 键，再单击区域中的最后一个单元格
选中整行（多行）或整列（多列）	单击行号或列标
选中全部单元格	按 Ctrl+A 组合键
取消选定	单击工作表任意处

（2）在单元格中输入数据。双击待编辑数据所在的单元格，随即输入内容，输入单元格内容的方法与在 Word 文档中的输入方法一致，在此不再赘述，若要输入或取消所做的更改，按 Enter 键或 Esc 键。

（3）编辑修改单元格中的数据。在单元格中输入数据后，可以根据需要，对其中的数据进行编辑。可以使用以下 4 种方法来编辑单元格中的数据。

① 双击需要编辑的单元格，可将光标定位在该单元格中，以便对其中的数据进行编辑修改。

② 单击需要编辑的单元格，按 F2 键将光标定位到该单元格中，即可对其中的数据进行编辑修改。

③ 单击需要编辑的单元格，单击编辑栏将光标定位到其中，即可在编辑栏中对单元格中的数据进行编辑修改。

④ 单击需要编辑的单元格，直接在该单元格中输入新的数据，将原数据覆盖，输入完成后，按回车键即可确认修改，按 Esc 键可取消修改。

（4）复制或移动单元格数据。用户可以通过复制、移动操作，将单元格中的数据复制或移动到同一个工作表的不同位置或其他工作表中。用户可以使用鼠标和剪贴板复制或移动单元格中的数据。

使用鼠标移动单元格中数据：选中要移动的单元格区域，将鼠标指针移到选中区域的边框上，当鼠标指针变为✢形状时，拖动鼠标到表格中的其他位置后释放鼠标即可。

使用鼠标复制单元格中数据：选中要要复制的单元格区域，将鼠标指针移到选中区域的边框上，按住 Ctrl 键，当鼠标指针变为ﾚ形状时，拖动鼠标到表格中的其他位置，松开鼠标，完成复制操作。

使用剪贴板移动或复制单元格中数据：选中要移动或复制的单元格区域，单击"开始"选项卡下"剪贴板"组中的"剪切"✂或"复制"📋按钮，选中要粘贴单元格的目标区域，单击"剪贴板"组中的"粘贴"按钮📋即可。还可以单击"剪贴板"组中"粘贴"下方的下拉按钮▾，在展开的列表中单击"选择性粘贴"选项，弹出如图 3-99 所示的"选择性粘贴"对话框，选择相应的选项，再单击"确定"按钮，完成复制。

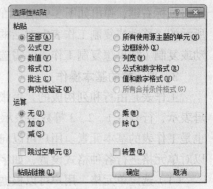

图 3-99   "选择性粘贴"对话框

另外，利用快捷菜单或 Ctrl+C（复制组合键）、Ctrl+X（剪切组合键）、Ctrl+V（粘贴组合键）也可以很便捷地实现单元格中内容的移动或复制。

（5）单元格的插入和删除。

① 插入单元格。

在 Excel 2010 中，可以很方便地在选中单元格上方或左侧插入与选中单元格数量相同的空白单元格。插入单元格的具体操作方法为：在要插入单元格的位置选中一个单元格或单元格区域，在选区中单击鼠标右键，在弹出的快捷菜单中选择"插入"命令，弹出"插入"对话框，如图 3-100 所示，选择所需的插入方式，单击"确定"按钮完成。

"插入"对话框中的 4 种插入方式见表 3-14。

表 3-14　　　　　　　　　　　　"插入"对话框中的 4 种插入方式

插 入 方 式	说　　明
活动单元格右移	在选中区域插入空白单元格，原来选中的单元格及其右侧的单元格自动右移
活动单元格下移	在选中区域插入空白单元格，原来选中的单元格及其下方的单元格自动下移
整行	在选中的单元格区域上方插入与选中区域行数相等的若干行
整列	在选中的单元格区域左侧插入与选中区域的列数相等的若干列

② 删除单元格。

删除单元格与插入单元格的方法相反，删除整个单元格后，其所在的位置由其下方或右侧的单元格依次填补。具体操作方式为：选中要删除的单元格或单元格区域，在选区中单击鼠标右键，在弹出的快捷菜单中选择"删除"命令，弹出"删除"对话框，如图 3-101 所示，选择所需的删除方式，单击"确定"按钮完成。

图 3-100　"插入"对话框

图 3-101　"删除"对话框

"删除"对话框中的 4 种删除方式见表 3-15。

表 3-15　　　　　　　　　　　　"删除"对话框中的 4 种删除方式

删 除 方 式	说　　明
右侧单元格左移	删除选中的单元格的同时，其右侧的单元格自动左移
下方单元格上移	删除选中的单元格的同时，其下方的单元格自动上移
整行	删除选中单元格所在行的同时，其下方的行自动上移
整列	删除选中单元格所在列的同时，其右侧的列自动左移

（6）合并相邻单元格。新建一个工作簿时，所有单元格都是均匀分布的，也就是说工作表中各行各列单元格的宽度是相等的，但在实际工作中，有时需要将几个单元格合并成一个大的单元格。合并相邻单元格的具体操作方法为：选中要合并的多个相邻单元格，单击"插入"选项卡中的"合并后居中"左边的下拉按钮 ，在如图 3-102 所示的下拉列表中选择所需的样式即可。

（7）清除单元格。清除与删除有些类似，但在 Excel 2010 中，它们是完全不同的两个概念。

清除单元格是指清除单元格中的内容、格式等，而删除单元格是指不仅删除单元格中的数据、格式等内容，还将单元格本身从工作表中删除。清除单元格的具体操作步骤为：选中要清除的单元格，单击"开始"选项卡中的"清除"按钮左边的下拉按钮，在如图 3-103 所示的下拉列表中选择所需的清除样式即可。

图 3-102　　"合并后居中"下拉列表　　　　　图 3-103　　"清除"下拉列表

在"清除"下拉列表框中有 5 个命令，它们的含义见表 3-16。

表 3-16　　　　　　　　　　　"清除"下拉列表框中的 4 个命令

命　令	说　明
全部清除	清除选中单元格中的全部内容、格式和批注
清除格式	只清除选中单元格中的格式，其中的数据内容不变
清除内容	只清除选中单元格中的数据内容，其单元格格式不变
清除批注	清除选中单元格中的批注
清除超链接	清除选中单元格中的超链接

3.2.3　工作表的格式化

1．设置单元格格式

工作表中的文字字体、数字格式与对齐方式，都可以通过格式化命令来设置。选定需要设置这些内容的单元格或单元格区域后，选择"开始"选项卡下的"单元格"组，单击"格式"下拉按钮，展开下拉列表（见图 3-104），单击"设置单元格格式"命令，弹出"设置单元格格式"对话框，如图 3-105所示。在"设置单元格格式"对话框包括"数字"、"对齐"、"字体"等 6 个选项卡。

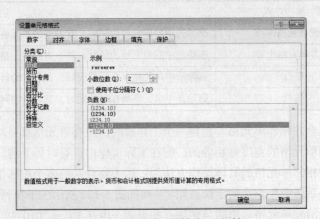

图 3-104　"单元格格式"下拉列表　　　　　图 3-105　　"设置单元格格式"对话框

（1）数字格式化。在 Excel 中，数字是最常用的单元格内容，系统提供了多种数字格式，对数字进行格式化后，单元格中显示格式化后的结果，编辑栏中显示系统实际存储的数据。

在"开始"选项卡的"数字"组中，提供了 5 种快速格式化数字的按钮，即会计数字格式按钮 、百分比样式按钮 % 、千位分隔样式按钮 , 、增加小数位数按钮 和减少小数位数按钮 。设置数字样式时，只要选定单元格区域，单击相应的按钮即可，如图 3-106 所示。另外，也可以通过"设置单元格格式"对话框中的"数字"选项卡进行更多更为详尽的设置。

图 3-106　"数字"组中的命令按钮

（2）对齐与缩进设置。默认情况下，在单元格中文本左对齐，数值右对齐，特殊情况时可改变字符对齐方式。

在"开始"选项卡的"对齐方式"组中提供了一些对齐和缩进按钮，如顶端对齐 、垂直居中 、底端对齐 、自动换行 、文本左对齐 、文本右对齐 、居中 、合并后居中 、减少缩进量 、增加缩进量 、方向 ，如图 3-107 所示。另外，也可以利用"设置单元格格式"对话框中的"对齐"选项卡进行更为详细的设置，如图 3-108 所示。

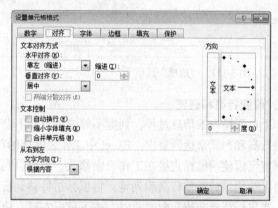

图 3-107　"对齐方式"组中的按钮

图 3-108　"对齐"选项卡

（3）字符格式化。在"开始"选项卡的"字体"组中提供了一些设置字体、字号、字形、字体颜色等的按钮，如加粗 B 、倾斜 I 、下画线 U 、字体颜色 A 、显示或隐藏拼音字段 、增大字号 A 、减小字号 A 等，如图 3-109 所示。

另外，也可以利用"设置单元格格式"对话框中的"字体"选项卡进行更加详细的设置，如图 3-110 所示。

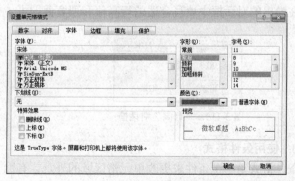

图 3-109　"字体"组中的按钮

图 3-110　"对齐"选项卡

（4）边框与底纹设置。屏幕上显示的网格线是为便于用户输入和编辑而预设的，在打印和显示时，用户可以自定义表格或单元格的边框样式与底纹颜色。

利用"开始"选项卡下"字体"组中的一些按钮，可以设置表格或单元格的边框线型和底纹填充。例如，"下框线" 用于确定表格或单元格的边框线型，"填充颜色" 用于确定表格或单元格的填充颜色。

另外，利用"设置单元格格式"对话框中的"边框"和"填充"选项卡可以进行更加详细的设置，如图 3-111 和图 3-112 所示。

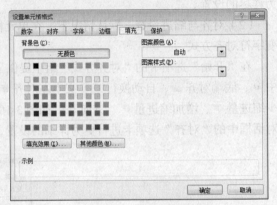

图 3-111　"边框"选项卡　　　　　　　　　　　　图 3-112　"填充"选项卡

2. 改变行高和列宽

如果单元格内的信息过长，列宽不够或者行高不合适，部分内容将显示不出来，这时可以通过调整行高和列宽来达到要求。Excel 中工作表默认的行高是 13.5cm，列宽是 8.38cm。要改变行高和列宽可以使用鼠标直接在工作表中修改，也可以利用按钮来修改。

（1）使用鼠标调整行高和列宽：将鼠标指针移到行号区数字上下边框或列号区字母的左右边框上，当鼠标指针变成双向箭头时，按下鼠标左键，拖动行（列）标题的下（右）边界来设置所需的行高（列宽），这时自动显示高度（宽度）值。调整到合适的高度（宽度）后释放鼠标左键。要更改多行（列）的高度（宽度），先选定要更改的所有行（列），然后拖动其中一行（列）标题的下（右）边界；要更改工作表中所有行（列）的宽度，单击全选按钮，然后拖动任何一列的下（右）边界。

（2）使用按钮精确调整行高和列宽：选定需要设置的行或列，单击"开始"选项卡下"单元格"组中"格式"按钮的下拉按钮，在图 3-104 所示的下拉列表中，选择"行高"和"列宽"命令，在弹出的对话框中填写合适的行高值和列宽值即可，如图 3-113 和图 3-114 所示。

图 3-113　"行高"对话框　　　　　　　　　　　图 3-114　"列宽"对话框

3. 使用条件格式

条件格式是基于条件来更改单元格区域的外观，有助于突出显示所关注的单元格或单元格区域，强调异常值，使用数据条、颜色刻度和图标集来直观地显示数据。例如，在学生成绩表中，可以使用条件格式将各科成绩和平均成绩不及格的分数醒目地显示出来。

（1）快速格式化。选择单元格区域，在"开始"选项卡的"样式"组中，单击"条件格式"旁边的下拉按钮，单击"突出显示单元格规则"，然后单击"小于"，弹出"小于"对话框，如图3-115 所示。不及格的学生成绩项突出显示效果如图 3-116 所示。

图 3-115　"小于"对话框

学生成绩表

学号	姓名	计算机	网页设计	C语言	平均分
1	王一	78	61	47	62
2	李二	56	80	72	69
3	张潇	75	55	36	55
4	胡三	45	77	70	64
5	周天	68	60	81	70

图 3-116　学生成绩条件突出显示效果

（2）高级格式化。选择单元格区域，在"开始"选项卡的"样式"组中，单击"条件格式"旁边的下拉按钮 ，然后单击"新建规则"命令，弹出"新建格式规则"对话框，如图 3-117 所示。单击"只为包含以下内容的单元格设置格式"选项，设置好各个参数，单击"确定"按钮，设置高级条件格式。

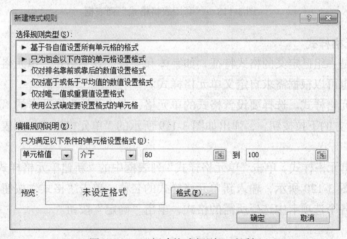

图 3-117　"新建格式规则"对话框

4．套用表格格式

Excel 2010 提供了一些预置的表格格式，制作报表时，可以套用这些格式，方便地制作出既美观又专业的表格。套用表格格式的操作方法如下。

（1）选定要格式化的区域。

（2）选择"开始"选项卡下的"样式"组，单击"套用表格格式"的下拉按钮 ，弹出如图3-118 所示的"套用表格格式"列表框。

（3）在列表框中选择要使用的格式，选中的格式出现在示例框中。当然，用户也可以自定义表样式。

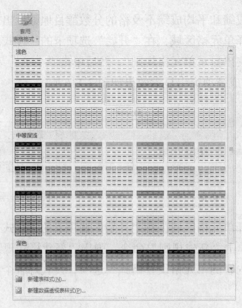

图 3-118   "套用表格格式"列表框

5. 使用单元格样式

单元格样式是一组已定义的格式特征，如字体和字号、数字格式、单元格边框和单元格底纹等。当然，用户也可以根据需求自定义单元格样式。

（1）应用单元格样式。选择要设置格式的单元格，在"开始"选项卡的"样式"组中，单击"单元格样式"下方的下拉按钮 ▼，弹出如图 3-119 所示的"单元格样式"列表框，单击需要的单元格样式即可。

（2）自定义单元格样式。单击"单元格样式"列表框中的"新建单元格样式"命令，弹出"样式"对话框，如图 3-120 所示，输入新单元格样式的名称，单击"格式"按钮，在"设置单元格格式"对话框的各个选项卡中选择所需的格式，单击"确定"按钮。

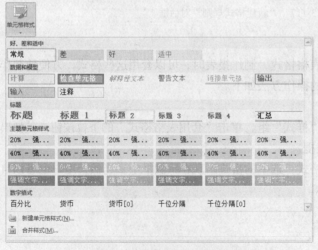

图 3-119   "单元格样式"列表框

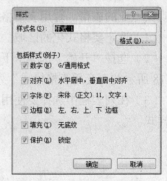

图 3-120   "样式"对话框

3.2.4 公式与函数的使用

分析和处理 Excel 工作表中的数据时，离不开公式和函数。公式是函数的基础，是在单元格中执行某些计算的方程式，可以生成新的数据。函数是 Excel 提供的一些特殊的内置公式，它用一些符号代替了计算式，可以进行数学、文本、逻辑的运算或者查找工作表的信息，与直接使用公式进行计算相比较，使用函数进行计算速度更快，并且可以减少错误的发生。

1. 公式的使用

在 Excel 中，公式是对工作表中的数据进行计算最为有效的方法之一。在工作表中输入数据后，运用公式可以对表格中的数据进行计算并得到需要的结果。

在 Excel 中使用公式是以等号开始的，运用各种运算符号，将值、常量、单元格引用和函数返回值等组合起来，形成公式的表达式。Excel 2010 会自动计算公式表达式的结果，并将其显示在相应的单元格中。

（1）公式运算符与其优先级。在构造公式时，经常要用到各种运算符，常用的有 4 类，如表 3-17 所示。

表 3-17　　　　　　　　　　　　运算符及其优先级

优先级	类别	运算符
高 ↓ 低	引用运算符	:（冒号）、,（逗号）、（空格）
	算术运算符	–（负号）、%（百分比）、^（乘方）、*、/、+、–
	字符运算符	&（字符串连接符）
	比较运算符	=、<、< =、>、> =、< >（不等于）

引用运算符是电子表格特有的运算符，可将单元格区域合并计算。

冒号（:）：区域运算符，表示引用由两对角单元格围起来的单元格区域，如（A1：B3）表示引用了 A1、B1、A2、B2、A3、B3 这 6 个单元格。

逗号（,）：联合运算符，表示逗号前后单元格同时引用，即将多个引用合并为一个引用，如"=sum(A1，B2，C3)"表示对 A1、B2、C3 这 3 个单元格中的数据求和。

空格：交叉运算符，表示引用两个或两个以上单元格区域的重叠部分，如"B3：C5 C3：D5"指定 C3、C4、C5 这 3 个单元格，如果单元格区域没有重叠部分，就会出现错误信息"#NULL!"。

&：字符串连接符，作用是将两串字符连接成为一串字符，如果要在公式中直接输入文本，文本需要用英文双引号括起来。

Excel 2010 中，计算并非简单地从左到右执行，运算符的计算优先级从高到低分别为：冒号、逗号、空格，负号、百分号、乘方、乘除、加减，&，比较。使用括号可以改变运算符执行的顺序。

（2）输入公式。在单元格中使用公式进行计算之前，必须先将公式输入单元格中。公式的输入方法与一般数据的输入不同，因为公式表达的不是一个具体的数值，而是一种计算关系，所以在输入一个公式时，以等号"="开头，然后才是公式的表达式。输入公式后，单元格中显示使用该公式计算后的结果。

在单元格中输入公式的具体操作为：选中要输入公式的单元格，输入公式的标记"=（等号）"，在"="后输入公式的内容，如"=SUM（B2：F2）"，输入完成后，按回车键或单击编辑栏中的确认按钮✓。此时，计算结果显示在公式所在的单元格中。

通过拖动填充柄，可以复制引用公式。利用"公式"选项卡"公式审核"功能组中的相应命令，可以对被公式引用的单元格及单元格区域进行追踪，追踪效果如图 3-121 所示。

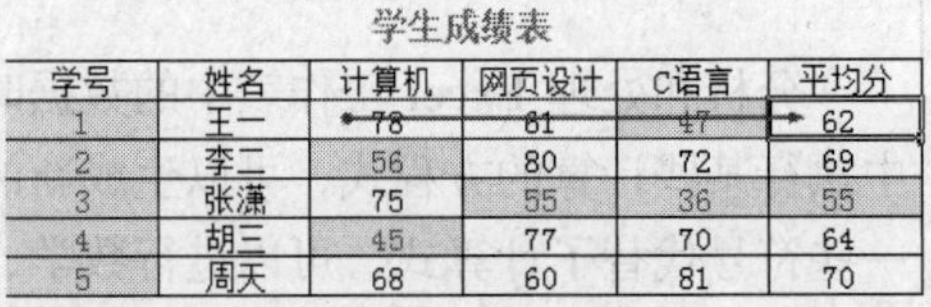

（3）编辑公式。在 Excel 2003 中，用户可以像编辑普通数据一样，对公式进行修改、复制和粘贴。

修改公式：双击公式所在的单元格，进入单元格编辑状态，即可对单元格中的公式进行删除、增减或修改等操作。修改完成后，按回车键或单击编辑栏中的确认按钮 ✓，该单元格的内容就由修改后公式的计算结果决定。

学生成绩表					
学号	姓名	计算机	网页设计	C语言	平均分
1	王一	78	61	47	62
2	李二	56	80	72	69
3	张潇	75	55	36	55
4	胡三	45	77	70	64
5	周天	68	60	81	70

图 3-121　追踪效果

复制、粘贴公式：选中包含公式的单元格，选择"开始"选项卡下"剪贴板"中的"复制"按钮，将公式复制到剪贴板上，选中要粘贴公式的目标单元格，单击"开始"选项卡下"剪贴板"中的"粘贴"按钮，即可将复制的公式粘贴到目标单元格中，并在该单元格中使用该公式。

（4）公式错误值。在公式计算时，经常会出现一些异常信息，它们以符号#开头，以感叹号或问号结束，公式错误值及可能的原因如表 3-18 所示。

表 3-18　　　　　　　　　　　　　公式错误值及可能的原因

错误值	出错原因
#####	单元格中输入的数值或公式太长，单元格显示不下，不代表公式有错
#DIV/0!	做除法时，分母为 0
#NULL?	应当用逗号将函数的参数分开时，却使用了空格
#NUM!	与数字有关的错误，如计算产生的结果太大或太小而无法在工作表中正确表示出来
#REF!	公式中出现了无效的单元格地址
#VALUE!	在公式中键入了错误的运算符，对文本进行了算术运算

2. 函数的使用

函数是一种预定义的计算公式，它可以将指定的参数按特定的顺序或结构进行计算，并返回计算结果。一个完整的函数包括函数名和参数两部分。函数名表示函数的功能，参数是在函数中参与计算的数值。参数用圆括号括起来，可以是数字、文本、逻辑值或单元格引用等。在使用 Excel 处理工作表时，最常用的函数主要有 8 种，具体见表 3-19。

表 3-19　　　　　　　　　　　　　Excel 中最常用的函数说明

函数名称	说明
数字和三角函数	用于进行数学上的计算
文本函数	用于处理字符串
逻辑函数	用于判断真假值或者检验符号
查找和引用函数	用于在表格中查找特定的数据或者查找一个单元格中的引用
统计函数	用于对选定的单元格区域进行统计
财务函数	用于进行简单的财务计算
日期与时间函数	用于计算执行日期和时间
工程函数	用于进行工程分析

（1）使用"插入函数"对话框输入函数。在使用函数时，若熟悉使用的函数及其语法规则，可在"编辑栏"中直接手工输入函数形式。但对于较复杂的函数或者为了避免在输入过程中产生错误，建议最好使用"插入函数"对话框输入函数。下面举例说明。

例如，图 3-122 为某班学生的成绩表，要求在成绩表中的 F8 单元格中输出"平均分"的最高分。其操作步骤为：选中单元格 F8，单击"公式"选项卡中的"插入函数"按钮，弹出"插入函数"对话框，如图 3-123 所示，在"选择函数"列表框中选择"MAX"选项，单击"确定"按钮，弹出"函数参数"对话框，如图 3-124 所示，在"MAX"区域的"Number1"文本框中输入要计算最大值的单元格区域，本例输入"F3:F7"，单击"确定"按钮，即可在 F8 单元格中显示输入结果，如图 3-125 所示。

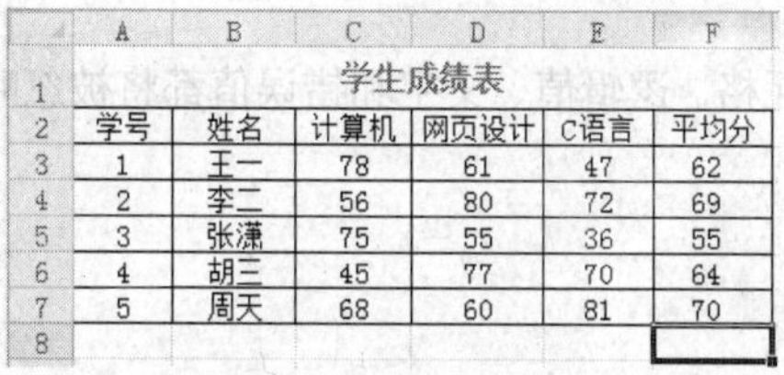

图 3-122 学生成绩表

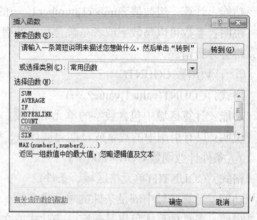

图 3-123 "插入函数"对话框

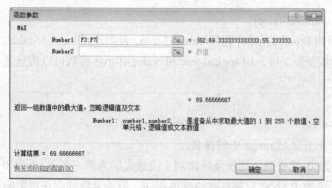

图 3-124 "函数参数"对话框

图 3-125 显示计算结果

（2）常用函数。

① 求和函数 SUM( )。

格式：SUM(number1,number2,…)

功能：计算一组数值 number1,number2,…的总和。

说明：此函数的参数是必不可少的，参数允许是数值、单个单元格的地址、单元格区域、简单算式，并且允许最多使用 30 个参数。

② 平均值函数 AVERAGE ( )。

格式：AVERAGE(number1,number2,…)

功能：计算一组数值 number1,number2,…的平均值。

说明：对所有参数进行累加并计数，再用总和除以计数结果，区域内的空白单元格不参与计数，但单元格中的数据为 0 时参与运算。

③ 最大值函数 MAX( )。

格式：MAX(number1,number2,…)

功能：计算一组数值 number1,number2,…的最大值。

说明：参数可以是数字或者是包含数字的引用。如果参数为错误值或为不能转换为数字的文本，将会导致错误。

④ 最小值函数 MIN( )。

格式：MIN(number1,number2,…)

功能：计算一组数值 number1,number2, …的最小值。

说明：参数可以是数字或者是包含数字的引用。如果参数为错误值或为不能转换为数字的文本，将会导致错误。

⑤ 计数函数 COUNT( )。

格式：COUNT(value1,value2,…)

功能：计算区域中包含数字的单元格个数。

说明：只有引用中的数字或日期会被计数，空白单元格、逻辑值、文字和错误值都将被忽略。

⑥ 条件计数函数 COUNTIF( )。

格式：COUNTIF(单元格区域，条件)

功能：计算区域中满足条件的单元格个数。

说明：条件的形式可以是数字、表达式或文字。

⑦ 条件函数 IF( )。

格式：IF(logical-test, value-if-true, value-if-false)

功能：根据逻辑值 logical-test 进行判断，若为 true，返回 value-if-true，否则返回 value-if-false。

说明：IF 函数可以嵌套使用，最多嵌套 7 层，用 logical-test 和 value-if-true 参数可以构造复杂的测试条件。

⑧ 排名函数 RANK( )。

格式：RANK(number, range, rank-way)

功能：返回单元格 number 在一个垂直区域 range 中的排名。

说明：rank-way 是排位的方式，为 0 或省略，则按降序排列（值最大的为第一名），不为 0 则按升序排列（值最小的为第一名）。函数 RANK 对重复数的排位相同，但重复数的存在将影响后续数值的排名。

3.2.5 分析和管理数据

Excel 2010 提供了强大的数据分析和管理功能，使用这些功能，可以对工作表中的数据进行排序、筛选、合并计算、分类汇总、创建图表等操作。

1. 创建数据清单

在对数据进行分析和管理前，必须将数据存放在数据清单中，才能应用该清单进行相应的操作。因此，创建数据清单是一切工作的前提。数据清单是包含相关数据的一系列数据行，其实也是一张工作表，如学生成绩表、发货单数据库、电话簿等。数据清单可以像数据库一样使用，其中行表示记录，列表示字段。数据清单的第一行中含有列的标记——每一列中内容的名称，表明该列中数据的实际意义，图 3-122 所示的学生成绩表中的"C 语言"表明该列中的数据为"C 语言"课程的成绩。

创建数据清单时应满足以下条件。

（1）清单上方有字段名，通常占 1～2 行。

（2）列相当于关系数据库的字段，每列应包含同一类型（如字符型、数值型等）的数据。

（3）清单区域内不能有空行或空列。

（4）每行数据相当于一个记录。

（5）如果列表有标题行，应与其他行（如字段名行）至少隔开一个空行。

凡是符合上述条件的工作表，Excel 就把它识别为数据清单，并能对它进行编辑、排序、筛选等基本的数据管理操作。

数据清单可以在某个工作表的基础上修改获得，也可以创建一个新的数据清单，图 3-126 就是一个数据清单。

字段名称（学号、姓名、计算机、网页设计、c语言、平均分）

"计算机"字段

该行为一条记录，此工作表共由5条记录组成

图 3-126　数据清单

2. 数据排序

数据排序就是按照数据某个字段名（关键字）的值，将所有记录进行升序或降序排列。排序有助于快速直观地显示数据并更好地管理数据。Excel 2010 提供了多种自动排序功能，用户既可以按常规的升序或降序排序，也可以自定义排序。

（1）常规排序。常规排序可以将数据清单中的字段名作为关键字进行排序，主要有两种情况。

① 快速排序。

如果只对单列进行排序，首先单击所要排序字段内的任意一个单元格，然后单击"数据"选项卡下"排序和筛选"组中的"升序"按钮或"降序"按钮，数据表中的记录会自动按所选字段为排序关键字进行相应的排序操作。

② 复杂排序。

复杂排序是指通过设置"排序"对话框中的多个排序条件对数据表中的数据进行排序，具体操作方法为：选中数据清单中的任一单元格，单击"数据"选项卡下"排序和筛选"组中的"排序"按钮，出现"排序"对话框，如图 3-127 所示，在"主关键字"下拉列表中选择主关键字，然后设置排序依据和次序，单击添加条件按钮，以同样方法设置次要关键字、第三关键字等，单击"确定"按钮完成排序操作。

图 3-127　"排序"对话框

执行复杂排序时，首先按照主关键字排序，对于主关键字值相同的记录，则按次要关键字排序，只有记录的主关键字值和次要关键字值都相同时，才按第三关键字排序，依此类推。

排序时，如果要排除第一行的标题行，则选中"数据包含标题"复选框，如果数据表没有标题行，则不选中"数据包含标题"复选框。

（2）自定义排序。如果需要按照大小或某种特定的顺序排序，则需要先创建一个自定义序列，然后再进行排序。

具体操作步骤如下。

单击"排序"对话框中的"选项"按钮，弹出"排序选项"对话框，如图3-128所示。设置排序选项，单击"排序"对话框中"次序"下拉列表中的"自定义序列"选项，弹出"自定义序列"对话框，如图3-129所示。在"输入序列"列表框中输入新的序列，如输入"大、小"，单击"添加"按钮，选中自定义新序列，单击"确定"按钮退出"自定义序列"对话框，返回"排序"对话框，此时"次序"已设置为自定义的新序列方式，数据内容将按自定的排序方式重新排序。

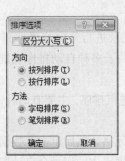

图3-128　"排序选项"对话框

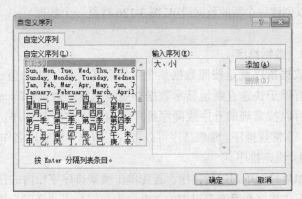

图3-129　"自定义序列"对话框

3. 数据筛选

数据筛选就是将数据清单中符合特定条件的数据查找出来，并将不符合条件的数据暂时隐藏。因此，筛选是一种用于查找数据清单中特定数据的快速方法。Excel 2010中常用的筛选方式有自动筛选、自定义筛选和高级筛选。

（1）自动筛选。自动筛选是进行简单条件的筛选，具体操作步骤如下。

① 单击数据表中的任一单元格。

② 单击"数据"选项卡"排序和筛选"组中的"筛选"按钮。此时，每个列标题的右侧出现一个下拉按钮，效果如图3-130所示。

③ 在列中单击某字段右侧下拉按钮，其中列出了该列中的所有项目，从下拉列表中选择需要显示的项目即可。

④ 如果要取消筛选，再次单击"数据"选项卡"排序和筛选"组中的"筛选"按钮即可。

（2）自定义筛选。自定义筛选提供了多条件定义的筛选，使筛选数据更加灵活，筛选出符合条件的数据内容。

① 使数据表处于自动筛选状态，单击某字段（如"C语言"）右侧的下拉按钮，在下拉列表中单击"数字筛选"选项，并单击"自定义筛选"选项，弹出如图3-131所示的"自定义自动筛选方式"对话框。

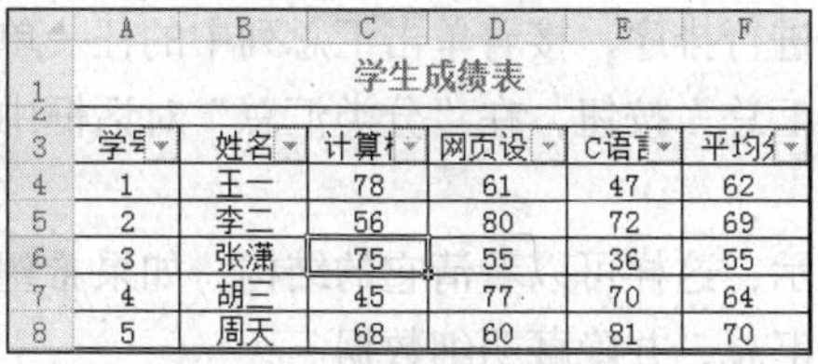

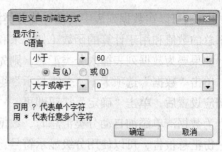

图 3-130　自动筛选

图 3-131　"自定义自动筛选方式"对话框

② 根据需求设置筛选条件。

③ 单击"确定"按钮完成自定义筛选。

（3）高级筛选。高级筛选是根据用户设定的条件对数据表中的数据进行筛选，可以筛选出同时满足两个或两个以上条件的数据。

首先在工作表中设置条件区域，条件区域至少为两行，第一行为字段名，第二行以下为查找的条件。设置条件区域前，先将数据表的字段名复制到条件区域的第一行单元格中，当作查找的条件字段，然后在其下一行输入条件。同一条件行不同单元格的条件为"与"逻辑关系，同一列不同行单元格中的条件互为"或"逻辑关系。设置条件区域后进行高级筛选的具体操作步骤如下。

① 单击数据表中的任一单元格。

② 切换到"数据"选项卡，单击"数据和筛选"组中的"高级"按钮，弹出"高级筛选"对话框，如图 3-132 所示。

③ 设置筛选数据区域，可以单击"列表区域"文本框右边的折叠对话框按钮，将对话框折叠起来，然后在工作表中拖选数据表所在单元格区域，再单击展开对话框按钮，返回"高级筛选"对话框。

④ 单击"条件区域"文本框右边的折叠对话框按钮，将对话框折叠起来，然后在工作表中拖选条件区域，再单击展开对话框按钮，返回"高级筛选"对话框。

⑤ 在"方式"选项区中选择"在原有区域显示筛选结果"或"将筛选结果复制到其他位置"，并确定"复制到"的单元格区域，单击"确定"按钮完成筛选。高级筛选后的示例效果如图 3-133 所示。

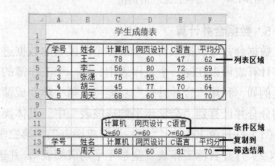

图 3-132　"高级筛选"对话框

图 3-133　高级筛选示例

4. 数据分类汇总

分类汇总是对数据清单中指定的字段内容进行分类，然后统计同一类记录的相关信息。在汇总的过程中，还可以对某些数值进行求和、求平均、求偏差等运算。

Excel 可以在数据列表中自动计算分类汇总及总计值。只需指定需要进行分类汇总的数据项、待汇总的数值和用于计算的函数（如"求和"函数）即可。

如果要为数据列表插入分类汇总，则先对数据列表进行排序，接着单击汇总列中的任一单元格，单击"数据"选项卡下"分级显示"组中的"分类汇总"按钮，在"分类汇总"对话框中进行相应设置后，单击"确定"按钮即可。

为数据清单添加自动分类汇总时，数据清单分级显示，这样可以看清它的结构。如果希望生成一份汇总报告，可以使用分级显示符号，只显示分类汇总，并隐藏明细数据。

例如，统计某班男女学生的平均分。

根据题意可知，应选"性别"字段为分类字段，汇总方式为"平均分"。具体操作步骤如下。

① 按"性别"进行排序。

② 单击数据表中的任一单元格。

③ 单击"数据"选项卡"分级显示"组中的"分类汇总"按钮 ，弹出"分类汇总"对话框，如图 3-134 所示。

④ 在"分类字段"列表框中选择"性别"字段。

⑤ 在"汇总方式"列表框中选择"平均值"方式。

⑥ 在"选定汇总项"列表框中选择"平均分"。

⑦ 单击"确定"按钮完成。分类汇总效果如图 3-135 所示。

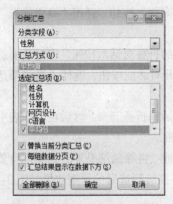

图 3-134　"分类汇总"对话框

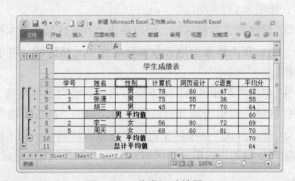

图 3-135　分类汇总效果

5. 数据合并计算

数据合并可以把来自一个或多个源区域的数据进行汇总，并建立合并计算表。这些源区域和合并计算表可以在同一个工作表中、同一个工作簿的不同工作表中和不同的工作簿中。

例如，利用"合并计算"功能将"第一学期成绩表"和"第二学期成绩表"中的各科成绩和平均分合并计算到"全学年平均成绩表"中。具体操作步骤如下。

（1）打开源工作表（"第一学期成绩表"、"第二学期成绩表"），如图 3-136 和图 3-137 所示。

（2）打开目标工作表"全学年平均成绩表"，并选择目标区域，如图 3-138 所示。

（3）单击"数据"选项卡数据工具组中的"合并计算"按钮 ，弹出"合并计算"对话框，如图 3-139 所示。

（4）在"函数"下拉列表中选择"平均值"选项，作为合并计算数据的汇总函数；在源工作表中选择源区域，单击"添加"按钮，对要进行数据合并的所有源区域添加引用位置。

图 3-136　第一学期成绩表

图 3-137　第二学期成绩表

图 3-138　选择目标区域

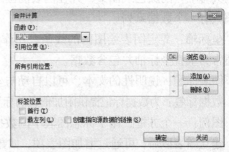

图 3-139　"合并计算"对话框

（5）单击"引用位置"后边的折叠对话框按钮，从工作表上直接选择单元格区域，也可以输入要合并计算的第一个单元格区域，然后再次单击展开对话框按钮展开对话框，单击"添加"按钮，可以看到选择（或输入）的单元格区域被加入"所有引用位置"文本框中，继续选择（或输入）其他要合并计算的单元格区域。

（6）确定选中的合并区域中是否含有标志，指定标志是在"首行"或"最左列"。

（7）创建指向源数据的链接：确定当源数据发生变化时，汇总后的数据是否自动随之变化，设置后的效果如图 3-140 所示。

（8）设置完成后，单击"确定"按钮，进行数据合并。合并计算的结果如图 3-141 所示。

图 3-140　设置其他参数

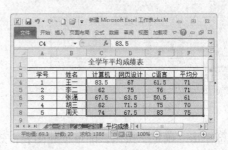

图 3-141　数据合并结果

6. 数据图表

图表可以将 Excel 表格中的数据以柱形、条形等形式生动地表现出来，对数据进行直观的分析。图表与生成它们的工作表数据相链接，当更改工作表数据时，图表会自动更新。因此，通过创建图表可以更加清楚地了解各个数据之间的关系和数据之间的变化情况，方便对数据进行对比和分析。在 Excel 2010 中，只需选择图表类型、图表布局和图表样式，便可以轻松创建出具有专业外观的图表。

（1）图表基本概念。

图表：由图表区和绘图区组成。

图表区：整个图表的背景区域。

绘图区：用于绘制数据的区域，在二维图表中，是指通过轴来界定的区域，包括所有数据系列；在三维图表中，同样是通过轴来界定的区域，包括所有数据系列、分类名、刻度线标志和坐标轴标题。

数据系列：在图表中绘制的相关数据点，这些数据源自数据表的行或列。图表中的每个数据系列具有唯一的颜色或图案，并在图表的图例中表示。可以在图表中绘制一个或多个数据系列。饼图只有一个数据系列。

坐标轴：界定图表绘图区的线条，用作度量的参照框架。x 轴通常为水平轴并包含分类，y 轴通常为垂直坐标轴并包含数据。

图表标题：说明性的文本，可以自动与坐标轴对齐或在图表顶部居中。

数据标签：为数据标记提供附加信息的标签，数据标签代表源于数据表单元格的单个数据点或值。

图例：一个方框，用于标志图表中的数据系列或分类指定的图案或颜色。

建立图表以后，可通过增加图表项，如数据标记、标题、文字等来美化图表及强调某些信息。大多数图表可以移动或调整大小，也可以设置图表项的图案、颜色、对齐、字体及其他格式。

（2）创建图表。Excel 2010 提供了图表向导功能，利用它可以快速、方便地创建一个标准类型或自定义类型的图表。下面以柱形图为例，介绍图表的创建方法。具体操作步骤如下。

① 打开工作表，选中用于创建图表的数据，如图 3-142 所示。

② 单击"插入"选项卡下的"图表"组右边的"创建"按钮，弹出如图 3-143 所示的"插入图表"对话框，该对话框中提供了各种图表的样本，用户可以根据需要选择图表样式。

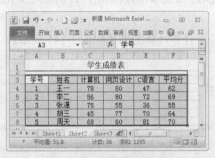

图 3-142　选定数据

图 3-143　"插入图表"对话框

③单击"确定"按钮，即可创建图表，效果如图 3-144 所示。

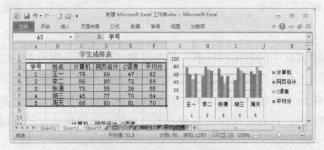

图 3-144　创建的嵌入式图表

无论建立哪一种图表，都要经过以下几步：指定需要用图表表示的单元格区域，即图表数据源；选定图表类型；根据选定的图表格式，指定一些项目，如图表的方向、图表的标题、是否要加入图例等；设置图表位置，可以直接嵌入原工作表中，也可以放在新建的工作表中。

（3）图表的编辑。使用默认格式生成的图表经常不能满足用户的需要，因此，需要设置图表格式，以达到期望的效果。

单击选中已经创建的图表，在 Excel 2010 窗口原来选项卡位置的右侧增加了"图表工具"选项卡，并提供了"设计"、"布局"和"格式"选项卡，如图 3-145 所示，以方便对图表进行更多的设置与美化。

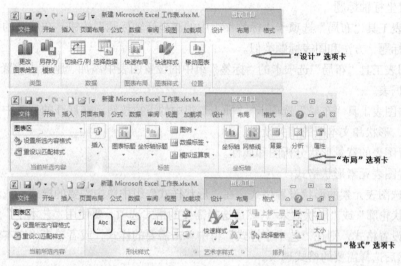

图 3-145　"图表工具"选项卡

① 图表类型与样式的快速改换

在"设计"选项卡的"类型"组中，单击"更改图表类型"，可以重新选定所需类型。对于已经选定的图标类型，在"设计"选项卡的"图表样式"组中，可以重新选定所需图表样式。

② 数据行/列之间快速切换。

在"设计"选项卡的"数据"中，单击"切换行/列"，可以在工作表行或从工作表列绘制图表中的数据系列之间进行快速切换。

③ 编辑图表的数据。

在"设计"选项卡的"数据"组中，单击"选择数据"，出现"选择数据源"对话框，可以对图表引用数据进行添加、编辑、删除等操作，如图 3-146 所示。

④ 选择放置图表的位置。

在"设计"选项卡的"位置"组中，单击"移动图表"，出现"移动图表"对话框，在"选择放置图表的位置"中可以选择"新工作表"，将图表放置于新建工作表中，也可以选择"对象位于"，将图表直接嵌入原工作表中，如图 3-147 所示。

⑤ 设置图表标题。

单击图表工具"布局"选项卡"标签"组中的"图表标题"按钮，在展开的列表中单击"图表上方"选项，在图表中自动生成默认的图表标题，输入标题文本内容，在图表位置上单击鼠标右键，在弹出的快捷菜单中选择设置标题字体、字号、颜色、位置等。

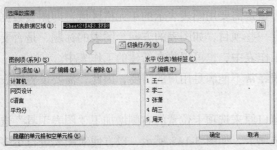

图 3-146 "选择数据源"对话框

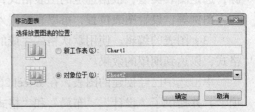

图 3-147 "移动图表"对话框

⑥ 设置坐标轴标题。

单击图表工具"布局"选项卡"标签"组中的"坐标轴标题"按钮，在展开的下拉列表中设置坐标轴的标题，方法和图表标题类似。

⑦ 在图表工具"布局"选项卡的"标签"组中的设置图表中添加、删除或放置图表图例、数据标签、数据表。

⑧ 单击图表工具"布局"选项卡 "插入"组中的下拉按钮，在展开的列表中可以对图表进行插入图片、形状和文本框的相关设置。

⑨ 设置图表的背景形状分析图和属性。

⑩ 设置图表元素形状格式。

要为所选图表元素的形状设置格式，在"形状样式"组中单击需要的样式，或者单击"形状填充"、"形状轮廓"或"形状效果"，然后选择需要的格式选项。要使用"艺术字"为所选图表元素中的文本设置格式，则在"艺术字样式"组中单击需要的样式，或者单击"文本轮廓"或"文本效果"，然后选择需要的格式选项。

7. 数据迷你图

通过 Excel 表格对学生考试成绩进行统计分析后发现，仅通过普通的数字，很难发现成绩随时间的变化趋势。使用 Excel 图表插入普通的折线图后，发现互相交错的折线也很难清晰地展现每个学生的成绩发展趋势。Excel 2010 提供了全新的"迷你图"功能，利用它，仅在一个单元格中便可绘制出简洁、漂亮的小图表，可以清晰地显示出数据中潜在的价值信息。具体创建步骤如下。

（1）打开"学生四次月考成绩表"。

（2）单击"插入"选项卡"迷你图"选项组中的 "折线图"按钮 ，弹出"创建迷你图"对话框。

（3）在"数据范围"和"位置范围"文本框中分别设置需要直观展现的数据范围和用来放置图表的目标单元格，如图 3-148 所示。

（4）单击"确定"按钮，一个简洁的"折线迷你图"创建成功。向下拖动迷你图所在单元格右下角的自动填充柄将其复制到其他单元格中，从而快速创建一组迷你图，折线迷你图效果如图 3-149 所示。此外，还可以在"迷你图工具"选项卡下的"设计"选项卡（见图 3-150）中对迷你图进行美化。

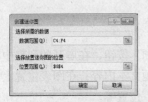

图 3-148 "创建迷你图"对话框

图 3-149 折线迷你图效果

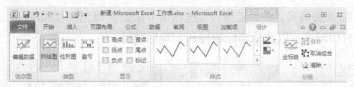

图 3-150　"迷你图工具"的"设计"选项卡

3.2.6　打印工作表

工作表和图表完成排版后，通常要打印出来，但在打印工作表之前需设置工作表页面，合理的页面设置可以使打印效果更为美观。页面设置主要包括设置页面、页边距、页眉/页脚和打印方式等。

1. 设置页面布局

可以利用 Excel 2010"页面布局"选项卡各个功能组中的按钮（见图 3-151），对页面布局效果进行快速设置。

图 3-151　"页面布局"选项卡

单击"页面布局"选项卡"页面设置"组右下角的 ▣ 按钮，弹出如图 3-152 所示的"页面设置"对话框。利用"页面设置"对话框中的"页面"、"页边距"、"页眉/页脚"和"工作表"标签还可以进行更为详细的设置。

（1）设置页面方向。在"页面设置"对话框中单击"页面"选项卡，在"方向"中有"纵向"和"横向"两个单选按钮，表示文件打印的方向。系统默认的打印方向为"纵向"。

（2）设置页边距。在"页面设置"对话框中单击"页边距"选项卡（见图 3-153），设置页边距。此外，还可以在"居中方式"选项区中为工作表选择水平或垂直放置方式。

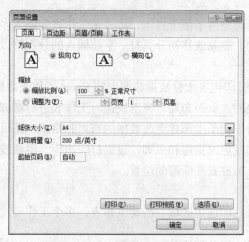

图 3-152　"页面设置"对话框

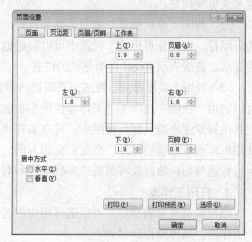

图 3-153　"页边距"选项卡

（3）其他设置。"页眉/页脚"选项卡（见图 3-154）提供预定义的页眉和页脚格式。还可以根据需要自定义页眉/页脚格式。在"工作表"选项卡（见图3-155）中，可以自定义数据打印区域，设置打印方式、打印顺序，以及顶端标题行和左端标题行。

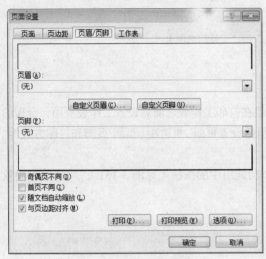

图3-154 "页眉/页脚"选项卡

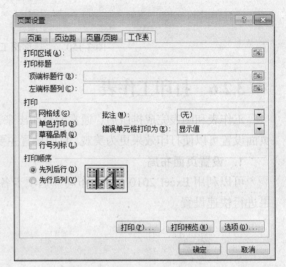

图3-155 "工作表"选项卡

2. 打印预览

打印预览是显示工作表打印出来的真实效果，使用打印预览可以预先查看打印后的效果，以便对不合适的地方及时调整，以达到理想的打印效果。要进行打印预览，首先要进入打印预览窗口，如图3-156所示。

（1）在打印前预览工作表页。在打印前，单击要预览的工作表。单击"文件"选项卡，在弹出的下拉列表框中选择"打印"命令，在视图右侧显示"打印预览"窗口，若选择了多个工作表，或者一个工作表含有多页数据，要预览下一页和上一页，只需在"打印预览"窗口的底部单击"下一页"和"上一页"即可浏览。单击"显示边距"按钮，在"打印预览"窗口中显示页边距，要更改页边距，只需用鼠标将页边距拖至所需的高度或宽度即可。还可以拖动打印预览页顶部的控点来更改列宽。

（2）利用"分页预览"视图调整分页符。分页符是为了便于打印，将一张工作表分隔为多页的分隔符。在"分页预览"视图中可以轻松地添加、删除或移动分页符。手动插入的分页符以实线显示。虚线表示Excel自动分页的位置。

（3）利用"页面布局"视图对页面进行微调。打印包含大量数据或图表的Excel工作表之前，可以利用"视图"选项卡"工作簿视图"功能组中的"页面布局"视图快速对工作表进行微调，使其达到专业水准。在此视图中，可以如在"普通"视图中那样更改数据的布局和格式。还可以使用标尺测量数据的宽度、高度和页面方向，添加或更改页眉和页脚，设置打印边距，隐藏或显示行标题与列标题以及将图表或形状等各种对象准确放置在所需的位置。

3. 打印工作表

当对预览效果满意后，可以选择相应的选项来打印选定区域、活动工作表、多个工作表或整个工作簿，具体操作步骤如下。

（1）选择"文件"选项卡下的"打印"命令，弹出"打印"视图，如图3-156所示。

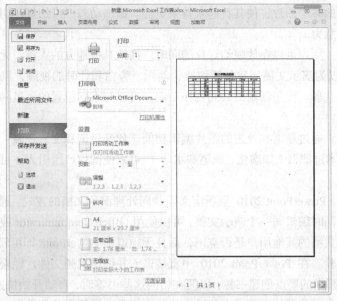

图 3-156 "打印"视图

（2）在"打印"视图中选择打印机的名称、打印范围、打印份数及纸张版式等。

（3）选择完毕后，单击"打印"按钮，打印机将按要求自动完成打印任务。

若要使行标题和列标题和工作表一起打印，在功能区中单击"页面布局"选项卡，在"工作表选项"组中的"标题"中选中"打印"复选框。

3.3　演示文稿制作软件 PowerPoint 2010 的应用

PowerPoint 2010 是 Microsoft 公司推出的 Office 2010 软件包中的一个重要组成部分，是一个多媒体集成平台。

在 PowerPoint 2010 中，用户可以在演示文稿中插入一切能够用于演示内容的对象，可以在放映时随意控制播放进度；可以将文字、声音、图像、视频和动画等多媒体元素有机地结合起来，制作样式精美、色彩和谐的幻灯片，并可将演示文稿、彩色幻灯片和投影胶片以动态的形式展现出来。

3.3.1　PowerPoint 2010 基础

1. PowerPoint 2010 的新功能

与 PowerPoint 2003 相比较，PowerPoint 2010 新增和改进了很多功能，可使演示文稿更具有感染力，具体表现如下。

（1）专业的多媒体体验。在 PowerPoint 中嵌入和编辑视频，用户可以添加淡化、格式效果、书签场景并剪裁视频，为演示文稿增添专业的多媒体体验。此外，由于嵌入的视频会变为 PowerPoint 演示文稿的一部分，因此用户无须在与他人共享的过程中管理其他文件。压缩演示文稿中的视频和音频可以减少文件大小，易于共享并可以改进播放性能。

使用新增和改进的图片编辑工具（包括通用的艺术效果和高级更正、颜色以及裁剪工具）可以微调演示文稿中的各个图片，使其看起来效果更佳。添加动态三维幻灯片切换和逼真的动画效果，吸引观众的注意力。

（2）协同工作。用户可以在放映幻灯片的同时广播给其他地方的人员，无论他们是否安装了PowerPoint，还可以为演示文稿创建包括切换、动画、旁白和计时的视频，以便在实况广播后与任何人在任何时间共享。使用新增的共同创作功能，可以与不同位置的人员同时编辑同一个演示文稿。

（3）视觉冲击。通过新增和改进的图片编辑功能（如颜色饱和度、色温、亮度、对比度和高级剪裁工具）和艺术过滤器（如虚化、画笔和水印），可以使图像产生引人注目和赏心悦目的视觉效果。

（4）无须等待。PowerPoint 2010 重新定义了共同处理演示文稿的方式。通过共同创作，可以与不同地方的用户同时编辑同一个演示文稿，可以使用 Office Communicator 或即时消息应用程序查看共同创作演示文稿的其他用户是否空闲，而且无须退出 PowerPoint 即可轻松启动对话。

（5）个性化体验。在 PowerPoint 2010 中直接嵌入并编辑视频文件，轻松剪裁视频以便只显示相关部分，对视频中的要点创建书签，以便在访问这些书签时，自动开始快速访问或触发动画。还可以将视频设置为以指定的间隔淡入和淡出，并应用各种视频样式和效果（如反射、棱台和三维旋转），迅速引起观众的注意。

（6）即时显示和播放。通过发送 URL 广播 PowerPoint 2010 演示文稿，可以在 Web 上查看演示文稿。观众可以看到高保真幻灯片，即使他们没有安装 PowerPoint 也无妨。还可以将演示文稿转换为带有旁白的高质量视频，以便通过电子邮件、Web 或 DVD 与他人共享。

（7）使用图形创建文稿。使用大量附加 SmartArt 布局可以创建多种类型的图形，如组织结构图、列表和图片图表，可以将字词转换为令人难忘的视觉图形，以更好地阐释用户的创意。创建图表与插入项目符号一样简单，只需单击几次，即可将文本和图像转换为图表。

（8）全新的切换和动画效果。PowerPoint 2010 提供了全新的幻灯片切换和动画效果，与在电视上看到的画面相似。用户可以轻松访问、预览、应用、自定义和替换动画，还可以使用新增动画刷轻松地将动画从一个对象复制到另一个对象。

（9）更高效地组织和打印幻灯片。可以将一个演示文稿分为多个逻辑幻灯片组，重命名幻灯片节，以帮助管理内容（如为特定作者分配幻灯片），或者只打印一个幻灯片节，因此利用幻灯片节可以轻松组织和导航幻灯片。

2. PowerPoint 2010 的启动

可使用多种方法启动 PowerPoint 2010，常用方法如下。

（1）从"开始"菜单中启动 PowerPoint。选择"开始"→"所有程序"→"Microsoft Office"→"Microsoft PowerPoint 2010"命令，即可启动 PowerPoint 2010，其过程如图 3-157 所示。

（2）通过已创建的 PowerPoint 演示文稿启动。在"我的电脑"中找到有 PowerPoint 演示文稿的文件夹，然后双击任意一个 PowerPoint 演示文稿即可启动 PowerPoint，如图 3-158 所示。

（3）通过快捷方式启动。如果桌面上创建了 PowerPoint 快捷方式，双击该应用程序的快捷方式图标，即可打开 PowerPoint 2010 的工作界面。

（4）通过新建 PowerPoint 演示文稿启动。在 Windows 桌面的空白处单击鼠标右键，或在"我的电脑"和"资源管理器"等窗口中单击鼠标右键，在弹出的快捷菜单中选择"新建"→"新建Microsoft PowerPoint 演示文稿"命令，屏幕上出现一个"新建 Microsoft PowerPoint 演示文稿"

图标 ，双击该图标，即可启动 PowerPoint 2010 并创建一个新演示文稿。

图 3-157　从"开始"菜单中启动 PowerPoint 2010　　　　图 3-158　双击已有演示文稿启动 PowerPoint 2010

3. Powerpoint 2010 的工作界面

启动 PowerPoint 2010 应用程序后，进入 PowerPoint 2010 的工作界面，如图 3-159 所示。该工作界面主要由标题栏、菜单栏、工具栏、大纲窗口、幻灯片编辑区、视图切换按钮、任务窗格及状态栏等组成。

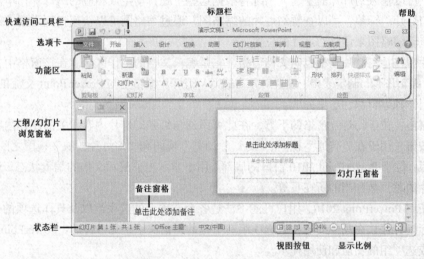

图 3-159　PowerPoint 2010 的工作界面

标题栏：标题栏位于窗口的顶部，用于显示演示文稿的名称和当前程序的名称"Microsoft PowerPoint"。

快速访问工具栏：显示多个常用的工具按钮，默认状态下包括"保存"、"撤销"、"恢复"按钮。用户也可以根据需要进行添加或更改。

功能区：功能区中包含"文件"、"开始"、"插入"、"设计"、"切换"、"动画"、"幻灯片放映"、"审阅"、"视图"、"加载项"等选项卡。每一个选项卡都包含了一组按钮。单击其中一个选项卡，系统会在下方显示该选项卡相应的按钮，若要使用其中的某个命令，直接单击即可。因此，灵活利用这些按钮进行操作，可以大大提高工作效率。

"文件"选项卡："文件"选项卡包括当前文档的详细信息和"保存"、"另存为"、"打开"、"打印"等操作命令。

"开始"选项卡："开始"选项卡包括剪贴板、幻灯片、字体、段落、绘图和编辑等相关操作命令。

"插入"选项卡："插入"选项卡包含用户想放置在幻灯片上的所有内容，如表格、图像、插图、链接、文本、符号、媒体等。

"设计"选项卡：通过"设计"选项卡可以为幻灯片设置页面、主题、背景等。

"切换"选项卡："切换"选项卡主要包含对切换到本张幻灯片的设置操作。

"动画"选项卡："动画"选项卡包含所有动画效果，最易于添加的是列表或图表的基本动画效果等。

"幻灯片放映"选项卡：通过"幻灯片放映"选项卡，可以选择从哪张幻灯片开始放映、录制旁白以及执行其他准备工作等。

"审阅"选项卡：在"审阅"选项卡上可以进行拼写检查、信息检索、使用注释来审阅演示文稿和批注等。

"视图"选项卡：通过"视图"选项卡不仅可以快速在各种视图之间切换，还可以调整"显示比例"、控制"颜色/灰度"、拆分窗口等。

大纲/幻灯片浏览窗格：显示幻灯片文本的大纲或幻灯片的缩略图。单击该窗格左上角的"大纲"标签，可以输入幻灯片的主题，系统将根据这些主题自动生成相应的幻灯片；单击该窗格左上角的"幻灯片"标签，可以查看幻灯片的缩略图，通过缩略图可以快速找到需要的幻灯片，也可以通过拖动缩略图来调整幻灯片的位置。

幻灯片窗格：幻灯片窗格也叫文档窗格，它是编辑文档的工作区域。在该窗格中，可以输入文档内容、编辑图像、制定表格、设置对象方式等。幻灯片窗格是与Power Point交流的主要场所，幻灯片的制作和编辑都在这里完成。

备注窗格：位于幻灯片窗格的下方，在此可添加与每张幻灯片内容相关的注释内容。

视图按钮：用于在"普通"视图、"幻灯片浏览"视图和"幻灯片放映"视图之间切换。

状态栏：位于PowerPoint 2010窗口的底部，用于显示当前演示文稿的编辑状态，包括视图模式、幻灯片的总页数和当前所在页等。

初次使用PowerPoint 2010，用户可能不清楚各个选项卡的选项组以及具体选项的作用，此时可以将鼠标指针停放在具体的选项或选项组右下角的斜箭头上，几秒钟后，PowerPoint 2010会显示该选项或选项组的功能和使用提示。

4. Powerpoint 2010 的退出

可以使用以下几种方法退出PowerPoint 2010。

（1）单击标题栏最右端的"关闭"按钮⊠。

（2）双击标题栏最左端的标题控制菜单图标P。

（3）单击标题栏最左端的标题控制菜单图标P，打开如图3-160所示的控制菜单，然后选择其中的"关闭"命令。

（4）选择"文件"选项卡中的"退出"命令。

（5）用鼠标右键单击标题栏的任意处，选择快捷菜单中的"关闭"命令，如图3-160所示。

（6）按Alt+F4组合键。退出PowerPoint时，对于之前没保存过的工作簿，系统会弹出信息提示对话框，如图3-161所示。单击"保存"按钮，保存该工作簿，然后退出PowerPoint 2010；单击"不保存"按钮，不保存该工作簿直接退出PowerPoint 2010；单击"取消"按钮，则取消这次操作并返回刚才的 PowerPoint 2010 编辑窗口。

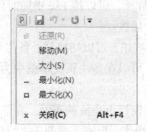

图 3-160 "关闭"命令

图 3-161 信息提示对话框

5. PowerPoint 2010 的视图方式

PowerPoint 2010 提供了 4 种主要的视图模式,即"普通"视图、"幻灯片浏览"视图、"幻灯片放映"视图和"备注页"视图,使用户在不同的工作需求条件下都能拥有舒适的制作演示文稿的工作环境。

在视图模式之间切换可以使用窗口下方的视图模式切换按钮,也可以利用"视图"选项卡中相应的视图模式按钮来实现。

(1)"普通"视图。"普通"视图是 PowerPoint 2010 默认的工作模式,也是最常用的视图方式,如图 3-162 所示。在普通视图中,幻灯片、大纲和备注页集成在一个视图中,"普通"视图可以全面掌握演示文稿中各幻灯片的名称、标题和排列顺序,可在不同的幻灯片之间快速切换。

"普通"视图中有 3 个工作区域,即大纲/幻灯片编辑窗格、演示文稿编辑窗格和备注窗格,可以通过拖动窗格的边框来调整不同窗格的大小。

(2)"幻灯片浏览"视图。在"幻灯片浏览"视图中,以缩略图的形式显示演示文稿中的多张幻灯片,能够看到整个演示文稿的外观,如图 3-163 所示。在该视图方式下,用户可以从整体上浏览所有幻灯片的效果,可以方便地复制、移动和删除幻灯片,可以为幻灯片添加动画效果,设置幻灯片的放映时间,设计幻灯片的背景和配色方案,调整幻灯片的顺序、添加、删除和复制幻灯片等操作。另外,还可以使用"幻灯片浏览"工具栏中的按钮来设置幻灯片的放映时间、选择幻灯片的动画切换方式等。

图 3-162 "普通"视图

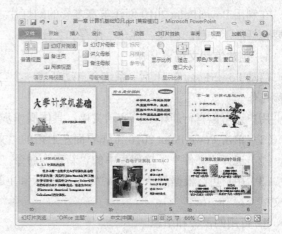

图 3-163 "幻灯片浏览"视图

(3)"幻灯片放映"视图。"幻灯片放映"视图用于放映幻灯片,且每张幻灯片全屏显示,在该视图方式下，幻灯片被逐张播放。用户既可以设置自动放映幻灯片，也可以设置手动放映幻灯片。在放映过程中，用户可以按 Enter 键、空格键逐页播放幻灯片，可以按 Esc 键随时停止播放，或者单击鼠标右键，在弹出的快捷菜单中选择任意一张幻灯片播放。

（4）"备注页"视图。选择"视图"选项卡中的"备注页"按钮，可以切换到"备注页"视图。在"备注页"视图中，备注页方框出现在幻灯片图片的下方，可以在备注页文本框中为每一张幻灯片添加备注信息，还可以对添加的备注信息进行修改和修饰。

（5）"阅读"视图。"阅读"视图的作用是将幻灯片以适应窗口大小放映查看。在该视图中，用户可以对幻灯片进行定位、编辑、复制、打印预览和打印等操作，形式上类似于"幻灯片放映"视图。

6. PowerPoint 的相关概念

（1）演示文稿。演示文稿实际上就是指 PowerPoint 的存储文档，是以".pptx"为后缀名的文件。演示文稿可以有不同的表现形式，是演讲者借助于文字、图形、动画及视频等多媒体技术，将需要表达的内容制作成的一个独立的可放映文件。

（2）幻灯片。在 PowerPoint 中，演示文稿首先表现为一张张内容相关联而结构独立的界面，该界面就是幻灯片。幻灯片是演示文稿的核心部分，它记录了演示文稿的主要内容。在 PowerPoint 中，幻灯片只是一个屏幕形象，不同于传统的胶片。幻灯片通常由两部分组成：上面部分较小，放置幻灯片标题文本；下面部分较大，通常包括对幻灯片标题进行说明的文本。此外，在幻灯片页面中还可以插入各种图形、表格、动画、声音及视频对象等内容，以增强其生动性。

（3）模板。模板是指一个演示文稿整体上的外观设计方案，它包含预定义的文字格式、颜色以及幻灯片背景图案等。

（4）母版。母版是指一张具有特殊用途的幻灯片，其中设置了幻灯片的标题和文本的格式与位置，其作用是统一所要创建的幻灯片的版式。因此对母版的修改会影响到所有基于该母版的幻灯片。此外，如果需要在演示文稿的每一张幻灯片显示固定的图片、文本和特殊的格式，也可以向该母版添加相应的内容。

3.3.2 PowerPoint 2010 的基本操作

在利用 PowerPoint 2010 创建丰富多彩的幻灯片之前，必须掌握 PowerPoint 2010 的基本操作，主要包括演示文稿的创建、打开、保存和关闭等。

1. 创建演示文稿

启动 PowerPoint 2010 后，系统会自动新建一个空白演示文稿，用户可以直接利用此空白演示文稿工作。

用户还可以自行新建空白演示文稿，具体操作步骤如下。

（1）单击 PowerPoint 2010 工作界面左上角的"文件"选项卡。

（2）选择"文件"下拉列表中的"新建"命令，弹出如图 3-164 所示的新建演示文稿界面。

（3）用户可以根据需要，按照"可用的模板和主题"或者"Office.com"的内容来创建空白演示文稿。

① 可用的模板和主题。

空白演示文稿：系统默认为"空白演示文稿"。这是一个不包含任何内容的空白演示文稿。推荐初学者使用这种方法。

样本模板：选择该项，在对话框中间的列表框中显示系统预设的模板样式，如都市相册、古典型相册、现代型相册、宣传手册、宽屏演示文稿、项目状态报告等。

图 3-164　新建演示文稿界面

主题：单击该项，在对话框中间的列表框中显示系统自带的主题模板，如暗香扑鼻、跋涉、沉稳、穿越、顶峰等。

我的模板：单击该项，可以选择一个自己编辑好的模板文件。

根据现有内容新建：单击该项，可以选择一个已经做好的演示文稿作为参考。

② Office.com。

在该项中，包括表单表格、日历、贺卡、幻灯片背景、学术、日程表等。单击任意一项，然后从对话框列表中选择一项，将其下载并安装到用户的系统中，当下次再使用时，可以直接单击"创建"按钮。

2. 打开演示文稿

如果需要继续编辑未完成的演示文稿或者修改已经制作好的演示文稿，则需要先将其打开。打开演示文稿的具体操作方法为：选择"文件"选项卡中的"打开"命令，弹出"打开"对话框，如图 3-165 所示，选择需要打开的演示文稿，单击"打开"按钮即可。

图 3-165　"打开"对话框

3. 保存演示文稿

编辑完演示文稿后，需要将其保存起来以备后用。可以使用下面的方法保存演示文稿。

（1）通过"文件"按钮。单击 PowerPoint 2010 工作界面左上角的"文件"选项卡，在弹出的下拉列表中选择"保存"命令。

（2）通过快速访问工具栏。直接单击快速访问工具栏中的"保存"按钮 。

（3）通过键盘。按 Ctrl+S 组合键。

3.3.3 幻灯片的编辑

创建好幻灯片后，即可对其进行插入、删除和复制等操作。

1. 输入文本

在幻灯片中输入文本的方法很多，主要包括在占位符中输入文本和在文本框中输入文本两种方式。

（1）在占位符中输入文本。占位符就是带有虚线或阴影线的边框，如图 3-166 所示。在占位符中输入文本的具体操作步骤如下。

① 单击要输入文本的占位符，占位符中出现一个光标。

② 直接在占位符中输入文本，效果如图 3-167 所示。

图 3-166　占位符

图 3-167　在占位符中输入文本后的效果

③ 输入完成后，单击占位符以外的任意位置即可。

（2）使用文本框输入文本。要在占位符以外的其他位置输入文本，可以在幻灯片中插入文本框。使用文本框输入文本的具体操作步骤如下。

① 选中一张需要输入文本的幻灯片。

② 单击"插入"选项卡"文本"功能组中的"文本框"按钮 ，在幻灯片的适当位置用鼠标拖出文本框的位置，即可在文本框的插入点输入文本。文本框默认为"横排文本框"，如果需要"竖排文本框"，可以在"文本框"下拉列表中选择。如果想重新调整文本框的位置，可将鼠标指针指向文本框的边框，然后按住鼠标左键不动将文本框移动到任意位置。

③ 输入完成后，单击占位符以外的任意位置即可。

2. 插入幻灯片

在默认情况下，新建的演示文稿只包含一张标题幻灯片，用户可以根据需要，随时在演示文稿中插入幻灯片。

在"普通"视图和"幻灯片浏览"视图中均可插入空白幻灯片。通常通过以下 4 种方法实现该操作。

① 单击"开始"选项卡，再单击其中的"新建幻灯片"按钮。

② 在"大纲/幻灯片浏览窗格"中选中一张幻灯片，按 Enter 键。

③ 按 Ctrl+M 组合键。

④ 在"大纲/幻灯片浏览窗格"中单击鼠标右键，在弹出的快捷菜单中选择"新建幻灯片"命令。

重复执行上述操作，即可插入多张幻灯片。

3. 幻灯片的选定、复制、移动和删除

对幻灯片进行编辑的前提条件是选中幻灯片，可以只对某张幻灯片进行编辑，也可以同时选定多张幻灯片进行编辑。在"普通"视图和"幻灯片浏览"视图中均可选定幻灯片，下面以"幻灯片浏览"视图为例，分别介绍幻灯片的选定、复制、移动、删除操作。

（1）选定幻灯片。

① 在"视图"选项卡中单击"幻灯片浏览"按钮，切换到"幻灯片浏览"视图。

② 单击要进行编辑的幻灯片，将其选中。幻灯片被选中后，其周围被黄色的边框线包围，如图 3-168 所示。

③ 如果要选中多张连续的幻灯片，可在按住 Shift 键的同时，单击要选中的幻灯片。

④ 如果要选中多张不连续的幻灯片，可在按住 Ctrl 键的同时，单击要选中的幻灯片，如图 3-169 所示。

图 3-168　选中单张幻灯片　　　　　　　图 3-169　选中多张不连续的幻灯片

⑤ 在大纲和浏览视图中，按"Ctrl+A"组合键，可以将演示文稿中的所有幻灯片选中。

（2）复制幻灯片。如果要创建版式、内容相似的幻灯片，可直接复制已经制作好的幻灯片，再对该幻灯片副本的局部进行修改即可。复制幻灯片的具体操作方法为：选中一张或多张幻灯片，在选区内单击鼠标右键，在弹出的快捷菜单中选择"复制"命令，将鼠标指针移到目标处单击鼠标右键，在弹出的快捷菜单中选择"粘贴"命令即可。

除此之外，按 Ctrl+C 组合键和 Ctrl+V 组合键也可以完成幻灯片的复制和粘贴操作。

（3）移动幻灯片。移动幻灯片的具体操作方法为：选中一张或多张幻灯片，在选区内单击鼠标右键，在弹出的快捷菜单中选择"剪切"命令，将鼠标指针移到目标处单击鼠标右键，在弹出的快捷菜单中选择"粘贴"命令即可。

除此之外，按 Ctrl+X 组合键和 Ctrl+V 组合键也可以完成幻灯片的剪切和粘贴操作。

（4）删除幻灯片。删除幻灯片的操作比较简单，只需在选中幻灯片后按 Delete 键，即可将选中的幻灯片删除，且位于该幻灯片之后的幻灯片会依次前移。

4. 插入图片、图形

在幻灯片中插入图片对象，可丰富幻灯片的视觉效果，从而吸引观众的眼球。在 PowerPoint 2010 中，可以插入剪贴画和图片，并且可以利用系统提供的绘图工具，绘制出需要的简单图形对象。另外，还可以修改插入的图片。

（1）编辑剪贴画。Office 剪辑库自带了大量的剪贴画，其中包括人物、植物、动物、建筑物、背景、标志、保健、科学、工具、旅游、农业及形状等类别。可以直接将这些剪贴画插入演示文稿中。

（2）插入剪贴画。

具体操作方法为：单击"插入"选项卡"图像"功能组中的"剪贴画"按钮，打开"剪贴画"任务窗格，单击"在 Office.com 中查找详细信息"或者使用"搜索"功能从"Office 收藏集"文件夹中查找 Office 2010 附带的剪贴画，单击需要的剪贴画，即可将其插入选定的幻灯片中，如图 3-170 所示。

图 3-170　插入剪贴画

在幻灯片上插入一幅剪贴画后，可以使用图片的尺寸控制点和"图片工具"的"格式"选项卡来编辑剪贴画。

可以用鼠标拖动剪贴画的尺寸控制点，以改变剪贴画的大小。将鼠标指针指向剪贴画，可以将剪贴画拖动到指定位置。如果需要精确调整剪贴画的大小和位置，可以单击"格式"选项卡中"大小"选项组右下角的箭头，打开"大小和位置"对话框进行设定。

只需要剪贴画中的某个部分时，可以通过"剪裁"命令处理，具体操作方法为：单击"格式"选项卡中的"剪裁"按钮，鼠标指针和剪贴画中尺寸控制点的样式均会发生变化。当向内拖动某个剪贴画的尺寸控制点时，线框以外的部分会被裁掉。

在幻灯片中插入多幅剪贴画后，可能需要调整剪贴画的层次，具体操作方法为：单击选中需要调整层次关系的剪贴画，选择"格式"选项卡"排列"选项组中的相关按钮即可。

（3）插入来自文件的图片。除了插入剪贴画外，PowerPoint 2010 还允许插入各种来源的图片文件。

具体操作方法为：单击"插入"选项卡"图像"功能组中的"图片"按钮，弹出 "插入图片"对话框，如图 3-171 所示，选择所需图片，单击"插入"按钮即可，效果如图 3-172 所示。

图 3-171　"插入图片"对话框

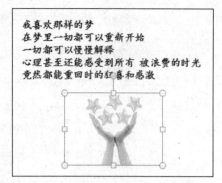

图 3-172　插入图片后的效果

对图片的位置、大小、层次关系等的处理类似于对剪贴画的处理，就不一一介绍了。

（4）插入自选图形。

具体操作方法为：单击"插入"选项卡"插图"功能组中的"形状"按钮，弹出"自选图形"对话框（包括线条、矩形、基本形状、箭头总汇、公式形状、流程图、星与旗帜、标注、动作按钮等），单击选中所需图片，在幻灯片中拖出所选形状即可。

（5）插入 Smart Art 图形。

具体操作方法为：单击"插入"选项卡"插图"功能组中的"Smart Art"按钮，弹出如图 3-173 所示的"选择 Smart Art 图形"对话框（可以选择插入列表、流程、循环、层次结构、关系、矩阵、棱锥图等），单击选中所需图形，单击"确定"按钮，根据提示在图形中输入文字即可，如图 3-174 所示。如果需要编辑插入的 Smart Art 图形，可以通过"Smart Art 工具"的"设计"选项卡中的相应命令进行操作。

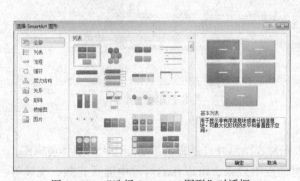

图 3-173　"选择 Smart Art 图形"对话框

图 3-174　编辑 Smart Art 图形

（6）插入图表。图表具有较好的视觉效果，演示文稿中的数据用图表显示往往更为直观。利用 PowerPoint 2010 可以制作出常用的图表形式，包括二维图表和三维图表。可以链接或嵌入 Excel 文件中的图表，并可以在数据表窗口中修改和编辑图层。

具体操作方法为：单击"插入"选项卡"插图"功能组中的"图表"按钮，弹出一个类似 Excel 编辑环境的"插入图表"对话框，如图 3-175 所示。选择需要的图表类型，单击"确定"按钮，系统自动启动 Excel 应用程序，此时可以用类似 Excel 中的操作方法编辑处理相关图表。

图 3-175 "插入图表"对话框

（7）插入艺术字。

艺术字是以普通文字为基础，经过一系列的加工，使输出的文字具有阴影、形状、色彩等艺术效果。但艺术字是一种图形对象，它具有图形的属性，并不具备文本的属性。

插入艺术字的操作方法为：单击"插入"选项卡"文本"功能组中的"艺术字"按钮，打开如图 3-176 所示的艺术字形状选择列表框，单击选中所需的艺术字类型，进入如图 3-177 所示的艺术字编辑界面，输入文本后，在"绘图工具"的"格式"选项卡中选择适当的工具对艺术字进行编辑。

图 3-176 艺术字形状选择列表框

图 3-177 艺术字编辑界面

5．插入视频和音频

PowerPoint 2010 除了可以在幻灯片中插入图片、图形外，还提供了功能强大的媒体剪辑库，其中包括音频和视频。为了增强幻灯片放映时的视听效果，可以在幻灯片中插入音频、视频等多媒体对象，从而制作出有声有色的幻灯片。

（1）插入视频。在幻灯片中插入视频的具体步骤如下。

① 单击展开"插入"选项卡。

② 单击"媒体"功能组中"视频"按钮的下拉按钮，显示其下拉列表，如图 3-178 所示。

③ 选择相应的视频来源，此处选择"文件中的视频"，弹出"插入视频文件"对话框，如图 3-179 所示。

图 3-178　"视频"下拉列表　　　　　　　　　图 3-179　"插入视频文件"对话框

④ 选中需要插入的视频文件，单击"插入"按钮，即可将该视频插入幻灯片中。

⑤ 选中插入的视频文件，可以通过"视频工具"选项卡设置其显示、播放等属性。

备注：在幻灯片中插入视频时，一定要注意插入视频文件的格式要符合 PowerPoint 的要求。PowerPoint 支持的视频格式有：.avi、.mov、.mp4、.mpg、.mod、.ivf 等。

（2）插入音频。在幻灯片中插入音频的具体步骤如下。

① 单击展开"插入"选项卡。

② 单击"媒体"功能组中"音频"按钮 的下拉按钮 ，显示其下拉列表，如图 3-180 所示。

③ 选择相应的音频来源，此处选择"文件中的音频"，弹出"插入音频文件"对话框，如图 3-181 所示。

④ 选中需要插入的音频文件，单击"插入"按钮，即可将该音频插入幻灯片中。

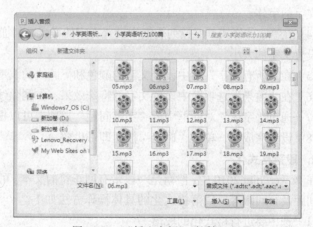

图 3-180　"音频"下拉列表　　　　　　　　　图 3-181　"插入音频"对话框

⑤ 选中插入的音频文件，可以通过"音频工具"选项卡设置其播放、音量等属性。

备注：在幻灯片中插入音频时，一定要注意插入音频文件的格式要符合 PowerPoint 的要求。PowerPoint 支持的音频格式有：.mid、.mp3、.wav、.wma、.asf 等。

　　　　　　在向幻灯片插入来自"文件中的音频"和"文件中的视频"时，添加的音频和视频文件的路径不能修改，否则在放映幻灯片时添加的音频和视频文件，将不能播放。

3.3.4 幻灯片的格式化

在创建演示文稿的过程中，用户可以对演示文稿中的幻灯片进行格式化处理，即对幻灯片中的文本、版式、背景等进行设置，使创建的幻灯片更加美观。

1. 文本格式化

幻灯片中有很多文本对象，PowerPoint 2010 提供了强大的格式化功能，可以对幻灯片中的文本进行格式化。文本格式化的具体操作方法如下。

（1）选中要进行格式化的文本。

（2）单击"开始"选项卡中"字体"功能组右下角的 按钮，弹出"字体"对话框，如图 3-182 所示。

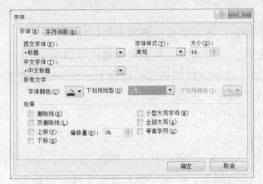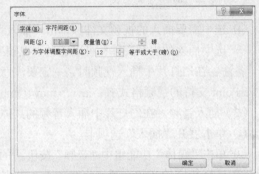

图 3-182 "字体"对话框

（3）在"中文字体"下拉列表框中选择中文文字的字体；在"西文字体"下拉列表框中选择西文文字的字体。

（4）在"字体样式"下拉列表框中设置文字的样式（如加粗、倾斜等）；在"大小"下拉列表框中设置文字的大小。

（5）在"所有文字"项中设置文字的颜色和下画线的线型。

（6）在"效果"选项区中设置文字的特殊效果，如删除线、上标、下标等。

（7）通过"字体"对话框中的"字符间距"选项卡可以根据需要设置字符间距。

（8）设置完成后，单击"确定"按钮即可生效。

2. 段落格式化

在 PowerPoint 2010 中，段落是一段带有回车符的文本。可以设置段落的对齐方式、段落缩进、段落间距及行间距等。段落格式化的具体操作方法如下。

（1）选中要进行格式化的段落。

（2）单击"开始"选项卡中"段落"功能组右下角的 按钮，弹出"段落"对话框，如图 3-183 所示。

（3）在"对齐方式"下拉列表框中设置段落的对齐方式，如左对齐、右对齐、居中等。

（4）在"缩进"选项区中设置段落的缩进方式（如首行缩进、悬挂缩进等）和缩进量。

（5）在"间距"选项区中设置段前与段后的间距以及段落中行与行的间距。

（6）利用"段落"对话框中的"中文版式"选项卡设置段落的版式。

（7）设置完成后，单击"确定"按钮即可生效。

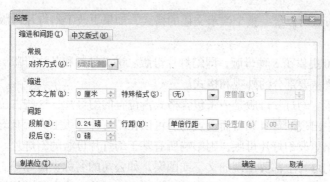

图 3-183　"段落"对话框

3. 幻灯片主题的应用

改变演示文稿的外观最简单快捷的方法就是应用主题。PowerPoint 2010 提供了几十种主题，可以快速创造美观的演示文稿。

幻灯片应用主题的具体操作方法为：单击"设计"选项卡，在"主题"功能组中可以看到系统提供的部分主题，如图 3-184 所示。当鼠标指针指向一种模板时，幻灯片窗格中的幻灯片会以该主题的样式改变，只有选择一种主题单击后，该主题才会应用到整个演示文稿中。

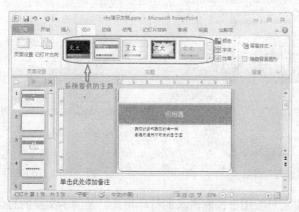

图 3-184　"主题"选择框

4. 幻灯片版式的应用

创建演示文稿后，经常需要更改某张幻灯片的版式，改变幻灯片版式最简单的方法就是用其他的版式替代之前的版式。具体操作方法如下。

（1）单击"开始"选项卡中的"版式"按钮 版式，弹出"版式"下拉列表框，如图 3-185 所示。

（2）单击选择所需的版式类型后，即可改变幻灯片的版式。

5. 幻灯片母版的使用

幻灯片母版实际上就是一种特殊的幻灯片，它包含了幻灯片文本和页脚（如日期、时间和幻灯片编号）等占位符，这些占位符控制了幻灯片的字体、字号、颜色（包括背景色）、阴影和项目符号样式等版式要素。可以将母版看作一个用于构建幻

图 3-185　"版式"下拉列表框

灯片的框架，使用母版可以统一整个演示文稿的格式，如果更改了幻灯片母版，则影响所有基于该母版的演示文稿。

PowerPoint 2010 提供了 3 种母版，即幻灯片母版、讲义母版和备注母版，利用它们可以分别控制演示文稿的每个主要部分的外观和格式。

（1）幻灯片母版。幻灯片母版是一张包含格式占位符的幻灯片，这些占位符是为标题、主要文本和所有幻灯片中出现的背景项目而设置的。可以在幻灯片母版上为所有幻灯片设置默认版式和格式。也就是如果更改幻灯片母版，则影响所有基于幻灯片母版的幻灯片。在幻灯片母版视图下，可以设置每张幻灯片上都要出现的文字或图案，如公司的名称、徽标等。

在"视图"选项卡中单击"幻灯片母版"按钮，在幻灯片窗格中显示幻灯片母版样式。此时可以改变标题的版式，设置标题的字体、字号、字形、对齐方式等，用同样的方法可以设置其他文本的样式。也可以通过"插入"选项卡将对象（如剪贴画、图表、艺术字等）添加到幻灯片母版上。例如，在幻灯片母版上插入一张"蝴蝶"图片，如图 3-186 所示。单击"幻灯片母版"选项卡中的"关闭母版视图"按钮。在切换到幻灯片浏览视图以后，幻灯片母版上插入的"蝴蝶"图片在所有的幻灯片上都出现了，如图 3-187 所示。

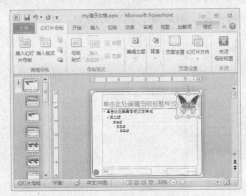

图 3-186　编辑幻灯片母版

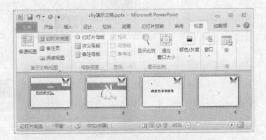

图 3-187　幻灯片母版改变后的效果

（2）讲义母版。讲义母版用于控制讲义的打印格式，是演示文稿的打印版本。可以在讲义母版的空白处添加图片、文字说明等内容。

讲义有 6 种打印格式，即每页打印 1 张、2 张、3 张、4 张、6 张和 9 张幻灯片。单击"视图"选项卡中的"讲义母版"按钮 讲义母版，进入"讲义母版"视图，如图 3-188 所示。

讲义母版视图包括 4 个占位符，分别为页眉区、日期区、页脚区和数字区。这些文本占位符的设置与前面介绍的幻灯片母版的设置方法相同。讲义母版视图包含有多个虚线框，用于表示每页包含幻灯片的数量。可以单击"讲义母版"选项卡中的按钮，设置每页中幻灯片的数量。

（3）备注母版。备注母版主要用于控制备注的版式，使所有备注页具有统一的外观。PowerPoint 2010 为每张幻灯片都设置了一个备注页，供用户添加备注。

单击"视图"选项卡中的"备注母版"按钮 备注母版，即可进入"备注母版"视图，如图 3-189 所示。

备注母版的上方是幻灯片缩略图，可以设置其大小、位置、格式等；备注母版的下方是备注文本区，单击其四周的虚线框，可将其选中。可以拖动其周围的控制点，改变文本框的大小；可以将光标置于文本框内，设置其中的文本格式；还可以根据需要在备注页上添加图片或其他对象。设置完成后，单击"备注母版"选项卡中的"关闭母版视图"按钮，即可退出备注母版，返回普通视图中。

图 3-188 "讲义母版"视图

图 3-189 "备注母版"视图

6. 幻灯片背景的设置

通过更改幻灯片的颜色、图案和纹理，可以改变幻灯片的背景。还可以使用图片作为幻灯片的背景，但在幻灯片中只能同时使用一种背景类型。

单击"设计"选项卡中"背景"功能组右侧的向下箭头按钮 ，弹出"设置背景格式"对话框，如图 3-190 所示。

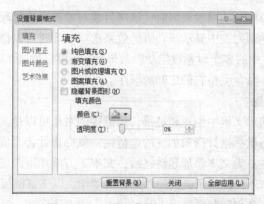

图 3-190 "设置背景格式"对话框

利用"设置背景格式"对话框，可以为幻灯片设置"纯色填充"、"渐变填充"、"图片或纹理填充"、"图案填充"等背景效果，操作方法简单易学，在此就不一一介绍了。

7. 幻灯片动画效果的设置

在演示文稿中适当添加动画效果，可以吸引观众的注意力。PowerPoint 2010 可以为幻灯片添加精彩的动画效果，大大增加幻灯片的感染力。

在 PowerPoint 2010 中，可以通过"动画"选项卡"动画"功能组中的命令为幻灯片中选中的文本、形状、声音等对象设置动画效果，具体操作方法如下。

（1）在幻灯片中，选中要添加自定义动画的项目或对象，如选择图 3-191 所示幻灯片中的"chy 的演示文稿"字样。

（2）单击"动画"选项卡中的"添加动画"按钮 ，弹出如图 3-191 所示的"添加动画"下拉列表。

（3）在"添加动画"下拉列表中选择一种动画效果。

（4）单击"动画"选项卡中的"动画窗格"按钮，打开如图 3-192 所示的动画窗格。

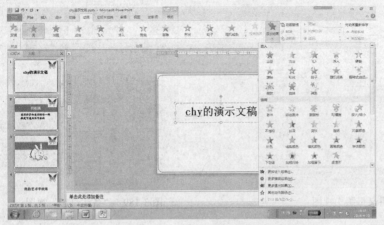

图 3-191　"添加动画"下拉列表　　　　　图 3-192　"动画窗格"任务窗格

（5）通过"动画窗格"进一步设置该动画的属性（如计时、声音效果等）。

（6）如果要对其他元素设置动画效果，则重复步骤（1）~（5）。

（7）如果要删除某动画效果，则在动画列表中选定该动作后，单击"删除"按钮或按 Delete 键即可。

为幻灯片项目或对象添加动画效果以后，该项目或对象的旁边出现一个带有数字的灰色矩形标志，并在任务窗格的动画列表中显示该动画的效果选项。此时可以修改刚刚设置的动画效果。另外，当为同一张幻灯片中的多个对象设定动画效果后，还可以通过"对动画重新排序"中的"向前移动"或"向后移动"命令调整它们之间的顺序。

8. 超链接创建与删除

PowerPoint 允许在演示文稿中创建超链接，超链接的对象可以是文本、图片等。创建超链接后，在放映幻灯片时，将鼠标指针指向创建的超链接，鼠标指针会变成手形，单击超链接即可跳转到链接指向的目标位置。为文本添加超链接后，文本下方添加下画线，且文本采用与配色方案相同的颜色。除此之外，还可以为超链接的对象设置动作，以丰富链接效果。在 PowerPoint 2010 中，可以使用以下两种方法创建超链接。

（1）通过常用方法创建超链接。通过常用方法创建超链接的具体操作方法如下。

① 在幻灯片中选择用于创建超链接的文本或对象。

② 选择"插入"选项卡"链接"功能组中的"超链接"按钮，弹出"插入超链接"对话框，如图 3-193 所示。

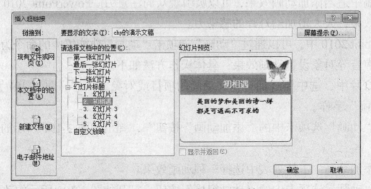

图 3-193　"插入超链接"对话框

③"链接到"选项区中提供 4 个选项，分别为现有文件或网页、本文档中的位置、新建文档和电子邮件地址。可通过这几个选项设置想要链接到的位置。

● 单击"现有文件或网页"图标，在右侧选择或输入此超链接要链接到的文件或 Web 页的地址。

● 单击"本文档中的位置"图标，右侧列出本演示文稿的所有幻灯片以供选择。

● 单击"新建文档"图标，打开"新建文档名称"对话框。在"新建文档名称"文本框中输入新建文档的名称。单击"更改"按钮，设置新文档所在的文件夹名，然后在"何时编辑"选项组中设置是否立即开始编辑新文档。

● 单击"电子邮件地址"图标，显示"电子邮件地址"对话框。在"电子邮件地址"文本框中输入要链接的邮件地址，在"主题"文本框中输入邮件的主题。当用户希望访问者给自己回信，并将邮件发送到自己的电子邮箱中时，可以创建一个电子邮件地址的超链接。

④ 设置好链接地址后，单击"确定"按钮完成超链接设置。

（2）通过动作设置创建超链接。除了使用上述方法创建超链接外，还可以通过动作设置来创建超链接。具体操作方法如下。

① 在幻灯片中选择用于创建超链接的文本或对象。

② 选择"插入"选项卡"链接"功能组中的"动作"按钮，弹出"动作设置"对话框，如图 3-194 所示。

③ 如果在"动作设置"对话框中的"单击鼠标"选项卡中设置超链接，则单击即就可跳转；如果在"鼠标移过"选项卡中设置超链接，则当鼠标指针经过超链接对象时即可跳转。在该对话框中选中"超链接到"单选按钮，在其下方的列表框中选择要链接的幻灯片。

④ 单击"确定"按钮，即可创建超链接。

（3）删除超链接。删除超链接的具体操作步骤如下。

① 在幻灯片中选中已经创建了超链接的文本或对象。

② 选择"插入"选项卡"链接"功能组中的"超链接"按钮，弹出"插入超链接"对话框，如图 3-195 所示，此时的"插入超链接"对话框，多了一个"删除超链接"按钮。

图 3-194　"动作设置"对话框

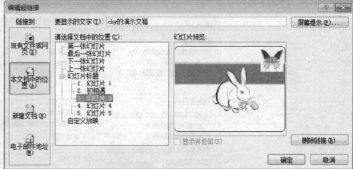

图 3-195　"插入超链接"对话框

③ 单击"删除链接"按钮，即可删除超链接。

如果要删除整个超链接，则选中包含超链接的文本或图形，然后按 Delete 键，即可删除该超链接以及代表该超链接的文本或图形。

9. 设置幻灯片的切换效果

切换效果是添加在幻灯片上的一种特殊的播放效果，用于设置幻灯片的换片方式，可以在换片的同时播放声音，从而增强演示文稿的趣味性。设置幻灯片切换效果的具体操作步骤如下。

（1）选中要设置切换效果的幻灯片。

（2）单击"切换"选项卡，打开"切换到此幻灯片"任务窗格，如图 3-196 所示，选择某种切换方式，如"棋盘"。

图 3-196　"幻灯片切换"任务窗格

（3）要为幻灯片切换效果设置音效，可以在"声音"下拉列表框选择一种声音，如"风铃声"。

（4）要为幻灯片切换效果设置持续时间，可以直接输入或利用"持续时间"后的微调按钮调整。

（5）单击"全部应用"按钮，整个演示文稿中的所有幻灯片都按相同的切换方式呈现，否则只对当前选中的幻灯片有效。

（6）在"换片方式"命令组中可以选择幻灯片的切换方式，如果想要手动切换，则选中"单击鼠标时"复选框；如果要设置自动切换方式，则选中"设置自动换片时间"复选框，并在后面的文本框中输入间隔时间。

（7）单击"预览"按钮可以预览所设置的切换效果。

3.3.5　幻灯片的放映

演示文稿制作好后，就可以在计算机上放映了。

1. 设置放映方式

在放映幻灯片之前，可根据需要设置合适的放映方式。设置放映方式的具体操作方法为：单击"幻灯片放映"选项卡中的"设置幻灯片放映"按钮，弹出如图 3-197 所示的"设置放映方式"对话框，选择所需的放映类型、换片方式、放映选项等，单击"确定"按钮完成设置。

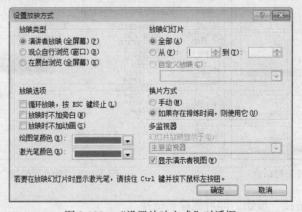

图 3-197　"设置放映方式"对话框

在"放映类型"选项区中有以下 3 个选项。

（1）演讲者放映（全屏幕）。该类型将以全屏幕方式显示演示文稿，这是最常用的演示方式。

（2）观众自行浏览（窗口）。该类型将在小型窗口中播放幻灯片，并提供操作命令，允许移动、编辑、复制和打印幻灯片。

（3）在展台浏览（全屏幕）。该类型可以自动放映演示文稿。

2. 隐藏或显示幻灯片

在放映演示文稿时，如果不希望播放某张幻灯片，则可以将其隐藏起来。隐藏幻灯片并不是将其从演示文稿中删除，只是在放映演示文稿时不显示该张幻灯片，其仍然保留在文件中。隐藏或显示幻灯片的操作步骤如下。

（1）单击"幻灯片放映"选项卡"设置"选项组中的"隐藏幻灯片"按钮，将选中的幻灯片设置为隐藏状态。

（2）如果要重新显示隐藏的幻灯片，则在选中该幻灯片后，再次单击"幻灯片放映"选项卡"设置"选项组中的"隐藏幻灯片"按钮，或者在幻灯片缩略图上单击鼠标右键，在弹出的快捷菜单中选择"隐藏幻灯片"命令。

3. 放映幻灯片

所有准备工作完成后，就可以放映幻灯片了。在 PowerPoint 2010 中，启动幻灯片放映的方法很多，常用的有以下几种。

（1）选择"幻灯片放映"选项卡中的"从头开始"、"从当前幻灯片开始"或者"自定义幻灯片放映"按钮。

（2）按 F5 键。

（3）单击窗口右下角的"放映幻灯片"按钮早。

其中，按 F5 键将从第一张幻灯片开始放映，单击窗口右下角的"放映幻灯片"按钮早，将从演示文稿的当前幻灯片开始放映。

4. 控制幻灯片放映

在幻灯片放映时，可以用鼠标和键盘来翻页、定位幻灯片。可以按 Space 键、Enter 键、PageDown 键、→键、↓键将幻灯片切换到下一页。可以按 BackSpace 键、↑键、←键将幻灯片切换到上一页，还可以单击鼠标右键，从弹出的快捷菜单中选择相关命令。

5. 放映时在幻灯片上书写

在演示文稿放映过程中，用户可以在幻灯片上书写或绘画（见图 3-198），以引起听众的注意。其具体操作方法如下。

（1）在幻灯片放映过程中用鼠标右键单击，弹出快捷菜单，如图 3-199 所示。

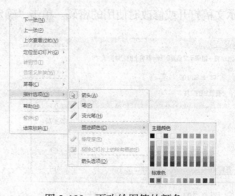

图 3-198　在幻灯片上书写　　　　　　　　　图 3-199　更改绘图笔的颜色

（2）选择"指针选项"→"笔"选项，鼠标指针变成一支笔，可以在屏幕上随意书写或绘画。选择"指针选项"→"墨迹颜色"选项，可以修改笔的颜色。

退出幻灯片的放映状态时，系统会提示是否保留笔迹，根据需要作出选择即可。

3.3.6 打包、打印演示文稿

PowerPoint 2010 提供了多种保存和输出演示文稿的方法，以满足不同环境及不同情况下的需要。

1．打包演示文稿

很多情况下，需要将制作好的演示文稿传送到其他用户的计算机中播放。但是，如果用户的计算机中没有安装 PowerPoint 应用程序，则无法播放演示文稿。这时，可以将 PowerPoint 应用程序及制作的演示文稿组合刻录在一张 CD 上，使其他用户也可以通过该 CD 播放演示文稿，这个过程称为打包演示文稿。打包演示文稿的具体操作步骤如下。

（1）打开要打包的演示文稿。

（2）单击"开始"选项卡，选择下拉列表中的"保存并发送"命令，并选择"文件类型"中的"将演示文稿打包成 CD"命令，如图 3-200 所示。

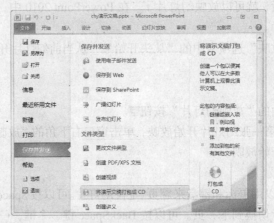

图 3-200 "保存并发送"视图

（3）单击"保存并发送"界面右下角的"打包成 CD"按钮，弹出"打包成 CD"对话框，如图 3-201 所示。在"将 CD 命名为"文本框中输入打包后演示文稿的名称。如果需要打包多个演示文稿，可单击"添加"按钮，在弹出的对话框中选择多个演示文稿，将它们添加到该 CD 中。

（4）单击"选项"按钮，弹出"选项"对话框，如图 3-202 所示。选择 CD 中将要包含的文件，设置演示文稿打开或修改时使用的密码。单击"确定"按钮，保存设置并返回"打包成 CD"对话框。

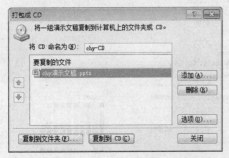

图 3-201 "打包成 CD"对话框

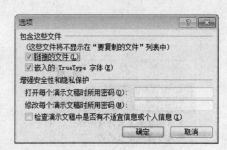

图 3-202 "选项"对话框

（5）单击"复制到文件夹"按钮，可在弹出的"复制到文件夹"对话框（见图 3-203）中将当前文件复制到指定的位置；单击"复制到 CD"按钮，可弹出刻录机托盘并打开"正在将文件复制到 CD"对话框，此时可将一张空白的光盘放入刻录机进行刻录。

（6）刻录完成后，单击"关闭"按钮，完成整个打包过程。

2. 页面设置

在打印演示文稿之前应该设置打印纸张的大小和页面布局。设置打印页面的具体操作步骤如下。

（1）单击"设计"选项卡。

（2）单击"页面设置"功能组中的"页面设置"按钮，弹出"页面设置"对话框，如图 3-204 所示。

图 3-203　"复制到文件夹"对话框　　　　　图 3-204　"页面设置"对话框

（3）在"幻灯片大小"下拉列表框中选择打印纸张的大小，也可以在"宽度"和"高度"数值框中自定义纸张的大小。

（4）在"方向"选项区中设置幻灯片的打印方向是横向还是纵向。备注、讲义和大纲也可以在此设置。

（5）单击"确定"按钮。

3. 预览、打印演示文稿

演示文稿制作完成后，就可以将其打印出来。

PowerPoint 2010 将打印预览、打印设置及打印功能都融合在了"文件"选项卡的"打印"面板中，如图 3-205 所示。用户可以一边设置打印属性，一边进行打印预览，设置完成后直接一键打印，大大简化了打印工作，节省了时间。

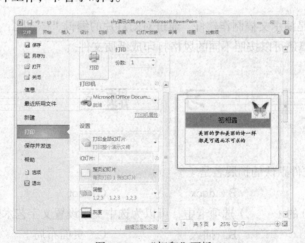

图 3-205　"打印"面板

"打印"面板分为左右两部分，左侧包含了所有与打印相关的设置，包括打印份数、打印机属性、打印范围、打印样式等，也可以通过面板中的"编辑页眉和页脚"命令打开"页眉和页脚"对话框，如图 3-206 所示。面板右侧可以看到当前幻灯片的打印预览效果，通过预览区下方左侧的翻页按钮可以进行前后翻页预览，调整右侧的滑块可以改变预览视图的大小。

当预览效果满意、打印属性设置好后，单击"打印"面板中的"打印"按钮即可打印演示文稿。

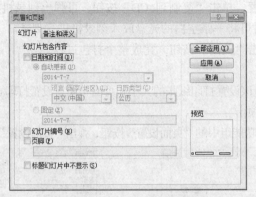

图 3-206　"页眉和页脚"对话框

本章小结

本章详细介绍了常用办公软件中的字处理软件 Word 2010、电子表格处理软件 Excel 2010 和演示文稿制作软件 PowerPoint 2010 的使用方法。

Word 2010 是字处理软件。通过 Word 的编辑功能以及格式化操作，可以实现文档排版等一般的文字处理，表格制作和图文混排可以把表格、图片与文字混排，形成美观的文档，最后通过打印功能将文档打印输出。

Excel 2010 是功能强大的电子表格处理软件。主要介绍了工作簿、工作表和单元格的基本操作、公式和函数的使用、图表的制作和数据清单的应用，制作好的电子表格还可以打印出来以便传阅和分析。

PowerPoint 2010 是演示文稿制作软件。通过对幻灯片的编辑、格式化，可以制作出精美的演示文稿，这些演示文稿还可以按照不同的风格打印成纸质文件。

习　题

1. 选择题

（1）Word 2010 文件默认的扩展名是（　　）。

    A. doc　　　　　　　　B. docx　　　　　　　　C. dot　　　　　　　　D. dotx

（2）在 Word 2010 的（　　）选项卡中，可以为选中文字设置文字艺术效果。

    A. 开始　　　　　　　　B. 插入　　　　　　　　C. 页面布局　　　　　　D. 引用

（3）在 Word 2010 编辑状态下，按（　　）键可以在插入和改写两种状态间切换。

    A. Delete　　　　　　　B. Backspace　　　　　　C. Insert　　　　　　　D. Home

（4）在 Word 2010 中打开一个文档并修改，之后关闭文档，则（　　）。

    A. 文档被关闭，并自动保存修改后的内容　　　B. 文档被关闭，修改后的内容不能保存

    C. 弹出对话框，询问是否保存对文档的修改　　D. 文档不能关闭，并提示出错

（5）对于 Word 2010 中表格的叙述，正确的是（　　　）。

　　A. 不能删除表格中的单元格　　　　　　B. 表格中的文本只能垂直居中

　　C. 可以对表格中的数据排序　　　　　　D. 不可以对表格中的数据应用公式计算

（6）在 PowerPoint 中设置文本动画，首先要（　　　）。

　　A. 选定文本　　　　B. 指定动画效果　　　C. 设置动画参数　　　D. 选定动画类型

（7）在 PowerPoint 中，若希望在文字预留区外的区域输入其他文字，可通过（　　　）按钮来插入文字。

　　A. 图表　　　　　　　B. 格式刷　　　　　　C. 文本框　　　　　　D. 剪贴画

2. 简答题

（1）简述 Word 2010 窗口的基本组成及各部分的主要功能。

（2）简述利用格式刷复制格式的操作步骤。

（3）Word 2010 的视图方式有哪几种？各自的特点是什么？

（4）在 Word 文档中如何设置分栏效果？

（5）在 Word 文档中，格式刷的作用是什么？

（6）如何在 Word 中插入页码和日期？

（7）如何实现工作表在不同工作簿之间的移动和复制？

（8）什么是数据清单？它有哪些应用？

（9）如何在 PowerPoint 中插入音频和视频？

（10）如何实现播放时在幻灯片上书写？

3. 操作题

（1）启动 Word 2010，输入文本后，按照以下要求进行设置。

① 将标题设为艺术字，字体为隶书、字号为一号，环绕方式为"上下型环绕"，居中显示；正文设为小四号宋体，首行缩进 2 字符，20 磅固定行距。

② 对正文设置分栏，栏数为 2，栏间有分隔线。

③ 对正文段落添加"青色"的底纹。

④ 在正文最后间隔一行创建一个 5 行×6 列的空表格，并将表格外框线设置为宽度 1.5 磅的双实线型，再将表格第一行和最后一行的单元格合并。

⑤ 在页眉添加文字"我的 word 个人文档"字样，并添加"双线型"下边框。

⑥ 在页脚插入页码，对齐方式为居中，页码数字格式为"I，II，III，…"。

（2）以"个人简历"为内容，制作一个有动画效果的演示文稿。要求如下。

① 选择合适的主题。

② 至少制作 8 张幻灯片。其中，第一张幻灯片是标题幻灯片。

③ 幻灯片中的图片不少于 3 张。

④ 幻灯片中要设置动画效果。

⑤ 幻灯片中要有超链接效果。

⑥ 幻灯片之间要设置切换效果。

⑦ 幻灯片的整体布局要合理、美观大方。

⑧ 将该演示文稿命名为"14 级计科专业 1 班张三.pptx"，保存在 D 盘根目录下。

第4章
计算机网络基础

计算机网络是一门发展迅速、知识密集和展现高新信息科学技术的综合性学科。它是计算机技术和通信技术相结合的产物，是当今计算机技术的主要发展趋势之一。本章介绍计算机网络的基本概念、Internet 的基础知识和网页设计基础。

4.1 计算机网络概述

计算机网络是现代通信技术和计算机技术高速发展的产物，它是利用通信线路将多台计算机通过通信设备相连并遵循一定的协议而形成的计算机系统的集合，使在某一地点的计算机用户能享用另一地点的计算机或设备提供的数据处理和服务功能，达到共享资源和相互通信的目的。

4.1.1 计算机网络的定义

计算机网络可定义为：将地理位置不同的、具有独立功能的多个计算机系统通过通信设备和线路连接起来，在通信协议的控制下，进行信息交换和资源共享或协同工作的计算机系统的集合。

计算机网络主要由通信子网和资源子网构成。通信子网负责计算机间的数据通信，即数据传输；资源子网是通过通信子网连接在一起的计算机，向网络用户提供可共享的硬件、软件和信息资源。

4.1.2 计算机网络的拓扑结构

拓扑是一种研究与大小、形状无关的线和面之特性的方法。抛开网络中的具体设备，将网络中的计算机等设备抽象为点，将网络中的通信介质抽象为线，从拓扑学的观点去看计算机网络，就形成了由点和线组成的几何图形，从而抽象出网络系统的具体结构。这种采用拓扑学方法描述各个节点之间连接的方式称为网络的拓扑结构。

网络的基本拓扑结构包括总线型、环形、星形、树形和网状 5 种，如图 4-1 所示。在实际构造网络时，通常将几种不同的拓扑结构组成一个混合型结构网络。

4.1.3 计算机网络的分类

计算机网络从不同的角度有不同的分类方法。

（1）按网络的地理覆盖范围分类。按网络的地理覆盖范围，可将网络分为局域网（local area network，LAN）、广域网（wide area network，WAN）和城域网（metropolitan area network，MAN）。

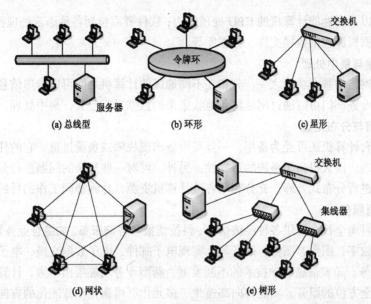

图 4-1　网络的拓扑结构

局域网将有限地理范围内（如一幢大楼、一个实验室、一个校园等）的计算机或数据终端设备连接成网络，彼此共享资源。局域网的地理范围较小（小于 10km），结构简单，容易实现，并且具有速度快、延迟小的特点。

广域网也称为远程网，它的地理覆盖范围很大，从几十千米到几千千米，可以覆盖一个地区、一个国家或者更大的范围。

城域网的地理覆盖范围一般为几十千米，主要用于将一个城市、一个地区的企业、机关或学校的局域网连接起来实现一个区域内的资源共享。

（2）按网络的用途分类。按网络的用途，可将网络分为公用网（Public Network）和专用网（Private Network）。

公用网一般是国家邮电部门组建的网络，是为公众提供服务的网络。

专用网是某公司或某部门为本系统的特殊业务需要而组建的网络，一般不向本单位以外的人提供服务。

（3）按传输介质分类。按网络的传输介质，可将网络分为有线网和无线网。

有线网是采用同轴电缆、双绞线、光纤等物理介质来传输数据的网络。

无线网是采用卫星、微波等无线形式来传输数据的网络。

（4）其他分类。还有其他一些分类方式。例如，按网络所采用的拓扑结构可将其分为星形网络、总线型网络、环形网络、网状网络和树形网络；按交换方式可将其分为电路交换网、报文交换网和分组交换网 3 种；按信道的带宽可将其分为宽带网、窄带网等。

4.1.4　计算机网络的功能

计算机网络的功能体现在以下几点。

1. 资源共享

实现资源共享是计算机网络的主要目的。资源共享是指网络中的所有用户都可以有条件地利用网络中的全部或部分资源，包括硬件资源、软件资源和数据资源。硬件资源包括超大型存储器、特殊的外围设备以及高性能计算机的 CPU 处理能力；软件资源包括各种语言处理程序、服务程序和应用程序；数据资源包括数据文件、数据库等。

2. 信息传输与集中处理

信息传输是网络的基本功能之一，分布在不同地区的计算机之间可以传递信息。地理位置分散的生产单位或业务部门可以通过网络将各地收集来的数据进行整合，集中处理。

3. 均衡负荷与分布处理

网络中的多台计算机还可互为备用，一旦某设备出现故障或负荷过重，它的任务就可转移到其他设备中去处理，极大提高了系统的可靠性。另外，可对一些复杂的问题进行分解，通过网络中的多台计算机进行分布式处理，充分利用各地计算机资源，达到协同工作的目的。

4. 综合信息服务

计算机网络可向全社会提供各种经济信息、科技情报和咨询服务。如综合业务数字网（ISDN）可以提供文字、数字、图形、图像、语音等，实现电子邮件、电子数据交换、电子公告、电子会议、IP 电话等业务。随着信息科学技术的不断发展，新型业务功能层出不穷，计算机网络将为社会各个领域提供全方位的服务，功能将向高速化、多元化、可视化和智能化的方向发展。

4.1.5 计算机网络的组成

计算机网络一般由网络硬件和网络软件两部分组成。

1. 计算机网络硬件

计算机网络硬件包括主机、通信处理机、终端、网络连接设备、传输介质等。

（1）主机。主机是计算机资源子网中的主要设备。它可以是巨型机、大型机、工程工作站、微型机、超级小型机、多媒体计算机系统等。在局域网中主机还可以包括服务器、网络打印机、绘图仪等资源主设备。

（2）通信处理机。通信处理机也称为前端机。主机通过通信处理机连接到通信子网上，通信处理机主要用于对各主机之间的通信进行控制和处理，主机与通信处理机之间可采用高性能并行接口连接。

计算机网络由通信子网和资源子网组成。由通信处理机组成的传输网络称为通信子网，由负责数据处理的各主机组成的网络称为资源子网。通信子网为资源子网提供信息传送报务，是支持资源子网上用户之间相互通信的基本环境。在局域网中，通信处理机的功能一般可由网卡的通信控制器来承担。

（3）终端。终端是用户访问网络的直接界面。它可作为主机的配置与主机相连接，在主机网络软件的支撑下实现网络访问时，终端是与其他用户进行信息交互的窗口。

（4）网络连接设备。网络中的连接设备很多，主要负责控制数据的接收、发送和转发。常用的网络连接设备有网卡、调制解调器、集线器、中继器、交换机、网桥、路由器、网关等。

（5）传输介质。传输介质是通信网络中发送方和接收方之间传送信息的物理通道。常用的传输介质包括双绞线、同轴电缆、光纤等有线传输介质和红外线、激光、微波、无线电波等无线传输介质。

2. 计算机网络软件

计算机网络软件主要包括网络操作系统、网络通信协议和网络应用软件。

（1）网络操作系统。网络操作系统是网络用户与计算机网络之间的接口，是使网络上的各计算机能方便有效地共享网络资源，为网络用户提供所需的各种服务和有关规程的集合。它的主要功能是网络运行管理、资源管理、文件管理、通信管理、用户管理、系统管理等。目前，常用的网络操作系统有 UNIX、Linux、Windows Server、Novell Netware 等。

（2）网络通信协议。计算机网络是非常复杂的系统，计算机之间的通信涉及许多复杂的技术，相互通信的计算机必须高度协调地工作才行。也就是说，在计算机网络中要做到有条不紊地交换数据，就必须遵守一些事先约定好的规则，这种规则称为网络协议。网络协议主要负责规定计算机通信时的数据格式、使用的控制信息和事件实现的顺序。

（3）网络应用软件。网络应用软件是根据用户的需要开发出来的。网络应用软件能为用户提供各种服务，如传输软件、游戏软件、聊天工具等。

4.1.6　计算机网络的体系结构

为了设计、理解和应用复杂的网络，人们提出了将网络分层的设想。也就是把庞大、复杂的问题分解成一些简单的组成部分，每一层完成一个特定的功能，上一层可以调用下一层，与再下一层没有关系，最后再将它们复合起来完成整个功能，这就是目前广泛采用的分层结构的网络体系结构。

在分层结构中，把用户应用程序看作最高层，把物理通信线路看作最低层。它们之间的协议处理包括两个基本内容：一是将网络功能分成若干层，规定相邻层之间互传信息的接口关系，称为层间服务；二是在同一层内，通信双方要遵守许多约定和规则，这些约定和规则称为层内协议。计算机网络所有协议的集合称为网络的体系结构。

下面介绍两种典型的计算机网络体系结构：OSI/ISO 参考模型和 TCP/IP 参考模型。

1. OSI/ISO 参考模型

为了计算机网络的标准化，实现异构网络的互连，国际标准化组织（ISO）提出了开放系统互连（Open System Interconnection，OSI）参考模型，它将计算机网络的体系结构分为 7 层，从低到高分别为：物理层、数据链路层、网络层、传输层、会话层、表示层和应用层。OSI/ISO 参考模型的结构如图 4-2 所示。

2. TCP/IP 参考模型

TCP/IP 参考模型（通常称为 TCP/IP 协议簇）是 Internet 使用的分层体系结构。相对于 OSI/ISO 参考模型，TCP/IP 参考模型更为简单和实用，随着 Internet 的广泛使用，它已经成为事实上的国际标准。TCP/IP 参考模型只有 4 个层次：网络接口层、网际层、传输层和应用层，凡是遵循 TCP/IP 协议簇的各种计算机都能相互通信。TCP/IP 参考模型的结构如图 4-3 所示。

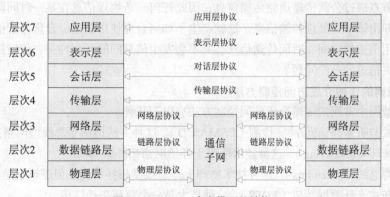

图 4-2　OSI/ISO 参考模型的结构

TCP/IP 参考模型是在 OSI/ISO 参考模型之前产生的，它的层次结构不同于 OSI/ISO 参考模型。两者的对应关系如图 4-4 所示。

| 应用层 |
| 传输层 |
| 网际层 |
| 网络接口层 |

图 4-3　TCP/IP 参考模型的结构

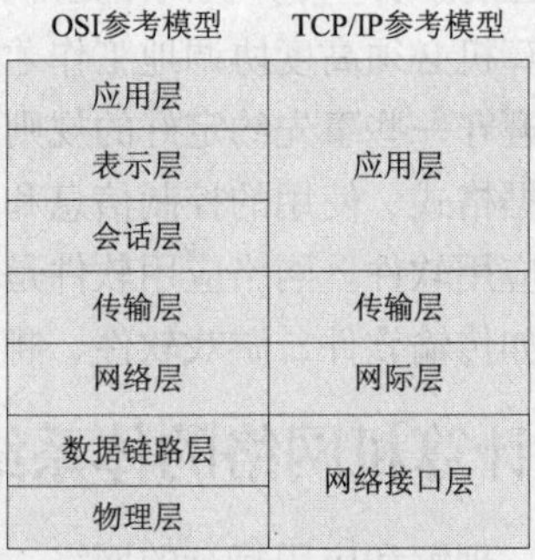

OSI参考模型	TCP/IP参考模型
应用层	应用层
表示层	应用层
会话层	应用层
传输层	传输层
网络层	网际层
数据链路层	网络接口层
物理层	网络接口层

图 4-4　OSI 参考模型与 TCP/IP 参考模型的对应关系

4.1.7　局域网

局域网（LAN）是指在较小地理范围内的计算机或数据终端设备连接在一起形成的网络，可以包含一个或多个子网，通常局限在几千米的范围之内。局域网出现于 20 世纪 70 年代末，20 世纪 80 年代得到飞速的发展和普及，20 世纪 90 年代进入繁荣时期。目前，局域网的使用已相当普遍，最常见的局域网类型是以太网。

1. 局域网的特点

局域网的主要特点如下。

（1）覆盖的地理范围较小，一般为 10m～10km。

（2）数据传输速率高（1～100Mbit/s），时延和误码率低。

（3）使用的拓扑结构多为星形、总线型或环形。

（4）局域网通常由一个单位所拥有。由网络拥有者负责维护、管理网络以及建立新的网络连接。

决定局域网特性的主要因素有 3 个：用于传输数据的传输介质、用于连接各种设备的拓扑结构以及用于资源共享的介质访问控制方法。

2. 局域网的传输介质

局域网的传输介质多采用同轴电缆、双绞线和光纤。其通信机制广泛采用广播式。在局域网中，由于各节点通过公共传输通路传输信息，因此任何一条物理信息在某一时间段内只能为一个节点服务，即由该节点处理传输信息。这就产生了如何合理使用信道、合理分配信道的问题，实现既充分利用信道的空间、时间传送信息，又不会发生信息间的互相冲突。传输控制方式的功能就是合理解决信道的分配问题。

3. 局域网的传输介质访问控制方法

目前局域网中常用的传输介质访问控制方法有以下几种。

（1）载波监听多路访问/冲突检测（CSMA/CD）。这种方法适用于总线型网络拓扑结构。

（2）令牌环（token ring）。这种技术适用于环形网络拓扑结构。

（3）令牌总线（token bus）。这种技术物理上是总线型拓扑结构，但逻辑上是令牌环。

（4）分布式光纤数据接口（FDDI）。这种技术是一个双环拓扑结构。

4.2 Internet 概述

Internet 是国际计算机互联网的简称，又称为因特网。它是全球最大的、开放的、由众多网络互连而成的计算机网络。Internet 是一个基于 TCP/IP 并且连接各个国家、各个地区、各个机构的计算机网络，它将全球数万个计算机网络、数千万台主机连接起来，包含了海量的信息资源，向全世界提供信息服务。

4.2.1 Internet 的产生和发展

Internet 起源于美国国防部高级研究计划署（ARPA）资助建成的 ARPANET，这是美国国防部高级研究计划署为军事目的而建立的网络。为了在不同结构的计算机之间实现正常的通信，ARPA 制定了一个称为 TCP/IP 的通信协议，供联网用户共同遵守。

在 ARPANET 发展的同时，美国宇航局（NASA）、能源部、美国国会科学基金会（NSF）等政府部门，在 TCP/IP 的基础上相继建立或扩充了自己的全国性网络，特别是 NSFnet，该网络也基于 TCP/IP，并在全国建立了按地区划分的计算机网络。它不仅面向全美的大学和研究机构，而且允许非学术和非研究领域的用户连接入网。到了 1988 年，NSFnet 取代 ARPANET 成为 Internet 的主干网。随着社会科技、文化和和经济的发展，人们需要快速了解世界各地的信息，对信息资源的开发和使用越来越重视。Internet 是第一个实用的全球性网络，入网的用户既可以是信息的消费者，也可能是信息的提供者，Internet 已经成为一个开发和使用信息资源的覆盖全球的信息海洋。国际电信联盟发布《2014 年信息与通信技术》报告称，到 2014 年年底，全球互联网用户数量将达到约 30 亿，其中 2/3 来自发展中国家。此外，移动宽带普及率也将达到 32%。2014 年第 33 次《中国互联网络发展状况统计报告》中指出，截至 2013 年 12 月，我国网民规模达 6.18 亿，全年共计新增网民 5 358 万人。互联网普及率为 45.8%，较 2012 年年底提升 3.7 个百分点，整体网民规模增速保持放缓的态势。在智能终端快速普及、电信运营商网络资费下调和 Wi-Fi 覆盖逐渐全面的情况下，手机上网成为互联网发展的主要动力。截至 2013 年 12 月，我国手机网民规模达 5 亿人，较 2012 年年底增加 8 009 万人，网民中使用手机上网的人群占比由 2012 年底的 74.5%提升至 81.0%，手机网民规模继续保持稳定增长。

Internet 在中国的发展始于 1987 年，中国科学院高能物理中科院研究所建成了第一条与 Internet 联网的专线，实现了与欧洲及北美地区的电子邮件通信。从 1994 年开始，教育科研网发展迅速，北京中关村地区及清华大学、北京大学组成 NCFC 网，并于 1994 年 4 月开通了与 Internet 的 64kbit/s 专线连接，同时还设中国最高域名（CN）服务器，从此中国真正加入了 Internet 的行列。1994 年 9 月，中国原邮电部门开始连入 Internet，建立北京、上海两个出口。1995 年 6 月正式运营，从而拉开了中国 Internet 商业化发展的序幕。目前，中国公用计算机互联网（CHINANET）、中国教育与科研计算机网（CERNET）、中国国家计算机与网络设施网（NCFC，又称中国科技网（CSTNET））和中国国家经济信息通信网（CHINAGBN，又称金桥信息网）已成为中国 Internet 的四大骨干网。

随着我国国民经济信息建设的发展，拥有连接国际出口的互联网已由上述的四大骨干网发展到十大网络，后来增加的六大网络是：中国网络通信网（中国网通，CNCNET）、中国联合通信网（中国联通，UNINET）、中国移动互联网（中国移动，CMNET）、中国长城宽带网（CGWNET）、中国国际经济贸易互联网（CIETNET）和中国卫星通信集团互联网（中国卫通，CSNET）。

4.2.2　TCP/IP

Internet 上使用 TCP/IP 协议簇，TCP 和 IP 是其核心的两个协议。TCP（transmission control protocol，传输控制协议）规定了一种可靠的数据传递服务，提供应用程序所需的其他功能；IP（Internet protocol，网际协议）是支持网间互连的数据报协议，提供基本的通信，其作用是保证数据从发送端通过网络送达接收端。TCP/IP 协议簇中还包含了向用户提供服务的各种应用协议。每一台连入 Internet 的计算机都必须装有并运行实现 TCP/IP 的 TCP/IP 软件或 TCP/IP 协议簇。图 4-5 为 TCP/IP 协议簇的主要协议。

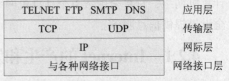

TELNET FTP SMTP DNS	应用层
TCP	UDP	传输层
IP	网际层
与各种网络接口	网络接口层

图 4-5　TCP/IP 参考模型的主要协议

4.2.3　IP 地址

为了正确标识 Internet 中的计算机，TCP/IP 建立了一套编址方案，为每台入网的计算机分配一个全网唯一的标识符，即 IP 地址。目前使用的 IP 地址由 32 位二进制组成的，即 4 字节。通常采用"点分十进制"法，也就是将 IP 地址的 32 位分成 4 段，每段之间以小数点分隔，每段 8 位（1 字节），用 0～255 范围内的十进制数表示。通信时要用 IP 地址来指定目的主机地址。

IP 地址与硬件没有任何关系，所以也称为逻辑地址。它由网络号和主机号两部分组成，如图 4-6 所示。IP 地址的结构能很方便地在网络中寻址，先按 IP 地址中的网络号（net-id）找到网络，再按主机号（host-id）找到主机。IP 地址现在由 Internet 名字与号码指派公司（Internet Corporation of Assigned Names and Numbers，ICANN）进行分配。

为了便于管理 IP 地址，同时考虑到网络上主机数量的差异性，Internet 将 IP 地址分为 A～E 5 类，如图 4-7 所示。目前大量使用的是 A、B、C 3 类。

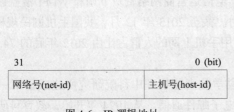

| 31 | 0 (bit) |
| 网络号(net-id) | 主机号(host-id) |

图 4-6　IP 逻辑地址

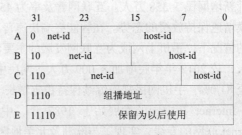

	31	23	15	7	0
A	0 net-id		host-id		
B	10 net-id		host-id		
C	110 net-id			host-id	
D	1110	组播地址			
E	11110	保留为以后使用			

图 4-7　IP 地址的类型

例如，IP 地址 11000000 10101000 00000110 00010101 是一个 C 类地址，用"点分十进制"法表示为 192.168.6.21。

以上介绍的是 IPv4 版本的 IP 地址，随着 Internet 用户的不断增长，32 位 IP 地址空间越来越紧张，网络号将很快用完，于是产生了 IPv6 协议，IPv6 版本的 IP 地址为 128 位，占 16 字节。IPv6 在设计时，保留了 IPv4 的一些基本特征，这使得采用新老版本 IP 地址的各种网络系统在 Internet 上能够互连。

4.2.4　域名系统

由于数字形式的 IP 地址不便于用户记忆和使用，从 IP 地址上也看不出其拥有者的组织名称或性质，不能根据公司或组织的名称或类型来猜测其 IP 地址，因此 Internet 上引入了域名系统（domain name system，DNS）。域名是一种基于标识符号的名字管理机制，可以把它理解为 IP 地址的助记符号。Internet 上的主机不仅要申请一个 IP 地址，还要为其注册一个域名，和 IP 地址一样，域名在全世界范围内要唯一。DNS 是一个联机分布式数据系统，主要是为 IP 地址和域名之间建立映射关系，提供主机域名和 IP 地址之间的转换。运行域名服务程序的主机叫域名服务器。

DNS 是一种层次结构，"域"是名字空间中一个可被管理的划分，域可以再划分为子域。域名的结构如下。

……. 三级域名. 二级域名. 顶级域名

域名的各部分之间用"."隔开，按从右到左的顺序，顶级域名在最右边，代表国家或地区以及机构的种类，最左边的是机器的主机名。域名长度不超过 255 个字符，每一级域名长度不超过 63 个字符，由字母、数字或下画线组成，以字母开头，以字母或数字结尾，域名中的英文字母不区分大小写。域名是一个逻辑的概念，它不反映主机的物理地点。

例如，www.hust.edu.cn，最右边的顶级域名 cn 是指中国，二级域名 edu 是指教育机构，hust 表示该网络属于华中科技大学，www 是主机名称。

常见的顶级域名有国家顶级域名和通用顶级域名。

国家顶级域名包括 au-澳大利亚、ca-加拿大、cn-中国、de-德国、fr-法国、jp-日本、uk-英国、us-美国等国家和地区。

目前全球通用顶级域名有.com、.net、.org 等 21 种。常见的通用顶级域名如表 4-1 所示。

表 4-1　　　　　　　　　　　　通用顶级域名

域　名	含　义	域　名	含　义
com	商业组织	net	网络机构
edu	教育机构	gov	政府部门
int	国际组织	mil	军事组织
info	提供信息服务的组织	org	各种组织包括非营利组织

4.2.5　Intranet 简介

Intranet 一词来源于 Intra 和 Network，即内部网络，译为"内联网"。一般认为，Intranet 是指将 Internet 技术（特别是 WWW）应用于企业或政府部门的内部专用网络。Intranet 与 Internet 相比，可以说 Internet 是面向全球的网络，Intranet 则是 Internet 技术在企业机构内部的实现，它能够以极少的成本和时间将一个企业内部的大量信息资源高效合理地传递到每个人。Intranet 为企业提供了一种能充分利用通信线路、经济而有效地建立企业内联网的方案，目的在于提高工作效率、促进企业内部合作与沟通和增强企业的竞争力。

Intranet 于 1995 年提出，由于 Internet 的爆炸性增长以及 Internet 上的安全因素等原因，计算机和通信领域的一些有识之士考虑将 Internet 技术（如 WWW 和 E-mail 等）应用于集团企业的信息管理系统和政府部门的办公系统，并将这项技术命名为 Intranet。随后，Intranet 迅速崛起。企业关注 Intranet 的原因是：它只为一个企业内部专有，外部用户不能通过 Internet 对它进行访问。

利用 Intranet，企业对内可提供一个灵活、高效、宽松、快速、廉价、可靠的信息交流、信息共享和企业管理的理想环境，真正实现企业管理的电子化、科学化和自动化，企业领导人可实验各种先进的企业管理方法；对外可全面展示企业的形象，宣传和发布产品信息，保持与客户合作伙伴的密切联系，还可连接到 Internet，共享丰富的信息资源。

Intranet 克服了 Internet 上的不少弱点，Intranet 定位清晰，只提供与企业业务相关的信息，需求明确，摒弃了外界与企业无关的信息垃圾和电子邮件，信息传输量大大减少，而且系统相对简单，还可采用防火墙技术与外界隔离，使网络系统有内在安全性和可控性。

Intranet 使用统一的 TCP/IP 技术标准，技术成熟，很多公司能提供完整的 Intranet 解决方案。Intranet 界面统一且亲切友好，使用、培训、管理和维护都非常简单；具有很好的性能价格比，能充分地保护和利用已有的资源，通信传输、信息开发和管理维护费用低；技术先进，能适应未来信息技术的发展方向，代表了 21 世纪的企业运作方式。Intranet 网络服务种类多，能提供诸如 WWW、电子邮件、文件传输、电子新闻、信息查询、信息检索、计划日程安排、多媒体通信等服务；Intranet 能适应不同的企业、政府部门和企业管理模式，迎接未来的挑战。

4.3　Internet 的服务及应用

Internet 提供了形式多样的方法和工具为广大的 Internet 用户服务。基本的服务有万维网（WWW）、电子邮件（E-mail）、文件传输（FTP）、远程登录（Telnet）、电子公告板（BBS）、新闻论坛（Usenet）、新闻组（NewsGroup）、信息查询（Gopher）、网络文件搜索（Archie）等。

4.3.1　WWW 服务

WWW 的英文全称是 World Wide Web，译为万维网，也叫环球信息网，它是一种基于超文本技术的信息浏览检索工具。它拥有友好的图形界面、简单的操作方法以及图文并茂的显示方式，使用户能使用在 Internet 上已经建立 WWW 服务器的所有站点提供的超文本媒体资源文档，是当前 Internet 上最受欢迎、最为流行的信息检索服务系统。

WWW 以超文本标记语言（Hypertext Markup Language，HTML）和超文本传输协议（Hypertext Transfer Protocol，HTTP）为基础，以友好的接口提供 Internet 信息查询服务。WWW 系统采用客户机/服务器模式（C/S），所有客户端和 Web 服务器统一使用 TCP/IP，用户只需提出查询要求就可自动完成查询操作。

WWW 的信息分布在不同的 Web 站点，所以需要一种确定信息资源位置的方法。统一资源定位器（Uniform Resource Locater，URL）就是用来确定各种信息资源位置的，又称为"网址"。URL 由两部分组成，前一部分指出访问方式，后一部分指明某一项信息资源所在的位置，由冒号和双斜线"://"隔开。URL 的格式如下。

协议名称://主机地址[:端口号]/路径/文件名

例如，http://office.microsoft.com/zh-cn/default.aspx 就是一个 URL。

Web 浏览器是用户用于浏览网页的工具软件，借助浏览器，用户可以搜索信息、下载/上传文件、收发电子邮件、访问新闻组等。下面以 Microsoft 公司的 Internet Explorer 11（缩写为 IE 11 浏览器）为例，介绍浏览器的使用方法。

1．启动 IE 浏览器

选择"开始"→"程序"→"Internet Explorer"命令，或者双击桌面上的 Internet Explorer 图标都可以启动 IE 浏览器，启动后出现如图 4-8 所示的界面。

地址栏：显示当前选项卡访问页面的 URL 地址，也可输入要访问页面的 URL 地址。

菜单栏：使用菜单可以实现浏览器的所有功能。

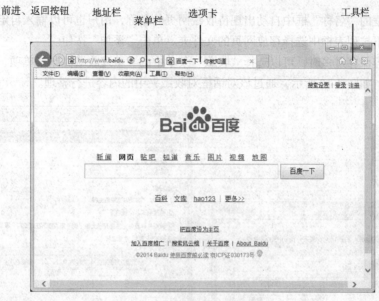

图 4-8　IE 11 窗口

工具栏：包括若干常用按钮，可以快速执行 IE 操作命令。

选项卡：选项卡允许在单个浏览器窗口中打开多个网页。可以在新选项卡中打开网页或链接，并通过单击选项卡切换这些网页。

2. 浏览 Web 页

启动 IE 浏览器后，即可通过 IE 浏览器浏览网页。在选项卡的 IE 地址栏中输入要访问网页的 URL 地址，或者单击地址栏右侧的下拉按钮，列出最近访问过的 URL 地址，从中选择要访问的地址，还可以单击工具栏中的"链接"按钮，从中选择链接地址等，打开相应的网页。每个网页都包含很多超链接，将鼠标指针移动到包含超链接的文本、图片或按钮上时，指针会变成手指的形状，此时单击即可打开其链接的网页。

3. 保存 Web 页

用户在网上浏览时，可以将自己需要的网页保存下来。保存网页的具体操作步骤如下。

（1）打开需要保存的网页。

（2）选择"文件"→"另存为"选项，弹出"保存网页"对话框。

（3）在"保存网页"对话框中的"保存在"下拉列表中选择网页保存的位置，在"文件名"文本框中输入网页的名称，也可以使用默认的网页标题名称，在"保存类型"下拉列表中选择网页保存类型，在"编码"下拉列表中选择网页编码，单击"保存"按钮。

如果需要保存网页中的图片，先选择待保存的图片，单击鼠标右键，在快捷菜单中选择"图片另存为"命令，打开"保存图片"对话框。选定要保存的位置之后，单击"保存"按钮。

4. 收藏 Web 页

利用收藏夹，可以将一些经常访问的站点的网址保存下来，方便再次访问。其具体操作步骤如下。

（1）打开需要添加到收藏夹中的网页。

（2）选择"收藏"菜单中的"添加到收藏夹"菜单项，弹出"添加收藏"对话框，如图 4-9 所示。

（3）该对话框的"名称"框中自动出现待收藏网页的名称，用户也可以输入自定义的名称，在"创建位置"下拉列表框中选择存放网页的文件夹。单击"添加"按钮。

收藏夹的内容保存过多时，可以选择"收藏"菜单中的"整理收藏夹"菜单项，弹出"整理收藏夹"对话框，如图 4-10 所示，通过该对话框对收藏夹中的内容进行整理。

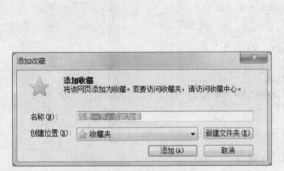

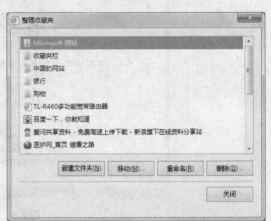

图 4-9　"添加收藏"对话框　　　　　　图 4-10　"整理收藏夹"对话框

5. 搜索引擎

由于 Internet 不断扩大，如何快速、准确地获取需要的信息就显得尤其重要。为了使用户能够快速得到自己需要的信息，许多网站都提供了信息检索服务，即搜索引擎。搜索引擎是一种搜索其他目录和网站的检索系统，它并不是真的搜索 Internet，而是搜索预先整理好的网页索引数据库，然后将搜索结果以统一的清单形式返回给用户，一般结果都是根据与搜索关键字的相关度高低来依次排列的。

常用的搜索引擎有很多，各搜索引擎的能力和偏向不同，它们抓取的网页和排序算法也各不相同。目前，具有代表性的搜索引擎有 Google（http://www.google.com）和全球最大的中文搜索引擎百度（http://www.baidu.com）。Google 可以支持多种非 HTML 文件的搜索。另外，搜狐（http://www.sohu.com）、中文雅虎（http://cn.yahoo.com）等也是常用的搜索引擎。

使用搜索引擎的方法比较简单。首先打开搜索引擎的主页，输入要搜索的关键字，就可以开始搜索。需要注意的是，在搜索的时候应尽可能缩小搜索范围。缩小搜索范围的简单方法就是添加搜索关键字或设置搜索类别。

4.3.2　电子邮件

电子邮件（Electronic Mail，E-mail），又称电子邮箱，它是一种用电子手段提供信息交换的通信方式，是 Internet 应用最广的服务。电子邮件可以是文字、图像、声音等各种形式。通过网络的电子邮件系统，用户可以用非常低廉的价格甚至免费，以非常快速的方式，与世界上任何地方的网络用户联系，而且电子邮件还可以进行一对多的邮件传递，同一邮件可以一次发送给许多人。

电子邮件的工作过程遵循客户机/服务器模式。每封电子邮件的发送都要涉及发送方与接收方，发送方构成邮件客户端，接收方构成邮件服务器端。邮件服务器分为接收邮件服务器和发送邮件服务器。发送邮件服务器遵循简单邮件传输协议（simple mail transfer protocol，SMTP），所以发送邮件服务器又叫 SMTP 服务器；接收邮件服务器通过邮局协议（post office protocol version 3，POP3）对邮件进行管理，所以接收邮件服务器又叫 POP3 服务器。

发送方将编辑好的电子邮件向 SMTP 服务器发送。邮局服务器识别接收者的地址，并向管理该地址的 POP3 服务器发送消息。POP3 服务器将消息存放在接收者的电子邮箱内，并告知接收者有新邮件到来。接收者连接到服务器后，会看到服务器的通知，进而打开自己的电子邮箱来查收邮件。

邮件服务器含有众多用户的电子邮箱。电子邮箱实质上是邮件服务提供机构在邮件服务器的硬盘上为用户开辟的一个专用存储空间。邮件地址如同自己的身份，每个用户都有独自且唯一的地址。邮件地址的格式如下。

用户名@电子邮件服务器

"用户名"代表用户邮箱的账号，对于同一个 POP3 来说，这个账号必须是唯一的；"@"是分隔符；"电子邮件服务器"是用户邮箱的 POP3 域名，用于标志其所在的位置。

1. 申请免费电子邮箱

Internet 上提供免费电子邮箱的网站很多，用户可以为自己申请一个免费的电子邮箱，以后就可以方便地收发电子邮件。下面以"网易 126 免费邮"为例，介绍申请免费电子邮箱的方法。其具体操作步骤如下。

（1）打开 IE 浏览器，在地址栏中输入"www.126.com"进入"126 免费邮"首页，如图 4-11 所示。单击"立即注册"，进入"126 免费邮"注册页面，如图 4-12 所示。

图 4-11 "126 免费邮"首页

（2）按页面提示填写邮箱"用户名"、"安全信息"等注册信息。填写完成后单击"创建账号"，出现如图 4-13 所示的"注册成功"页面。

图 4-12　填写注册信息

图 4-13　注册成功

到此，免费邮箱申请完成。可以在此页面上选择直接进入邮箱，登录到刚申请的电子邮箱中，如图 4-14 所示。

图 4-14　电子邮箱界面

2. 创建和发送邮件

拥有电子邮箱后，就可以用它来收发邮件了。要发送邮件，首先要创建邮件。在创建邮件时可以使用背景图案，可以插入文字、链接、图片、声音、视频等；也可以插入附件，附件与邮件正文一起发送。附件若有多个，可以逐个粘贴在邮件中，有时为了减少附件的个数或压缩附件的大小，常将要发送的文件打包成一个压缩文件，再将这个压缩文件作为一个附件发送。有时可能需要传送一些涉及商业机密等的重要信息的文件，为了增强传送信息的安全性，可先对待传送的文件进行加密处理，再以附件的形式发送。下面以发送一封带附件的电子邮件为例，说明创建和发送邮件的过程，附件是一份加密过的 Word 文档，以打包的形式发送。其具体操作步骤如下。

（1）创建一个 Word 文档"邮件测试.docx"，并加密。在 Word 中对文档进行加密处理，可以采用如下方法：打开需要加密的文档，选择"文件"菜单下的"信息"选项，选择"保护文档"下拉列表中的"用密码进行加密"命令，如图 4-15 所示。打开"加密文档"对话框，在密码栏中输入密码，然后再次确认输入，完成对该文档的加密。以后再打开和修改该文档时都会要求输入密码，这就保证了此文档的安全性。

图 4-15　用密码进行加密

（2）将文档 "邮件测试.docx"打包成压缩文件"邮件测试.rar"。压缩工具以 WinRAR 为例，方法为：打开 WinRAR，选中要打包的文件，如图 4-16 所示。单击工具栏上的"添加"按钮，弹出"压缩文件名和参数"对话框，如图 4-17 所示。在此对话框中填写或选择必要的信息，单击"确定"按钮即可。

图 4-16　WinRAR 界面

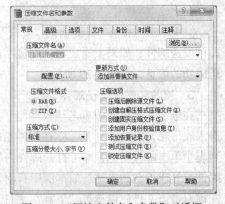

图 4-17　"压缩文件名和参数"对话框

（3）进入如图 4-14 所示的电子邮箱界面，单击"写信"按钮，打开"写信"界面，如图 4-18 所示。

图 4-18　"写信"界面

（4）在"收件人"文本框中输入收件人的 E-mail 地址，在"主题"文本框中输入该邮件的主题，在"内容"框中输入邮件正文内容。

（5）单击"添加附件"按钮，弹出"选择要加载的文件"对话框，如图 4-19 所示。在"查找范围"下拉列表中选择"邮件测试.rar"文件所在的路径，单击"打开"按钮，附件就粘贴成功了。

图 4-19 "选择要加载的文件"对话框

（6）单击"写信"界面上的"发送"按钮，即可发送邮件，如果发送成功，则显示邮件发送成功的信息，如图 4-20 所示。

3. 接收和阅读电子邮件

在电子邮箱界面中单击"收件箱"按钮，进入收件箱，如图 4-21 所示。在收件箱的主题

图 4-20 邮件发送成功

列表中单击邮件名称，即可打开邮件内容进行阅读，如图 4-22 所示。如果邮件带有附件，可以将附件打开或下载到本地。如本例中有附件"邮箱测试.rar"文件，在附件区域找到该附件，用鼠标左键双击该文件后可选择"下载"、"打开"或者"在线阅读"3 种方式操作，如图 4-22 所示。若单击选择"下载"方式，则可在弹出的"文件下载"对话框中选择打开或保存文件。

图 4-21 收件箱

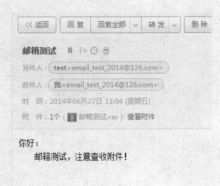

图 4-22 阅读信件

将"邮箱测试.rar"文件下载到本地后，可以双击打开，选择解压路径；或者用鼠标右键单击，从快捷菜单中选择"解压文件"或者"解压到当前文件夹"选项，如图 4-23 所示。将"邮

箱测试.rar"解压还原成"邮箱测试.doc"后，可以打开这个文件。双击"邮箱测试.docx"，会弹出如图 4-24 所示的"密码"对话框。只有输入正确的密码，才能将加密过的文件"邮箱测试.docx"打开并修改。

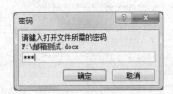

图 4-23　解压文件快捷菜单　　　　图 4-24　　"密码"对话框

4．回复和删除邮件

用户在阅读完邮件后，单击"回复"按钮，可以打开邮件的编辑页面，在该页面中编辑要回复的邮件内容，完成后单击"发送"按钮，即可回复电子邮件。

如果邮箱中有一些不需要的邮件或者垃圾邮件，可以将其删除。在收件箱中选中需要删除的邮件，单击"删除"按钮即可。

4.3.3　文件传输

1．文件传输概述

文件传输（FTP）是指通过文件传输协议（file transfer protocol，FTP）在网络计算机之间快速传输文件的服务。传输的文件可以包括电子报表、声音、编译后的程序以及字处理程序的文档文件。

要想实现 FTP，必须在相连的两端都装有支持 FTP 的软件，装在用户机上的叫作 FTP 客户端软件，装在服务器上的叫作 FTP 服务器端软件。FTP 基于客户机/服务器模式，由客户端的 FTP 客户程序和 FTP 服务器中的 FTP 服务程序协同工作，从而完成文件传输。装在用户机上的硬盘称为本地硬盘，装在服务器上的硬盘叫做远程硬盘。将一个文件从自己的计算机发送到服务器，应使用 FTP 上传（Upload），而更多的情况是使用 FTP 下载（download）文件，或对文件进行删除、更名、移动等管理。

FTP 服务器并不是可以随意使用的，上传和下载通常都只对部分用户，而不是所有用户服务。因此，登录 FTP 服务器需要用户账号和口令。不过，Internet 上有很多匿名（anonymous）的 FTP 服务器，这些服务器向全世界所有用户开放，可以公开访问。这些 FTP 服务器在登录时使用 Anonymous（匿名）作为用户名，而将用户的 E-mail 地址作为口令进行登录，有的甚至不用口令。使用 FTP 还需要注意端口（port）号，FTP 服务器使用端口 21。

2. 访问 FTP 服务器

可以通过 IE 浏览器或 FTP 专用工具使用 FTP。IE 浏览器支持图形窗口方式的 FTP 功能。若用浏览器进行文件传输，则 URL 地址的协议名称要用 ftp。例如，要进入 Microsoft 公司的 FTP 服务器，可以在 IE 地址栏内输入"ftp://ftp.microsoft.com/"，即以匿名方式登录 Microsoft 公司的 FTP 服务器，如图 4-25 所示。若希望以文件资源管理器窗口的形式查看，可以直接在文件资源管理器中打开该 FTP 站点，用户可以像使用本地计算机一样访问 FTP 服务器中的资源，并进行上传和下载操作，如图 4-26 所示。

图 4-25 微软 FTP 服务器窗口

图 4-26 微软 FTP 服务器窗口

为了更方便地使用 FTP 的功能，提高从 FTP 服务器下载文件的速度，可以使用专门的 FTP 工具，FTP 下载工具可以在网络连接意外中断后，通过断点续传功能继续传输剩余的部分。常见的 FTP 工具软件有 CuteFTP、flashFXP 等，它们可以从一些提供共享软件的站点获得。这些工具操作简单、方便，功能强大，支持断点续传、上传、文件拖放等，使 Internet 上的 FTP 服务更方便、快捷。

4.3.4 远程登录

远程登录（remote login）是 Internet 提供的最基本的信息服务之一。Internet 用户的远程登录是指在远程登录协议（Telnet）的支持下，使自己的计算机暂时成为远程计算机终端的过程。

用户使用远程登录服务时，首先在远程服务器上登录，输入用户账号和密码，使自己成为该服务器的合法用户，登录成功后，即可实时使用该远程服务器对外开放的各种资源。国外有许多大学图书馆都通过 Telnet 对外提供联机检索服务。一些研究院、研究所以及政府部门也向外开放它们的公用数据库，用户可通过菜单界面进行查阅。

远程登录服务的典型应用就是电子公告牌系统（Bulletin Board System，BBS），它是一种利用计算机通过远程访问得到一个信息源及报文的传递系统。用户只要接入 Internet，就可以直接利用 Telnet 方式进入 BBS，阅读其他用户的留言，发表自己的意见。BBS 的界面一般是文本，但随着应用技术的发展，现今 BBS 的界面也会包含大量图片，而且常用的浏览方式也从 Telnet 远程登录变为了更为大众接受的浏览器网页方式。

4.3.5 网络即时通信软件

最早的网络即时通信软件是 ICQ。ICQ 是"I Seek You"的连音缩写，中文名称是"网络寻呼机"，它主要用来在网上和朋友进行即时交流，使用它可以及时和网上的朋友取得联系，和打电话一样方便及时，比 E-mail 更快捷方便。

目前，国内主要的网络即时通信软件是由腾讯科技（深圳）有限公司开发的基于 Internet 的 OICQ（俗称"网络寻呼机"），又称为 QQ。通过 QQ 可以和好友进行交流，即时发送和接收信息和自定义图片，语音视频面对面聊天；此外 QQ 还具有手机聊天、聊天室、点对点断点续传传输文件、共享文件、QQ 邮箱、备忘录、网络收藏夹、发送贺卡等功能。QQ 不只是简单的即时通信软件，它还与移动通信公司合作，实现 GSM 移动电话的短消息互连，是国内最为流行，功能最强的即时通信（IM）软件；QQ 还可以与移动通信终端、IP 电话网等多种通信方式相连，使其不只是单纯意义的网络虚拟呼机，而是一种方便、实用、高效的即时通信工具。

要使用 QQ 必须先下载安装软件，QQ 安装程序可以在腾讯网站免费下载，地址是：http://www.qq.com。

收发消息是 QQ 最常用和最重要的功能，实现消息收发的前提是有一个 QQ 号码和至少一个 QQ 好友。如果要给一个不认识的用户发送消息，首先要把他找到，如根据对方的 QQ 号码，将该用户加为好友，可能还需要对方授权，然后在好友名单中可以发现他的头像，这时才可以给他发送消息。综上所述，QQ 的基本使用必须包括注册、登录、查找和收发信息这几项，下面一一说明。

1. 注册

下载完 QQ 安装程序以后运行该程序，弹出 QQ 用户登录界面，如图 4-27 所示。选择"注册新账号"开始注册，然后按照提示操作即可。为了保证 QQ 号码不被他人盗用，一般需要填写个人资料，比如安全信箱、密码保护提示问题等，而服务器地址和端口等不熟悉的选项不需要修改，用默认的参数即可。

2. 登录

申请完 QQ 号码，重新启动 QQ，在登录窗口输入 QQ 号码和密码，单击"登录"按钮，即可进入 QQ 主界面，如图 4-28 所示。

图 4-27　QQ 用户登录界面

图 4-28　QQ 主界面

3. 查找好友

登录后，需要添加好友才能和好友对话。单击主界面最下方的"查找"按钮，在如图 4-29 所示的窗口中查找。若知道好友的 QQ 号码，可选择精确查找。根据提示将好友的 QQ 加入"我的好友"中。好友会在"我的好友"栏中显示，重新开机也不会消失。

4. 收发消息

在 QQ 主界面中双击好友的头像，弹出聊天窗口，如图 4-30 所示。在窗口的下半部分输入聊天内容，单击"发送"按钮可将消息发送出去，若好友当前在线，就可以和好友进行即时通信；如果好友当前不在线，则可以发送离线消息，一旦好友上线，就会收到消息。

5. 其他功能

单击 QQ 主界面的其他按钮，可以实现 QQ 的其他如下功能。

（1）传送文件：在主界面中用鼠标右键单击好友的头像，从快捷菜单中选择"传送文件"；或者打开与好友的聊天窗口，在工具栏上单击"传送文件"按钮，再选定要传送的文件，单击发送选项，等待对方接受请求。若好友当前不在线，或长时间未接收，建议发送离线文件。

（2）传送语音：利用此功能可以传送语音信息。插好话筒，用鼠标左键单击图标，选择"传送语音"，按提示先录好音，或者打开已录好的文件，发送出去。附言栏中可加入附言文字。

图 4-29　查找联系人/群/服务等　　　　　　　　　　图 4-30　聊天窗口

（3）发送邮件：可以直接给 QQ 上的朋友发送邮件，而无须再输入 E-mail 地址。

（4）查看信息：查看及更新 QQ 上网友的个人信息。

（5）新邮件通知：设置 E-mail 地址、邮件 POP3 地址及 SMTP 地址，可以选择定时检查时间，QQ 会自动检查是否有新邮件到达。

（6）QQ 群：QQ 群是为 QQ 用户中拥有共同兴趣的小群体建立的一个即时通信平台。例如，可以创建"我的大学同学"、"我的同事"等群，每个群内的成员都有密切的关系，如同一个大家庭。

（7）手机短信：在 QQ 中，可以把要讲的话用文字的方式发送到好友的手机，只要他的手机是 QQ 所支持的，并且开通了短消息服务功能。

（8）公共聊天室：QQ 开设了许多聊天室，速度比一般的 Web 聊天室快得多。用户可以根据自己的爱好选择一个聊天室和网友聊天。还可以自设房间，邀请好友加入，相当于网络会议。

4.4　网页制作及应用

本节主要介绍网页制作基础语言 HTML，以及常用的网页三剑客（Adobe Dreamweaver CS5、Adobe Fireworks CS5、Adobe Flash CS5）的使用方法。

4.4.1　HTML 简介

在 Web 系统服务器端安装 Web 服务器软件，发布 HTML 文档，在客户端使用浏览器解释 HTML 文档，用户就能看到丰富多彩、层次分明的信息，网页可以包括文本、声音、图像、视频等多种媒体形式。

HTML（hyper text markup language）是一种超文本标记语言，它是用来制作超文本文档的语言。用 HTML 编写的超文本文档称为 HTML 文档，它能独立于各种操作系统平台（如 UNIX、Windows 等）。一般的 HTML 文件是普通的文本文件，加上各种标记，可以告知浏览器有关字形的变化、图形的加入或者是一些链接的设置。

使用普通的文本编辑器就可以创建 Web 文件。方法是在文本编辑器中，输入一段文本，再给文本加上 HTML 标记，然后以扩展名 htm 或 html 保存。

1. HTML 的基本结构

HTML 是标准的 ASCII 文件，它看起来是加入了许多被称为标记（tag）的特殊字符串的普通文本文件。HTML 文件由控制和正文两部分组成。HTML 文件通过利用各种标记来标识文档的结构以及超链接（hyperlink）的信息。HTML 文件一般是分层来组织的，最外层是<html>…</html>，在此标记内一般有两层，即 head 层（文档头）和 body 层（文档体），这两部分内容都包含在<html>和</html>之间。文档头一般存储网页的信息，如网页标题和网页关键字等。文档体是网页内容的显示部分，主要由表格标记、段落标记、图像标记等组成。HTML 文件的典型结构如下。

```
<html>
    <head>
        文 档 的 头 部 分
    </head>
    <body>
        文 档 的 主 体 部 分
    </body>
</html>
```

2. HTML 标记

HTML 文档有一些用 "<" 和 ">" 括起来的句子，称为标记。标记是 HTML 中一些定义网页内容格式和显示的指令，标记的属性用于进一步控制网页内容的显示效果。HTML 的标记对大小写不敏感，并用 "<>" 进行区分。标记可分为单标记、双标记和属性标记。单标记是指只需单独使用就能完整表达意思的标记，如
，表示回车。双标记由开始标记和结束标记两部分构成，必须成对使用。其中，开始标记告诉浏览器从此处开始执行该标记所表示的功能，结束标记告诉浏览器在这里结束该功能。开始标记和相应的结束标记定义了标记所影响的范围。在开始标记的标记名前加上符号 "/" 便是结束标记。例如，<html>...</html>表示 HTML 文档的开始和结束；<font>...</font>表示字体控制开始和结束。属性标记是为了明确某种功能的标记，往往用一些属性参数来描述。属性是标记的选项，用于进一步控制网页内容的显示效果，如颜色、对齐方式、高度和宽度等。几种主要标记的含义如下。

（1）<html>…</html>。指明文件中 HTML 编码信息，同时文件扩展名.html 或.htm 也指明该文件是一个 HTML 文档。<html>表示 HTML 文档的开始，</html>表示 HTML 文档的结束。

（2）<head>…</head>。HTML 编码文档的头部信息。其中存放标题及其他内容。

（3）<title>…</title>指明网页的标题，标题会显示在浏览器窗口的顶端。标题应当是描述性的、独特的和相对简洁的。

（4）<body>…</body>是 HTML 文档中最大的部分，即正文部分，包含文档的所有内容，显示在浏览器窗口的工作区域中。

3. 文本格式

主页中主要由大量的文本组成，HTML 提供了文本格式标记，可以生成各种格式的文本。文本格式简介如下。

（1）标题标记<Hn>。标题标记<Hn>中的 n 为标题的等级。HTML 总共提供 6 个等级的标题，n 越小，标题字号就越大。每个标题标记所标示的字句将独占一行且上下留一个空白行，用<P>标记不必再加空行。

（2）换行标记
。换行标记
的作用是令其后的内容在下一行显示。浏览器会自动忽略原代码中的空白和换行的部分，
是最常用的标记之一。

（3）段落标记<P>。段落标记<P>的作用是产生一个空白行。为了使文章排列整齐、清晰，可以使用<P>…</P>来划分段落。不同的段落之间会自动换行并有一定的间距。</P>可省略，因为下一个<P>的开始就意味着上一个<P>的结束。

（4）字体控制标记<font></font>。字体控制标记<font>…</font>用于设置字体格式。

4. 文件之间的链接

在浏览网页时，能从一个网页转到另一个网页，从网页的一处转到另一处，或转到另外一个站点，是由于超链接标记<A>的使用。超链接标记<A>代表一个链接点，是英文 Anchor（锚点）的简写。它的作用是把当前位置的文本或图片链接到其他的页面、文本或图像。一个链接的基本格式如下。

<A href="资源地址" >链接文字</A>

其中，标记<A>表示一个链接的开始，</A>表示链接的结束，href 属性定义了链接指向的地方，通过单击"链接文字"可以到达指定的文件。

（1）指向某一页面的链接。HTML 利用 URL 来定位 Web 上的文件信息。URL 可分为绝对路径和相对路径两类。

① 绝对路径：包含标识 Internet 上的文件所要的全部信息，包含协议、主机名、文件夹名和文件名 4 项。例如，http://www.hust.edu.cn/content/content_11835.html。一般情况下，在指定外部 Internet 上的资源时应使用绝对路径。

② 相对路径：就是指以当前文档所在位置为起点到被链接文档经由的路径。通常只包含文件夹名和文件名，有时只有文件名。可以用相对路径指向位于与原文件在同一服务器或同一文件夹中的文件。

（2）指向页面某一部分的链接。直接链接到页面的某一部分内容，可以使用 name 属性指定链接点的名称。首先选定一个文本，可以用 name 参数为其命名，以备链接所用。然后使 href 参数中的链接点名称与其一致，并在前面加上"#"。具体方法如下。

① 为被链接的部分作一个记号，为该记号命名（使用 name 属性），格式为：<A name="记号名称"></A>。

② 在调用此链接部分的文件中定义链接（使用 href 属性），注意在链接名称前的#号，格式为：<A HREF="文件名 # 记号名称">链接文字</A>。如果是在同一个文件内跳转，则文件名可以省略。

5. 使用表格

在网页设计过程中，将文字、图像等页面元素合理组织并安排到适当的位置是制作网页的基本要求。HTML 一般使用表格布局，使信息更易于阅读。

（1）表格的基本结构。表格的基本结构如下。

```
<table>...</table>   定义表格
<caption>...</caption>  定义表格的标题
<tr>   定义表格行（只放在<table>...</table>）
<th>   定义作为表头的单元格
<td>   定义表格的普通单元格（只放在<tr>...</tr>）
```

表格的基本标记为<table>、<tr>、<td>，其中描述整个表格属性的标记放在<table>…</table>中，描述单元格属性的标记放在<tr>或<td>中。

（2）设置表格的常用属性。下面通过实例介绍表格的常用属性的设定及其含义。

```
<table  width="400"  height="200"  border="1"  cellspacing="2"  cellpadding="2"
align="CENTER" background="myweb.gif" bgcolor="#0000FF" bordercolor="#CF0000" >
```

其中，width="400" 表示表格宽度；height="800"表示表格高度；align="CENTER" 表示表格在页面的水平位置；background="myweb.gif" 表示表格的背景图片；bgcolor= "#0000FF" 表示表格的底色；border="1" 表示表格边框的宽度，以像素为单位；bordercolor= "#CF0000" 表示表格边框颜色。cellspacing="2" 表示单元格的间距；cellpadding="2" 表示单元格内容与单元格边界之间的距离。

（3）<tr>常用属性的设定。下面通过实例介绍<tr>常用属性的设定及其含义。

```
<tr align="RIGHT" valign="MIDDLE" bgcolor="#0000FF" bordercolor="#CF0000" >
```

其中，align="right" 表示该行内容的水平对齐方式；valign="middle"表示该行内容的垂直对齐方式；bgcolor="#0000FF"表示该行底色；bordercolor="#CF0000"表示该行边框颜色。

（4）<td>常用属性的设定下面通过实例介绍<td>常用属性的设定及其含义。

```
<td width="48%" height="400" colspan="5" rowspan="4" align="RIGHT" valign="BOTTOM"
bgcolor="#CF0000" bordercolor="#808080" background="myweb.gif">
```

其中，width="48%"表示该单元格宽度；height="400"表示该单元格高度；align="right"表示该单元格内容的水平对齐方式；valign="bottom"表示该单元格内容的垂直对齐方式；bgcolor=" #CF0000"表示该单元格底色；bordercolor="#808080"表示该单元格边框颜色；background=" myweb.gif"表示该单元格背景图片；colspan="5"表示该单元格跨越的列数；rowspan="4"表示该单元格跨越的行数。

虽然直接使用 HTML 可以制作出需要的网页，但是各种标记太多，太繁琐，使用不方便。随着计算机技术的发展，出现了专用的网页制作软件，大大提高了网页制作效率，同时制作的网页也越来越精美。

4.4.2 Dreamweaver 简介

网页三剑客是一套强大的网页编辑工具，最初是由 Macromedia 公司开发的，后来 Macromedia 公司被 Adobe 公司收购。网页三剑客由 Dreamweaver，Fireworks，Flash 三个软件组成。其中，Dreamweaver 主要用于网页制作；Flash 用于制作动画；Fireworks 用于制作矢量图形和处理图像。

CS5 系列是目前三剑客的主流版本，但不是最新版本。相较于前期版本，CS5 增加了实时视图功能、针对 Ajax 和 JavaScript 框架的代码提示功能、全新用户界面、相关文件和代码导航器等新功能。

Dreamweaver CS5 是集网页制作和管理网站于一身的所见即所得网页编辑器，它是第一套针对专业网页设计师特别发展的视觉化网页开发工具，利用它可以轻而易举地制作出跨越平台限制和浏览器限制的网页。

1. Dreamweaver CS5 的工作界面

Dreamweaver CS5 的工作界面如图 4-31 所示。

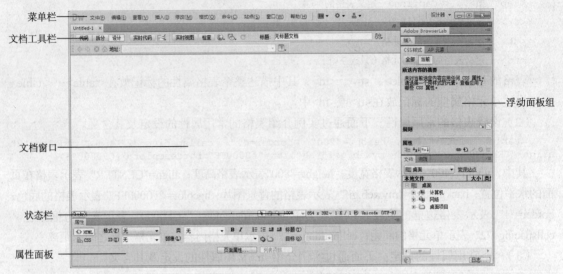

图 4-31　Dreamweaver CS5 的工作界面

各部分说明如下。

菜单栏：在这里可以找到软件的绝大部分功能。

文档工具栏：包含按钮和弹出式菜单，它们提供各种文档窗口视图（如"设计"视图和"代码"视图）、各种查看选项和一些常用操作。

浮动面板组：停靠在编辑窗口右侧的浮动面板的集合。

属性面板：用于查看和更改所选对象的各种属性。选择的对象不同，属性面板所显示的内容也有所不同。

文档窗口：以"所见即所得"的方式显示被编辑网页的内容。

2. 建立 Dreamweaver 站点

在使用 Dreamweaver 之前，必须先建立一个本地站点，然后才能进行后续操作。站点是存入网站上所有文档和文件的地方，它可以将各种信息制作为网页的形式，然后以超链接的形式有效地组织起来。

建立 Dreamweaver 站点的基本操作步骤如下。

（1）选择"站点"菜单下的"新建站点"菜单项，出现"站点设置对象"对话框。

（2）在对话框中输入站点的名称，以在 Dreamweaver 中标识该站点。例如，可将站点命名为"mysite"，如图 4-32 所示。

（3）切换到"高级"选项卡，配置本地信息。在"本地根文件夹"中指定硬盘上的某个文件夹作为站点文件、模板和图像的存放位置；在"HTTP 地址"中输入标识站点 URL，使 Dreamweaver

可以使用标识站点验证超链接。选中"缓存"项，可以在本地根目录中创建已有文件的记录，当用户移动、重命名或删除文件时可以快速更新链接。

（4）设置完成单击"确定"按钮，即可创建成一个本地站点，返回"管理站点"对话框中，在左侧的数据框中出现了一个新的站点 mysite。

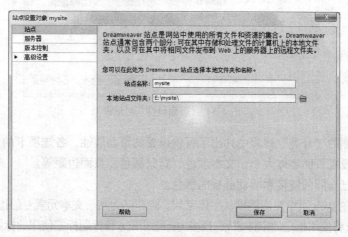

图 4-32　站点设置对象对话框

3. 新建页面

设置站点后，就可以创建填充站点的 Web 页。可以使用 Dreamweaver 起始页创建新页，或者选择"文件"菜单下的"新建"菜单项，从各种预设的页面布局中选择一种。此时光标处于编辑窗口的最左上角，用户可输入任何文字，如"欢迎光临我的主页"。还可以选取文字，在属性面板中设置文字的大小、对齐方式等，如图 4-33 所示。

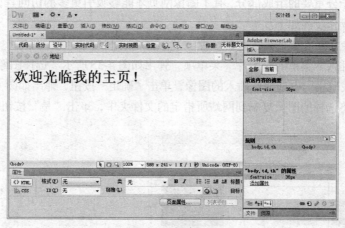

图 4-33　新建页面

新建页面的文件名默认为 untitled-n.html，其中 n 是具体的数字。文件名可修改，如修改为"index.htm"。htm 是文件的后缀，用于说明网页文件的类型，表示这个网页文件属于静态的 HTML 文件。

4. 设置页面属性

设置页面属性是正式开始制作网页前必不可少的工序。双击打开新建的页面，自动转入编辑窗口。选择"修改"菜单的"页面属性"菜单项，弹出如图 4-34 所示的"页面属性"对话框。

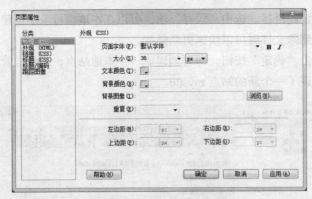

图4-34　"页面属性"对话框

在对话框左侧的"分类"列表中列出了可供设置的页面属性，各选项卡的设置内容如下。

外观：可以设置页面字体大小、文本颜色、背景颜色、页面边距等。

链接：设置已访问的链接和活动链接的颜色。

标题：指定在Web页中使用的默认字体家族。除非已为某一文本元素专门指定了另一种字体，否则Dreamweaver将使用指定的字体家族。最多为标题指定6种标题标签使用的标题字体大小和颜色。

标题/编码："标题"指定在文档窗口和大多数浏览器窗口的标题栏中出现的页面标题；"编码"指定文档中字符所用的编码。

跟踪图像：在设计页面时插入用作参考的图像文件。其中，"跟踪图像"指定在复制设计时作为参考的图像，该图像只供参考，文档在浏览器中显示时不出现；"透明度"确定跟踪图像的透明度，从完全透明到完全不透明。

5．插入图像

图像是网页十分重要的组成部分，有了图像网页才能够吸引更多的访问者，更好地表现主题。插入图像的具体操作步骤如下。

（1）将插入点定位在要插入图片的位置。

（2）选择"插入"菜单的"图片"菜单项，弹出如图4-35所示"选择图像源文件"对话框。

（3）在"查找范围"中选择待插入的图像，单击"确定"按钮，弹出如图4-36所示的提示对话框，询问是否将选择的图像复制到网站所指定的文件夹中，单击"是"按钮。

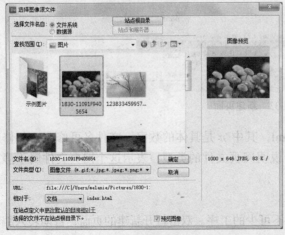

图4-35　"选择图像源文件"对话框

图4-36　提示对话框

（4）出现如图 4-37 所示的"复制文件为"对话框，选择该图像的保存路径，单击"保存"按钮，将选择的图像插入页面中，如图 4-38 所示。

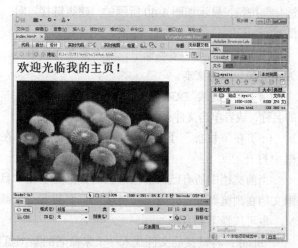

　　　图 4-37　"复制文件为"对话框　　　　　　　　　　　图 4-38　插入图像后的页面

6. 设置图像属性

选中某个图像后，在如图 4-39 所示的属性面板中可以设置图像的属性，如图像的高度、宽度、对齐方式、链接、边距等。

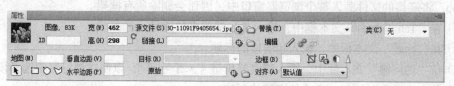

图 4-39　图像的属性面板

图像属性面板中的主要选项如下。

图像：为图像命名，以便使用脚本语言引用它。

宽：设置图像的宽度。

高：设置图像的高度。

源文件：图像的源文件，可以在此处修改源文件。

链接：用来指定图像的超链接。

替代：在此处可以输入图像的替代性文字。

垂直边距：围绕图像纵向空间的间距。

水平边距：围绕图像横向空间的间距。

对齐：设置图像的对齐方式。

也可以手动调整图像的高度和宽度，选中图像，拖动图像的其中一个控制点可以调整图像的高度和宽度，图像调整完成以后，在属性面板中的宽度和高度文本框中可以看到图像宽度和高度的具体变化。

7. 建立超链接

在网页设计中会大量使用到超链接。设置超链接的方法如下。

（1）将插入点放在文档中希望出现超链接的位置，或者选择要建立超链接的文字或图像。

（2）选择"插入"菜单下的"超级链接"菜单项，或者在插入栏的"常用"类别中，单击"超级链接"按钮，显示如图 4-40 所示的"超级链接"对话框。

（3）在"文本"文本框中，输入要在文档中作为超链接显示的文本。

（4）在"链接"文本框中，输入要链接到的文件的名称，或者单击文件夹图标，以浏览选择该文件。

图 4-40　"超级链接"对话框

（5）在"目标"下拉列表中选择一个窗口，在该窗口中，该文件应在"目标"下拉文本框中打开。

当前文档中所有已命名框架的名称都显示在"目标"下拉列表中。如果指定的框架不存在，则文档在浏览器中打开时，所链接的页面载入一个新窗口，该窗口使用指定的名称。

也可选择下列目标。

_blank：将链接的文件载入一个未命名的新浏览器窗口中。

_parent：将链接的文件载入含有该链接的框架的父框架集或父窗口中。如果包含链接的框架不是嵌套的，则链接文件加载到整个浏览器窗口中。

_self：将链接的文件载入该链接所在的同一框架或窗口中。此目标是默认的，所以通常不需要指定它。

_top：将链接的文件载入整个浏览器窗口中，因而会删除所有框架。

（6）在"Tab 键索引"文本框中，输入 Tab 键顺序的编号。

（7）在"标题"文本框中，输入超链接的标题。

（8）在"访问键"文本框中，输入键盘等价键（一个字母），以便在浏览器中选择该超链接。

（9）单击"确定"按钮，完成超链接的创建。

4.4.3　Fireworks 简介

Fireworks CS5 是 Adobe 推出的一款网页作图软件，使用它不仅可以创建和编辑矢量图像与位图图像，还可以导入和编辑本机的 Photoshop 和 Illustrator 文件。Fireworks CS5 图像优化采用预览、跨平台灰度系统预览、选择性 JPEG 压缩和大量导出控件，针对各种交付情况优化图像。

1．Fireworks CS5 的工作界面

打开 Fireworks 后，其工作界面如图 4-41 所示。其中包括"工具"面板、属性面板、菜单和其他一些面板。"工具"面板位于屏幕的左侧，包含多个带标签的类别：选择、位图、矢量、Web、颜色和视图。属性面板默认出现在文档的底部，最初显示文档的属性，在文档中工作时，显示选中工具或对象的属性。面板最初沿屏幕右侧成组停放。文档窗口位于工作界面的中心。

2．编辑和变形对象

Fireworks 提供了多种编辑对象的方法：可以在画布上或应用程序之间移动对象、使用"克隆"和"重制"命令复制对象、将对象从工作区中全部删除等。

使用"缩放"、"倾斜"和"扭曲"工具以及菜单命令，可以变形所选对象、组或者像素选区。选择任意变形工具或"变形"菜单命令时，Fireworks 会在所选对象周围显示变形手柄。移动手柄上或旁边的指针时，指针会改变以指示当前的变形。

缩放对象的具体操作步骤如下。

（1）选择"缩放"工具，或者选择"修改"→"变形"→"缩放"命令。

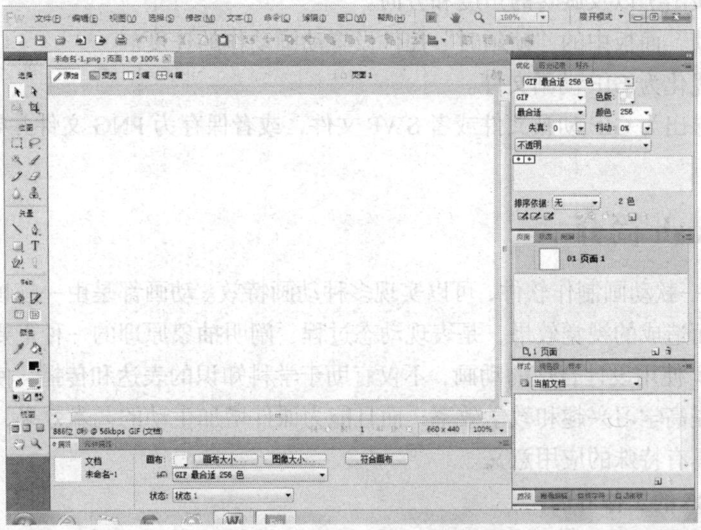

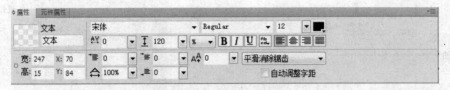

图 4-41　Fireworks CS5 的工作界面

（2）要同时水平和垂直缩放对象，可拖动角手柄。在缩放时按住 Shift 键，可以约束比例。

（3）要水平或垂直缩放对象，可拖动边手柄。

（4）要从中心缩放对象，可在拖动任何手柄时按住 Alt 键。

倾斜和扭曲对象的操作方法类似。

3．使用文本

使用属性面板中的"文本"工具和选项，可以在图形中输入文本并对其进行格式化和编辑，如图 4-42 所示。

图 4-42　文本属性面板

Fireworks 文档中的所有文本均显示在一个带有手柄的矩形（称为文本块）内。可以改变文本的属性，包括大小、字体、间距、字顶距和基线。编辑文本时，Fireworks 会相应地重绘其笔触、填充和效果属性。

4．制作动画

在 Fireworks 中，可以设置动画元件的属性来创建动画。一个元件的动画被分解成多个帧，帧中包含组成每一步动画的图像和对象。一个动画中可以有一个以上的元件，每个元件可以有不同的动作。不同的元件可以包含不同数目的帧。当所有元件的所有动作都完成时，动画就结束了。

在 Fireworks 中使用动画元件制作动画的方法如下。

（1）创建一个动画元件，既可以从头开始创建动画元件，也可以将现有的对象转换为动画元件。

（2）在属性面板或"动画"对话框中设置动画元件的属性，如移动的角度和方向、缩放、不透明度（淡入或淡出）以及旋转的角度和方向。

（3）使用"帧"面板中的"帧延时"控件设置动画动作的速度。

（4）将文档优化为 GIF 动画文件。

（5）将文档导出为 GIF 动画文件或者 SWF 文件，或者保存为 PNG 文件并导入 Flash CS5 中进一步编辑。

4.4.4　Flash 简介

Flash CS5 是一款动画制作软件，可以实现多种动画特效。动画都是由一帧帧的静态图片在短时间内连续播放而造成的视觉效果，是表现动态过程、阐明抽象原理的一种重要媒体。尤其是在医学 CAI 课件中，使用设计合理的动画，不仅有助于学科知识的表达和传播，使学习者加深对所学知识的理解，提高学习兴趣和教学效率，而且能为课件增加生动的艺术效果，特别是对教学内容抽象的课程更具有特殊的应用意义。

1．Flash CS5 的工作界面

Flash CS5 启动后，进入其工作界面，工作界面由标题栏、菜单栏、工具箱、时间轴面板、场景、属性面板、浮动面板等部分组成，如图 4-43 所示。

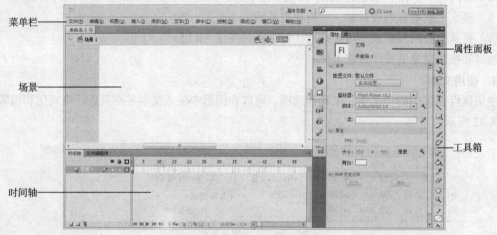

图 4-43　Flash CS5 的工作界面

菜单栏：菜单是一组命令，向计算机提供操作指令。

工具箱：包括常用工具，单击即可选择某个工具。

场景：场景就是工作区，所有的画图和操作都在这个白色的区域中实现，也只有这个区域的图像才能在动画中播放出来。

时间轴面板：使图形产生动画效果的位置。

面板：提供各种功能，包括动作面板、属性面板、混色器面板、项目面板、组件检查器面板等。

2．Flash 的基本术语

Flash 的基本术语有以下几种。

（1）矢量图形。矢量图形是用包含颜色和位置属性的点和线来描述的图像。放大和缩小图形都不会影响画质，仍保持其原有的清晰度。矢量图形具有独立的分辨率，能以不同的分辨率显示

和输出。在 Flash 中用绘图工具绘制的图形是矢量图形。

（2）位图图像。位图图像是通过像素点来记录图像的。许多不同色彩的点组合在一起，就形成了一幅完整的图像。位图图像存在的方式以及所占空间的大小由像素点的数量来控制。对位图进行放大时，实际是对像素进行放大，当放大到一定程度时，会出现锯齿。

（3）帧。帧是构成 Flash 动画的基本元素。时间轴面板上的每一小方格（影格）代表一帧。帧有关键帧、静态帧和中间过渡帧 3 种类型。

关键帧：是一个包含内容，或对内容的改变起决定作用的帧。包含内容的关键帧用有黑色实心圆点的方格表示，空白的关键帧显示为白色方格。

静态帧：帧又称为静态帧，是依赖于关键帧的普通帧。普通帧中不可以添加新内容。有内容的静态帧显示为灰色方格，空的静态帧显示为白色方格。

中间过渡帧：出现在过渡动画的两个关键帧之间。

（4）图层。学过 Photoshop 的用户对图层（layer）的概念都不陌生。形象地说，图层可以看成是叠放在一起的透明胶片，如果层上没有任何对象的话，就可以透过该层直接看到下一层。因此可以根据需要，在不同层上编辑不同的动画而互不影响，并在放映时得到合成的效果。使用图层并不会增加动画文件的大小，相反可以更好地安排和组织图形、文字和动画。

（5）场景。场景是 Flash 动画中相对独立的一段动画内容，一个 Flash 动画可以由若干场景组成，每个场景中的图层和帧均相对独立。Flash 会自动按场景的顺序进行播放。

（6）Alpha 通道。Alpha 通道是高质量图像、动画制作的重要标志。它是决定图像中每个像素透明度的通道，用不同的灰度值来表示图像的可见程度，共有 256 级变化。

3. 基本操作

（1）绘制对象。Flash 中的图形一般都是矢量图形，每个对象都有自己的属性，如直线有颜色、线型、粗细等属性，可以在相应的面板中修改。例如，创建简单的图形，其最基本的对象是直线对象。在工具箱中单击直线工具，在属性面板的"填充与笔触"中选择笔触颜色为红色，笔触大小为 3，样式为"虚线"，如图 4-44 所示。将鼠标指针移到工作区，当鼠标指针变成十字型时，按住左键拖动鼠标到直线终点，松开左键，就可以创建出一条直线，若在拖动鼠标的同时按住 Shift 键，可以绘制一条红色的虚线。

图 4-44　线条工具属性面板

运用 Flash 的基本绘图工具可以绘制出常用的动画基础形状，如果绘制了多个图形，则下面的部分会被上面的部分代替；如果填充相同的颜色，则等于将对象合并；填充不同的颜色可区别对象。在 Flash 中输入文字后，可以执行"分离"命令，将文字作为矢量图形，加入各种动态效果。

（2）缩放对象。在编辑图形时，经常会使用缩放工具调整图形的大小。方法是用箭头工具选中对象，然后选择自由转换工具 ⊞，此时选中对象周围出现 8 个控制点，拖动控制点，即可缩放对象。

旋转和缩放对象的操作类似，将鼠标指针移到控制点外，出现一个弧线箭头，沿着箭头的方向拖动即可旋转对象，旋转时要绕着中心拖动。

（3）调整对象。工作区中的对象，有时会相互重叠，其按照创建的先后顺序排列。改变对象顺序的方法为：选中对象，选择"修改"菜单中"排序"子菜单中的相应命令，注意排列的都应该是群组对象。分散的对象会自动排到最后，如果不是群组对象，应按 Ctrl+G 组合键将其群组。

群组对象可以按 Ctrl+B 组合键分解，对应"修改"菜单中的"分解组件"命令，要学会用快捷键来操作。

复制对象可以用复制粘贴命令，也可以按住 Ctrl 键的同时拖动对象。粘贴时选择"粘贴到当前位置"，可以将对象复制到相同的位置上，否则会复制到中心位置。

对齐对象时可选中多个对象，然后在"排列"面板中选择相应的水平和垂直对齐方式。

4. 动画的制作

Flash 动画按生成的方法分为逐帧动画和关键帧过渡动画两种类型。

（1）逐帧动画。逐帧动画由一幅幅内容相关的位图组成的连续动画，就像电影胶片或卡通画面一样。逐帧动画需要对每一帧中的内容逐个进行制作和编辑，因此对动画的效果具有很强的控制能力。但是，编辑工作既耗时，又复杂艰巨，故应尽量避免采用该类型动画。

（2）关键帧过渡动画。关键帧过渡动画和普通动画的制作方式类似，不同在于处于两端的两个关键帧创作出来后，中间帧不再需要人工绘制，而是定义过渡帧序列的渐变类型以及效果，由计算机根据关键帧中的位置、形状、颜色、大小等属性计算出来。

本章小结

本章介绍了网络的基本知识，包括计算机网络的定义、分类、功能与应用；网络的体系结构——OSI/ISO 参考模型和 TCP/IP 参考模型，以及局域网的概念；Internet 的定义、TCP/IP、IP 地址、域名系统以及 Intranet 的概念，常用的 Internet 服务与应用；HTML 和网页制作的基本方法，以及 Dreamweaver、Fireworks 和 Flash 等软件的使用方法。

习　题

1. 简述网络的定义、分类及功能。
2. 网络的拓扑结构主要有哪几种，各有什么特点？
3. 简述 OSI/ISO 参考模型的结构和各层的主要特点。
4. 简述 TCP/IP 参考模型的结构和各层的主要特点。
5. 简述局域网中常用的传输访问控制方式及其特点。
6. 简述 Internet 的功能。
7. Internet 的地址分为哪两种并如何表示？
8. 简述在 Internet 上搜索信息的方法。
9. 什么是电子邮件、E-mail 地址和 E-mail 账号？申请一个免费电子邮箱并给老师和朋友发一封 E-mail。
10. 什么是 FTP？
11. 建立一个个人网站，要求至少有 3 个网页，注意网页字体和颜色的搭配，使网页的色彩清新明快；要求单击"下一页"超链接时，可以进入下一个网页；网页上要有"欢迎光临"的字幕；其中一个网页为个人简历，要求用表格实现，并插入自己的照片。

第5章
数据库技术基础及 Access 的应用

5.1 数据库基础知识

现代社会信息无处不在，信息资源已成为各行各业的重要财富，数据则是各种信息的载体。对这些数据实施有效的管理与处理是企业或组织生存和发展的重要条件。数据处理是指对数据进行收集、管理、加工、传播等一系列工作。数据处理中的数据管理是指对数据的组织、存储、检索、维护等工作。数据管理技术的优劣直接影响数据处理的效率，它是数据处理的核心。数据库技术是由这一目标应运而生的专门技术。

5.1.1 基本概念

1. 数据

大多数人对数据的理解第一个反应是数字。其实数字只是众多数据信息里最简单的一种数据形式，描述事物的符号记录也称为数据。数据不仅是数值，还可以是文字、图形、图像、声音、视频等，它们都可以经过数字化处理后存入计算机中，再经过进一步的加工处理后，就可得到有用的信息。信息是对现实世界中存在的实体、现象、关系进行描述的有特定语义的数据，是经过加工的数据。为了有效地存储和管理存放在计算机中的大量数据，以便能充分而方便地使用这些信息资源，就需要借助数据库管理技术。数据是数据库中存储、用户操纵的基本对象。

2. 数据库

简单地说，数据库（Database）是存储在计算机内，有组织、可共享的数据集合。数据库中的数据有一定的结构，能为众多用户所共享，能方便地为不同的应用服务。

3. 数据库管理系统

为了科学地组织和存储数据，以及高效地获取和维护数据，需要一个专门的系统软件对数据库中的大量数据进行管理，这就是数据库管理系统（Database Management System，DBMS）。DBMS是数据库系统的核心，它建立在操作系统的基础上，是位于操作系统与用户之间的一层数据管理软件，负责对数据库进行统一的管理和控制。一般来说，DBMS 的主要功能包括以下 6 个方面。

（1）数据定义。用于定义数据库中的数据对象。

（2）数据操纵。用于对数据库中的数据进行查询、插入、修改和删除等基本操作。

（3）数据组织、存储和管理。DBMS 负责分门别类地组织、存储和管理数据库中存放的多种数据，如数据字典、用户数据、存取路径等。

（4）数据库运行管理。包括对数据库进行并发控制、安全性检查、完整性约束条件的检查和执行、数据库的内部维护等。

（5）数据库的建立与维护。建立数据库包括数据库初始数据的输入与数据转换等。维护数据库包括数据库的转储与恢复、数据库的重组织与重构造、性能的监视与分析等。

（6）数据通信接口。提供与其他系统软件进行通信的功能。

在一般的计算机系统中引入数据库资源后即形成数据库系统（Database System，DBS）。数据库系统一般由数据库、数据库管理系统、数据库应用系统、数据库管理员和普通用户构成。

5.1.2 数据管理技术的发展

数据管理技术是应数据管理任务的需求而产生的。数据管理是研究如何对数据进行分类、组织、编码、存储、检索和维护的一门技术。数据管理经历了人工管理、文件系统管理、数据库管理系统 3 个阶段。

1. 人工管理阶段

20 世纪 50 年代之前，没有专门的软件对数据进行管理。计算机主要用于科学计算，此时的数据需要由应用程序自己来管理，数据无法长期保存；一组数据对应一个应用程序，数据不能共享，冗余度极大；程序员在设计程序时，不仅要规定数据的逻辑结构，还要设计其物理结构，程序和数据相互信赖，数据独立性差。

2. 文件系统管理阶段

20 世纪 50 年代末到 60 年代，在硬件方面，磁盘、磁鼓等直接存储设备问世，为存放大量数据提供了硬环境。在软件方面，操作系统中的文件系统实现了对数据进行存取的管理。在这个阶段，数据采用文件的形式长期保留在外存，文件系统对文件进行统一管理，程序员不必过多地考虑数据存储的物理细节，程序与数据具有一定的独立性。文件是面向应用的，一般为一个应用程序所有，可以指定其他应用程序共享，但当不同应用程序具有一部分相同的数据时，必须建立各自的数据文件，造成数据冗余，并且应用程序依赖于数据的逻辑结构，一旦数据的逻辑结构改变，就必须修改文件结构的定义和应用程序。文件系统只提供了打开、关闭、读写等一些低级的文件操作，如需对文件进行查询、统计等相对复杂的操作，就必须由应用程序来实现，因此程序设计复杂，使用不便。

3. 数据库管理系统阶段

20 世纪 60 年代以后，数据管理的规模日趋增大，数据量急剧增加，文件系统管理已不能适应需求。于是为了多用户、多应用共享数据的需求，数据库技术应运而生，出现统一管理数据的数据库系统。数据库系统对数据的管理方式与文件系统不同，它把所有应用程序中使用的数据组织起来，按一定结构组织集成，在数据库管理系统的统一监督和管理下使用，多个用户、多种应用可充分共享。数据库管理技术提供了更广泛的数据共享和更高的数据独立性，进一步减少数据的冗余度，并为用户提供了方便的操作使用接口。以数据库为中心的数据库系统，是当代数据管理的主要方式。

5.1.3 常用的数据模型

在数据库技术中，有两类模型：概念模型和数据模型。人们把世界的事物首先抽象为一种既不依赖于具体的计算机系统，又不受某一 DBMS 左右的概念模型，然后再把概念模型转换为计算机上某一 DBMS 支持的数据模型。

概念模型用于信息世界的建模，是现实世界到数据世界的第一层抽象，是设计人员进行数据库设计的有力工具。

概念模型的表示方法有很多，其中最常用的一种是实体-联系（entity-relationship，E-R）方法，该方法用 E-R 图来描述现实世界的模型，也称为实体-联系模型。

数据模型是在概念模型基础上建立的一个适合于计算机表示的数据库层模型，是对信息世界进一步抽象描述得到的模型。数据模型是一组严格定义的概念的集合，它通常由数据结构、数据操作和完整性约束 3 部分组成。

数据结构是指数据对象的集合。它是对数据库静态特征的描述，描述数据对象的数据类型、性质、内容及数据对象之间的联系。例如，在学生管理系统中，学生有学号、姓名、性别、出生日期等多种属性，每种属性在计算机中表示为不同类型的数据。

数据操作是对数据库动态特征的描述。它是指对数据库中多种数据值允许进行的操作集合，包括操作语言和有关的操作规则。数据库主要有检索和更新（插入、删除和修改）两大类操作。

完整性约束是指保证数据正确性的一组规则的集合。它是对数据以及数据之间关系的制约和依存规则。例如，性别只能取"男"或"女"两个值中的一个；将学生成绩限定在 0～100 等。

数据模型是数据库系统的核心，它规范了数据库中数据的组织形式，表示了数据之间的联系。数据库领域中常用的数据模型有：层次模型、网状模型和关系模型。

1．层次模型

层次模型是数据库系统中最早出现的数据模型。层次模型用树结构表示各类实体集以及实体集间的联系。若用图来表示，则层次结构是一个树形结构，而且是一棵有序树。图 5-1 为一个教师学生层次数据库模型。

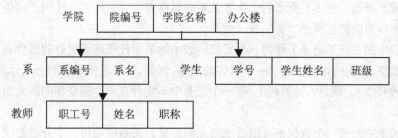

图 5-1　教师学生层次数据库模型

层次模型的实际存储数据由链接指针来体现联系。该模型的特点是有且仅有一个节点无父节点，此节点即为根节点；其他节点有且仅有一个父节点。层次模型适合用于表示一对多联系。

2．网状模型

现实世界中广泛存在的事物及其联系大都具有非层次的特点，于是人们提出了网状数据模型。网状模型是一个图结构，它是由字段、记录类型和联系等对象组成的网状结构模型。从图论的观点看，它是一个不加任何条件的有向图。例如，3 种原材料可以做成两种不同的产品，这两种产品可以提供给两个不同的用户。原材料、产品和用户之间的网状模型如图 5-2 所示。

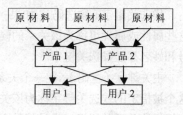

图 5-2　原材料、产品和用户的网状模型

网状模型允许节点有多于一个的父节点，可以有一个以上的节点无父节点。网状模型适合用于表示多对多联系。

层次模型和网状模型从本质上都是一样的。其缺陷是难以实现系统扩充，插入或删除数据时，涉及大量链接指针的调整。

3. 关系模型

关系模型是目前最重要的数据模型。20 世纪 80 年代以来，计算机厂商推出的数据库管理系统几乎都支持关系模型。关系模型建立在严格的数学概念基础上，具有单一的数据结构、坚实的理论基础、高度的数据独立性和安全保密性，以及易于对数据库进行重组和控制的优点。

关系模型中数据的逻辑结构是二维表，由行和列组成。即数据按行、列有规律地排列和组织。数据库中的每一个表都有一个唯一的表名。例如，表 5-1 所示的学生表。

表 5-1　　　　　　　　　　　学生表

学　　号	姓　　名	性　　别	出 生 日 期	籍　贯	系　　别
201401	张姗	女	1997-2-3	湖北	计算机
201402	李思	女	1997-1-1	海南	数学
201403	王梧	男	1998-3-3	江西	生物
201404	赵柳	男	1998-2-5	河南	法律

下面介绍关系模型中的常用术语。

关系：一个关系对应一个按行、列排列的二维表。例如，表 5-1 所示的学生表。

属性和值域：表中的一列即为一个属性（字段）值的集合，每一列都有一个名称，即属性名（字段名）。每一列中的数据属于同一类型。在一个关系中不允许有相同的属性名。属性值的取值范围称为值域。例如，表 5-1 所示的学生表关系的属性有学号、姓名、性别、出生日期、籍贯和系别。性别属性的取值范围是"男"或"女"。

元组：表中的一行（记录）称为一个元组。表中的第一行描述了所有的属性名，它构成了一张二维表的框架，其他的每一行表示一个具体的实体。例如，学生表关系中的一个元组为:（201401，张姗，女，1997-2-3，湖北，计算机）。在一个关系中不能存在两个完全相同的元组，元组的顺序可以任意。

分量：关系中的每一个数据都可以看成独立的分量。关系中的每一个分量必须是不可再分的数据项。一个关系中的全部分量构成了该关系的全部内容。

关系模式：在二维表中的行定义即是对关系的描述。一般表示为

关系名（属性 1，属性 2，…，属性 n）

例如，表 5-1 中的关系模式表示为：学生（学号，姓名，性别，出生日期，籍贯，系别）。

候选关键字（候选码）：如果一个关系中的某些属性或属性组能用来唯一确定一个元组，那么这些属性或属性组称为该关系的候选关键字。例如，在学生表关系中，当姓名不允许重复时，学号和姓名都是候选关键字。

主关键字（主码）：在一个关系的若干候选关键字中，指定一个用来唯一标识该关系的元组，这个被指定的候选关键字称为该关系的主关键字。例如，在学生表关系中，如果指定学号用来唯一标识该关系的元组，学号就是主关键字。

主属性和非主属性：包含在任何一个候选关键字中的属性称为主属性，不包含在任何一个候

选关键字中的属性称为非主属性。例如，在学生表关系中，学号和姓名是主属性，其他属性是非主属性。

关系数据库的重要特征之一是数据的完整性约束。数据的完整性是指数据的正确性和一致性。数据库管理系统提供了定义数据完整性约束条件的机制，能够检查数据是否满足完整性条件约束，防止数据库中存在不合语义的数据和由于错误输入而造成的错误结果。关系模型的完整性约束包括实体完整性、参照完整性和用户自定义完整性。其中实体完整性和参照完整性是关系模型必须支持的完整性约束条件。

（1）实体完整性：一个关系的主关键字不能取空值。例如，在关系"学生（学号，姓名，性别，出生日期，籍贯，系别）"中，如果主关键字为"学号"，则"学号"不能取空值。

（2）参照完整性：表与表之间常常存在某种联系，如另外创建一个成绩表，包括学号、课程和成绩 3 个属性，成绩表中的"学号"应与学生表中的"学号"相对应，学生表中的"学号"是该表的主码，则称"学号"是成绩表的外码，成绩表称为参照关系，学生表称为被参照关系。关系模型的参照完整性是指一个表的外码要么取空值，要么和被参照关系中对应字段的某个值相同。

（3）用户自定义完整性：针对某一具体数据库的约束条件，它反映某一具体应用涉及的数据必须满足的语义要求，即用户根据数据库系统应用环境的不同，自己设定的约束条件。

5.1.4　常见的数据库管理系统

目前，常见的通用数据库管理系统都是以关系数据模型为基础的关系数据库管理系统。它们不但可以支持传统的结构化数据的存储与管理，而且支持多种复杂类型数据的存储与管理，在应用开发上支持面向对象技术，提供多种应用软件开发平台的接口。下面简要介绍几种国内常见的数据库管理系统。

1. SQL Server 数据库管理系统

SQL Server 是 Microsoft 公司推出的适用于大型网络环境的关系数据库系统。SQL Server 作为最新一代的数据库产品，结合了近几年计算机技术的最新成果，同时还充分考虑了数据库应用背景的变化，为用户的 Internet 应用提供了完善的数据管理和数据分析解决方案。

从 SQL Server 7.0 开始成熟起来，具备了在数据库市场中的竞争能力，SQL Server 2000 是一个优秀的企业级数据库管理系统，全面支持 Internet 应用开发的需求。目前，该产品的最新版本是 SQL Server 2014。

SQL Server 2014 是 Microsoft 最新一代数据库平台工具，支持管理 Azure 公有云数据。SQL Server 2014 带来一套功能强大的核心任务工作负载、智能化业务以及混合云服务。SQL Server 2014 RTM 正式版包括网络版、标准版、企业版以及开发者版等版本。在 SQL Server 2014 中已经增加了对物理 I/O 资源的控制，这个功能在私有云的数据库服务器上的作用体现得尤为重要，它能够为私有云用户提供有效的控制、分配，并隔离物理 IO 资源。

2. ORACLE 数据库管理系统

ORACLE 公司是全球最大的数据库软件厂商。从 1979 年推出第一个基于 SQL 标准的关系数据库管理系统以来，ORACLE 公司不断融入新的技术，适应新的环境和应用的需要，推出新的版本，从 Oracle 8i 开始全面支持 Internet 需求。2004 年 ORACLE 公司发布的 Oracle 10g 是世界上第一个具有网格计算功能的数据库管理系统。它可以在 100 多种硬件平台上运行，支持多种操作系统。

2007 年 7 月 11 日，ORACLE 公司发布了 Oracle 11g。Oracle 11g 是 ORACLE 公司 30 年来发布的最重要的数据库版本，根据用户的需求实现了信息生命周期管理（information lifecycle management）等多项创新。大幅提高了系统的安全性，全新的 Data Guard 最大化了可用性，利用全新的高级数据压缩技术降低了数据存储的支出，明显缩短了应用程序测试环境部署及分析测试结果所花费的时间，增加了 RFID Tag、DICOM 医学图像、3D 空间等重要数据类型的支持，加强了对 Binary XML 的支持和性能优化。

目前，该产品的最新版本是在 2013 年 7 月正式上市的 Oracle 12c。Oracle 12c 增加了 500 多项新功能，其新特性主要涵盖了 6 个方面：云端数据库整合的全新多租户架构、数据自动优化、深度安全防护、面向数据库云的最大可用性、高效的数据库管理以及简化大数据分析。这些特性可以在高速度、高可扩展性、高可靠性和高安全性的数据库平台上，为客户提供全新的多租户架构，用户数据库向云端迁移后可提升企业应用的质量和应用性能，将数百个数据库作为一个进行管理，在帮助企业迈向云的过程中提高整体运营的灵活性和有效性。

3. DB2 数据库管理系统

DB2 是 IBM 公司推出一个大型关系 DBMS 产品，可运行于多种软件平台，在 UNIX 大型机领域具有决定性优势，支持百万规模级的数据库和大量并发用户。它是数据库市场的主流产品之一。目前 DB2 已经发展到 10.5 版本。增加了列式存储技术，以及对 pureScale 和 HADR 的增强和改进等新特性。

4. FoxPro 数据库管理系统

FoxPro 数据库管理系统是美国 Fox 公司于 1988 年推出的在微机上运行的关系数据库管理系统。1992 年 Fox 公司被 Microsoft 公司收购，随后相继推出了 FoxPro 2.5、FoxPro 2.6 和 Visual FoxPro 等版本，其功能和性能都有了较大提高。

Visual FoxPro 是一种可视化的数据库应用开发工具，提供了一系列的向导、生成器和设计器，可以快速生成数据库应用程序，并可以编译成直接在 Windows 下运行的可执行程序。Visual FoxPro 9.0 是目前 FoxPro 系列数据库的最新版本。

Visual FoxPro 支持标准的 xBase 过程化编程，同时扩展了 xBase 语言，提供了大量对象模型和完整的面向对象的解决方案，支持面向对象编程的所有特性，如继承、封装、多态、子类等。用户通过处理系统提供的控件，设置控件属性、事件和方法来设计对象模块。在 Visual FoxPro 中，不需要编写事件处理程序代码，利用事件处理模型，就可以创建事件驱动的应用程序。缺点是安全性较差、管理效率低和网络功能较差。

5. Access 数据库系统

Access 数据库系统是 Microsoft 公司于 1994 年推出的在微机上运行的关系数据库管理系统。它是 Microsoft Office 套件中的一个重要组成部分，常用于个人办公事务处理。它运行于 Windows 操作系统之上，具有界面友好、易学易用、开发简单、接口灵活等特点，是典型的新一代桌面数据库管理系统。它可在 Windows 环境下创建数据库、数据表、新的窗体、使用查询和使用报表等。本身具有对数据库管理的能力，无须借助其他工具软件就能较好地管理数据并提供良好的用户界面，也可进一步使用 Visual Basic 来编程，以处理各种复杂的操作，发挥更强的应用功能。Access 支持结构化查询语言 SQL，使用 SQL，能很好地操作数据库中的数据，具有较高的查询效率，并且作为 Office 套件的一部分，可以与 Office 集成，实现无缝连接。

5.1.5　数据库的一般设计方法

数据库是将大量相关数据按一定的模式组织在一起，以满足应用的需求。因此，如何合理地将这些数据集中在数据库中，是实现数据存储、使用和维护功能的关键。数据库设计是数据库应用系统开发和建设的首要任务。根据规范化设计方法，将数据库设计归纳为需求分析、概念结构设计、逻辑结构设计、物理结构设计、数据库实施、数据库的使用与维护 6 个阶段，如图 5-3 所示。以关系数据库为例，设计时一般按照以下的步骤进行。

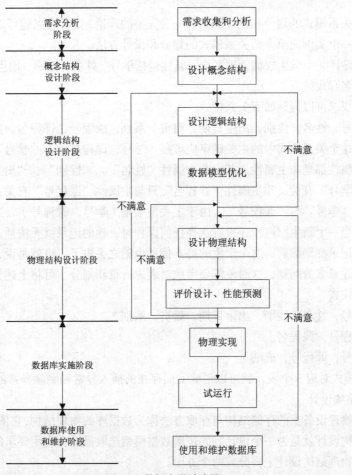

图 5-3　数据库设计步骤

1．需求分析

需求分析是数据库设计的基础，是数据库设计的最初阶段。需求分析的目的就是确定用户要做什么。这个阶段要分析用户的要求，详细调查要处理的对象，并加以分析归类和初步规划，确定设计思路，同时要考虑以后可能的功能扩充和改变。需求分析将直接影响后续设计的质量和速度。

2．概念结构设计

将需求分析得到的用户需求抽象为反映用户需求信息和信息处理需求的概念模型，这一过程就是概念结构设计，它是整个数据库设计的关键。概念模型独立于计算机硬件结构、支持数据库的 DBMS、数据库逻辑模型，以及计算机和存储介质上数据库的物理模型。

概念结构设计是整个数据库设计的关键，是对现实世界第一层面的抽象与模拟。设计概念模型常用的方法是 E-R 方法，即用 E-R 模型（E-R 图）来描述。

3．逻辑结构设计

逻辑结构设计是在概念模型的基础上进行的，此阶段的任务是把已设计好的概念模型转换为与选用的 DBMS 产品支持的数据模型相符合的逻辑结构。

由于目前关系型数据库是主流数据库，因此，逻辑结构设计就是指设计数据库中应包含的各个关系模式的结构，包括各关系模式的名称、每个关系中各属性的名称、数据类型、取值范围等内容。

数据库中关系模式的划分和设计原则有一套完整的理论，读者有兴趣可以参阅《数据库原理》教材。下面以一个实例简单介绍关系模式的划分和设计方法。

例 5-1　设计一个学生成绩管理系统，属性包括学号、姓名、性别、出生日期、籍贯、系别、课程号、课程名和成绩。

根据题目要求可以得到如下关系模式。

学生（学号，姓名，性别，出生日期，籍贯，系别，课程号，课程名，成绩）

很明显，这个关系模式中的主关键字应该是（学号，课程号）。"学号"和"课程号"是主属性，其他的属性都是非主属性。其中非主属性"姓名"、"性别"、"出生日期"、"系别"只与主属性"学号"有关；非主属性"课程名"只与主属性"课程号"有关；非主属性"成绩"则完全依赖于"学号"与"课程号"。由于主关键字是（学号，课程号），这两个属性必须有明确的值，所以当一个新生刚进校还没有选择任何课程时，他的记录就无法插入表中；又或者将某个学生的选课记录都删除后，这个学生的基本信息也随之丢失了。也就是说，这个关系模式存在插入异常和删除异常的问题，这时就需要考虑对表进行重新划分。可将上述关系模式重新划分为以下 3 个关系模式。

学生（学号，姓名，性别，出生日期，籍贯，系别）

课程（课程号，课程名）

选课（学号，课程号，成绩）

3 个关系模式对应 3 个表，就可以消除上面存在的插入异常和删除异常的问题。

4. 物理结构设计

数据库在物理设备上的存储结构与存取方法称为数据库的物理结构，它依赖于选定的 DBMS。数据库物理结构设计就是为一个设计好的逻辑数据模型选取最适合应用要求的物理结构。

数据库的物理结构设计主要分成两个方面。

（1）确定数据库的物理结构。在设计数据库的物理结构时，要了解选定 DBMS 的功能，熟悉存储设备的性能。主要内容包括为关系模式选择存取方法，设计关系、数据库文件的最佳文件组织方式，估计数据库存储所需的磁盘空间总容量和设计安全机制。

（2）对物理结构进行评价。评价的重点是时间效率、空间效率和维护代价等。若设计方案能够满足逻辑数据模型要求，则可以进入数据库实施阶段；否则需要重新修改或设计物理结构，有时甚至还需要返回到前面的设计阶段，对逻辑数据模型进行修正，直到设计出最佳、最合理的数据库物理结构。

5. 数据库实施

数据库实施阶段是根据物理结构设计阶段的结果，在实际的计算机系统中建立数据库的结构、装载数据、对数据库进行试运行等。

数据库实施标示着数据库的设计已进入具体设计实施阶段。

6. 数据库的运行和维护

数据库实施阶段的任务完成后，系统的性能已经达到了用户的要求，此时就可以将系统正式投入运行了。

数据库系统投入运行后，为了保证数据库的性能良好，在实际应用中，可能需要对数据库做经常性的维护工作，或者对数据库进行调整、修改和扩充。这个任务一般是由数据库管理员（DBA）承担的。

5.2　Access 2010 系统概述

Access 2010 是 Office 2010 办公自动化套件中的重要组成部分。它为用户提供了友好的工作界面和方便快捷的运行环境，是目前最普及的关系数据库管理软件之一。

5.2.1　Access 2010 的运行环境及安装

安装 Office 2010 时可以选择安装 Access 2010，安装时的运行环境要符合软件要求。

Office 2010 需要的 CPU 为 500MHz 或者更高，内存 256MB 或更高，硬盘需要 3GB 空间或更高，显示器分辨率需要 1024×768 或更高。在考虑兼容 Office 2010 的操作系统时，主要从使用率、工程造价等方面考虑。32 位操作系统仅支持 32 位版本 Office 2010，64 位操作系统则可以支持 32 位和 64 位 Office 2010。

Access 2010 是 Office 2010 组件中的一个组成部分，因此安装了 Office 2010 就安装了 Access 2010。其具体安装步骤如下。

（1）将 Office 2010 的安装光盘放到 CD-ROM 驱动器中，自动运行安装程序。

（2）输入用户信息和 CDKey。

（3）选择安装方式（典型安装或自定义安装）。

（4）确定安装路径。

在安装过程中，需要根据操作步骤选择相应的选项，以完成整个安装过程。当 Office 2010 安装完毕后，Access 2010 也会被安装在 Office 程序组文件夹中。

5.2.2　Access 2010 的用户界面

Office 2010 安装成功后，即可启动 "Microsoft Office" 程序组中的 "Microsoft Office Access 2010" 选项，进入 Access 2010 的开始使用界面，如图 5-4 所示。

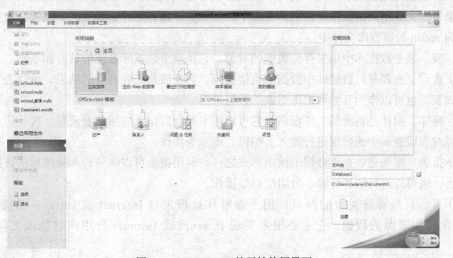

图 5-4　Access 2010 的开始使用界面

Access 2010 提供了功能强大的模板，使用模板可以快速创建数据库，每个模板都是一个完整的跟踪应用程序，具有预定义的表、窗体、报表、查询、宏和关系，如果模板设计满足用户需要，便可以直接开始工作，否则可以使用模板作为起点来创建符合个人需要的数据库。默认选项为"空数据库"，在界面右侧显示默认的文件名"Database1"，用户可以修改；单击文件名下方的"创建"按钮，可创建一个指定文件名的空数据库。

创建空数据库后可进入 Access 2010 的主界面，其主界面由快速访问工具栏、命令选项卡、功能区、导航窗格、工作区和状态栏几部分组成，如图 5-5 所示。这些对象的含义及设置与 Office 2010 的其他应用程序一样，这里不再赘述。

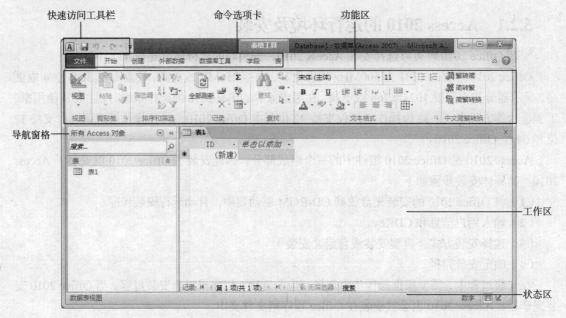

图 5-5　Access 2010 的主界面

5.2.3　Access 数据库对象

Access 数据库是由表、查询、窗体、报表、页、宏以及模块等数据库对象组成的，每一个数据库对象可以完成不同的数据库功能。在一个数据库中，除页之外，其他的对象都存放在同一个扩展名为.accdb 的数据库文件中。

（1）表。表是数据库中用来存储数据的对象，它是整个数据库系统的核心和基础。

（2）查询。查询是对数据库中数据的直接访问。它是表加工处理后的结果，是以表为基础数据源的虚表，也可以作为其他数据库对象的数据来源。

（3）窗体。窗体是系统的工作窗口。它可以用来控制数据库应用系统流程，接收用户信息，并且可以对表或查询中的数据进行输入、编辑、删除等操作。

（4）报表。报表是数据库数据的输出形式之一。利用报表可以将分析和处理后的数据通过打印机输出，也可以进行统计计算、分组汇总等操作。

（5）页。页是特殊类型的网页，用于查看和处理来自 Internet 或 Intranet 的数据，也可以包含其他来源的数据。它主要用来实现 Internet 或 Intranet 与用户数据库之间的相互访问。

（6）宏。宏是一个或多个操作命令的集合，其中每个命令实现一个特定的操作。当数据库中有大量重复性的工作需要处理时，使用宏是较好的选择。

（7）模块。模块是用 Visual Basic 语言编写的程序段。模块可以与报表、窗体等对象结合使用，通过嵌入 Access 数据库中的 Visual Basic 语言编辑器和编译器实现与 Access 数据库的完美结合，以建立完整的应用程序。

5.3 创建数据库

建立数据对象之前需要先创建数据库。本节介绍创建数据库的方法以及对数据库的基本操作。

5.3.1 创建数据库的方法

1. 直接创建空数据库

直接创建空数据库的操作步骤非常简单。在 Access 2010 的开始使用界面中，选择"可用模板"中的"空数据库"，设置要创建数据库的存储路径和文件名后，即创建了新的数据库。创建数据库后，系统中默认创建一个空白数据表"表 1"，可对表 1 进行具体设置，如图 5-6所示。

图 5-6 建立空白数据库

2. 使用向导创建数据库

使用向导创建数据库的具体操作步骤如下。

（1）在 Access 2010 的开始使用界面中可使用"可用模板"和"Office.com 模板"两种模板来创建数据库，"可用模板"是利用本机上的模板来创建，"Office.com 模板"是登录 Microsoft 网站下载模板创建新数据库，如图 5-7 所示。

图 5-7　新建数据库

（2）在"可用模板"中选择"样本模板"选项，打开本机 Office 样本模板，选择需要的模板数据库类型，在右边的"文件名"文本框中输入数据库文件名称，单击后边的文件夹按钮，设置存储位置，然后单击"创建"按钮，系统按选中的模板自动创建新数据库，数据库文件的扩展名为.accdb。图 5-8 为选择"学生"模板，创建一个学生数据库，如图 5-9 所示。

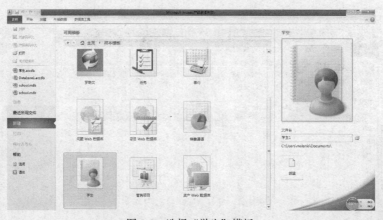

图 5-8　选择"学生"模板

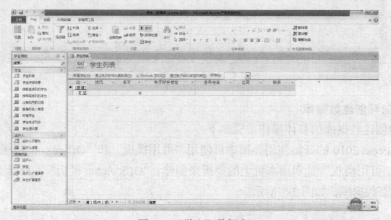

图 5-9　"学生"数据库

5.3.2　打开和关闭数据库

1. 打开数据库

在使用数据库之前，必须打开数据库。打开数据库的具体操作步骤如下。

（1）在 Access 的"文件"选项卡中选择"打开"命令，显示"打开"对话框。

（2）在"查找范围"下拉列表中，选择保存数据库文件的文件夹，再选择要打开的数据库文件，或者在"文件名"文本框中输入要打开的数据库文件。

（3）单击"打开"按钮，将数据库文件打开。

在进行第（2）步操作时，要注意打开数据库文件的方式。单击"打开"对话框中"打开"按钮的右侧的下拉按钮弹出的下拉列表如图 5-10 所示。

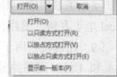

图 5-10　"打开"下拉菜单

选择"打开"，被打开的数据库文件可以被其他用户共享，这是默认的数据库打开方式。

选择"以只读方式打开"，只能使用、浏览数据库的对象，不能修改数据库。

选择"以独占方式打开"，其他用户不能使用该数据库文件。

选择"以独占只读方式打开"，只能使用、浏览数据库的对象，不能修改数据库，并且其他用户不能使用该数据库文件。

选择"显示前一版本"，系统将搜索选中的数据库是否存在早期的版本。

2. 关闭数据库

若要关闭当前正在使用的数据库文件，可以选择"文件"选项卡中的"关闭数据库"命令，或者单击"数据库"窗口的 ⊠ 按钮。

5.4　表的创建和使用

在关系数据库管理系统中，表是数据库中用来存储和管理数据的对象，它是整个数据库系统的基础，也是数据库其他对象的操作依据。

5.4.1　表的结构及字段数据类型

在 Access 中，表是一张满足关系模型的二维表。它包括表名、字段属性和记录。字段属性是表的组织形式，也就是表的结构。具体来说，字段属性就是组成表的每个字段的名称、类型、宽度以及是否建立索引等；记录就是表中的数据，不含记录的表称为空表。对表进行操作分为对表的结构和表的数据两个不同部分的操作。

表中每个字段的类型决定了这个字段中允许存放的数据和使用方式。

在 Access 2010 系统中，字段数据类型分为以下几种。

（1）文本：用于存储文字字符。文本或文本和数字的组合，以及不需要计算的数字，如电话号码。文本类型是 Access 默认的字段类型，最大长度为 255 个字符或长度小于 FieldSize 属性的设置值。

（2）备注：用于存放长文本或具有 RTF 格式的文本。例如，注释、较长的说明和包含粗体或斜体等格式的段落等经常使用"备注"字段。最多为 63 999 个字符（如果备注字段是通过 DAO 来操作，并且只有文本和数字（非二进制数据）保存在其中，则备注字段的大小受数据库大小的限制）。

（3）数字：用于存储将要进行算术计算的数据。按照数字类型数据表现形式的不同，数字字段数据类型又分为整型、长整型、单精度型、双精度型等类型，其长度由系统设置。

（4）日期/时间：用于存储日期/时间类型的数据。存储长度为8字节。

（5）货币：用于存储货币类型的数据。计算期间禁止四舍五入，存储长度为8字节。

（6）自动编号：用于存储递增数据和随机数据。每次向表中添加新记录时，Access系统将自动编号型字段的数据自动加1或随机编号。存储长度为4字节。

（7）是/否：用于存储只包含两个值中的一个的数据。不能用于索引。存储长度为1字节。

（8）OLE对象：用于链接或嵌入使用OLE协议在其他程序中创建的OLE对象，如Word文档、Excel电子表格、图片、声音或其他二进制数据。最大存储长度为1GB。

（9）超链接：用于存放超链接地址。超链接地址可以是URL（Internet或Intranet网站的地址）和UNC网络路径（局域网中文件的地址）。超链接地址最多包含3部分：显示的文本（displaytext）、地址（address）和子地址（subaddress），用以下语法格式编写：displaytext#address#subaddress#。3个部分中的每一部分最多只能包含2 048个字符。

（10）附件：任何支持的文件类型，可以将图像、电子表格文件、文档、图表和其他类型的支持文件附加到数据库的记录，这与将文件附加到电子邮件非常类似。还可以查看和编辑附加的文件，具体取决于数据库设计者对附件字段的设置方式。"附件"字段和"OLE对象"字段相比，灵活性更大，而且可以更高效地使用存储空间，因为"附件"字段不用创建原始文件的位图图像。

（11）查阅向导：用于存放从其他表中查阅的数据。存储长度一般为4字节。

5.4.2 创建表

在Access 2010中创建表有多种方法，下面介绍几种常用的方法。

1. 通过输入数据创建表

新建一个空白数据库时，系统默认创建一个空表，名为"表1"，并以数据表视图方式显示，如图5-11所示。双击列名称，可以为该列输入名称，然后按回车键。

图5-11 "表1"的数据表视图

在"表"窗口中直接输入数据，系统将根据输入的数据内容确定各字段类型、长度等表结构。也可以单击字段名右边的下拉按钮为该字段选择字段类型。在将数据添加到要使用的所有列后，用鼠标右键单击图5-11左上角的"表1"，在弹出的快捷菜单中选择"保存"，打开"另存为"对话框，输入表名，保存创建的表。

2. 使用设计视图创建表

利用设计视图创建表，要比直接输入数据创建表复杂得多，但是这样创建的表结构基本不用再修改。

例5-2 创建一个数据库student，内仅含一张学生表，包含学号、姓名、性别、出生年月、籍贯、专业、邮编和家庭住址。使用设计视图创建表。

其具体操作步骤如下。

（1）创建一个空白数据库student。

（2）用鼠标右键单击 "表1"，在弹出的快捷菜单中选择"设计视图""选项，将默认创建的"表1"由数据表视图切换到设计视图。在切换时，弹出"另存为"对话框，将表名改为"学生"，如图5-12所示。

（3）学生表的设计视图中显示表结构定义窗口，为"学生"表定义每个字段的名称、类型、长度和索引等相关内容，如图 5-13 所示。

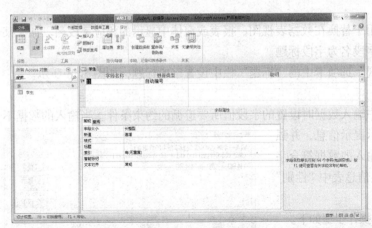

图 5-12　"学生"表的设计视图　　　　　　图 5-13　定义表结构

（4）创建完毕后，保存表。

5.4.3　表的属性设置与维护

在设计表结构时，应仔细考虑表中字段的属性，如字段名、字段类型、字段大小，此外还要定义字段显示格式、字段掩码、字段标题、字段默认值、字段的有效规则及有效文本等属性。可在图 5-13 所示的表结构定义窗口中的"常规"选项卡上进行相应的设置。字段的属性说明如表 5-2 所示。

表 5-2　　　　　　　　　　　　　　　　字段属性说明

属　　性	用　　途
字段大小	定义文本、数字或自动编号数据字段长度
格式	定义数据的显示格式和打印格式
输入掩码	定义数据的输入格式
小数位数	定义数值的小数位
标题	在数据表视图、窗体和报表中替换字段名
默认值	定义字段的默认值
有效性规则	定义字段的检验规则
有效性文本	当输入或修改的数据没有通过字段的有效性规则时，所要显示的提示信息
必需	确定字段是否要输入数据
允许空字符串	定义文本、备注和超链接数据类型字段是否允许输入零长度的数据
索引	确定是否建立单一字段的索引
新值	定义自动编号数据类型的字段的数值递增方式
Unicode 压缩	定义是否允许对文本、备注和超链接数据类型的字段进行 Unicode 压缩
输入法模式	定义焦点移动至字段时，是否开启输入法
输入法语句模式	当字段获得焦点时，设置成某种输入法语句模式
智能标记	定义应用于字段的操作标记

下面只简单介绍字段标题、有效规则和显示格式等属性的设置。

1. 设置字段标题

字段标题是字段的别名，用于替换在数据表视图、报表或窗体中显示的相应字段名。如果某个字段没有设置标题，则默认字段名为字段标题。

在表结构定义窗口中"常规"选项卡中的"标题"栏中设置字段标题，如图 5-13 所示。

2. 设置字段有效规则

字段的有效规则是指向表中输入数据时设置的字段值所要遵循的约束条件。当输入的数据不符合字段有效规则时，系统显示提示信息，并强迫光标停留在该字段处，直到输入的数据符合字段有效性规则为止。例如，学生信息表中"性别"字段只能取"男"或"女"。

定义字段有效性规则的具体操作步骤如下。

（1）在如图 5-13 所示的表结构定义窗口，选择"常规"选项卡。

（2）单击"有效性规则"编辑框右边的 按钮，打开如图 5-14 所示的"表达式生成器"对话框。

（3）输入有效规则，单击"确定"按钮，返回表结构定义窗口。

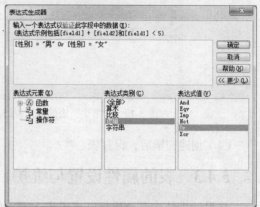

图 5-14 "表达式生成器"对话框

3. 设置字段输入/显示格式

在 Access 中，设置字段的输入/显示格式，可以确保数据的输入和显示的格式，不影响数据的存储格式。系统中，除 OLE 对象字段类型之外，其他字段类型的系统内部已定义了许多格式，用户可以直接选择这些字段格式。

除了系统提供的字段格式外，更多的是用户自定义所需的字段格式。在设置时，应写出正确的格式符号串，在 Access 中应对不同的类型设置不同的字段格式符号。

修改字段输入/显示格式先打开相应的表结构定义窗口，选择"常规"选项卡，在"格式"一栏中选择合适的项目。

4. 修改表结构

表的结构确定以后，一般不要修改结构，特别是对字段类型和字段大小的修改，因为这样做之后可能造成已输入的数据不符合修改后的新的字段类型或字段大小，从而造成数据无法保存，但可以进行修改字段名、增加字段等操作。

修改表结构的具体操作步骤如下。

（1）打开数据库。

（2）在导航窗口中选择"表"对象，选定要修改的表，单击鼠标右键，选择"设计视图"选项。

（3）在表结构定义窗口中，进行相应修改后，保存表。

5.4.4　编辑表中的数据

1. 添加数据

例 5-3　为例 5-2 创建的学生表添加数据。

在已经建立的表中添加新记录的具体操作步骤如下。

（1）打开 student 数据库，在导航窗口中选择"表"对象，双击"学生"表，打开学生表的数据表视图，如图 5-15 所示。

| 学生 |
学号 ∨	姓名 ∨	性别 ∨	出生年月 ∨	籍贯 ∨	专业 ∨	邮编 ∨	家庭住址 ∨
201401	张姗	女	1997/2/3	湖北	计算机		
201402	李思	女	1997/1/1	海南	数学		
201403	王梧	男	1998/3/3	江西	生物		
201404	赵柳	男	1998/2/5	河南	法律		
201405	赵中	男	1997/2/6	北京	计算机		
*							

图 5-15　学生表的数据表视图

（2）在数据表视图中带"*"指示的行中输入新的数据。

（3）保存表。

2．修改数据

在数据表中，如果出现了错误信息，可以对其进行修改。在数据表视图中修改数据的方法非常简单，按照添加数据的前两个步骤，打开数据表视图，选择要修改的记录行及字段，直接进行修改即可。

3．复制数据

在编辑或输入数据时，有些数据可能是相同或相近的，此时可以采用复制和粘贴的方法将某个字段中的全部或部分内容复制到其他字段中。

在 Access 中，数据复制的内容可以是记录、列或数据项。复制数据的具体操作步骤如下。

（1）打开表。选定要复制的内容，单击鼠标右键，在弹出的快捷菜单中选择"复制"命令。

（2）选定复制的内容的目的位置，单击鼠标右键，在弹出的快捷菜单中选择"粘贴"命令。

4．删除数据

在 Access 中，删除数据的操作只能针对记录进行。删除表中的记录，可以打开要删除数据的表的数据表视图，选择要删除的记录，按 Delete 键，或者单击功能区中的"删除"按钮，完成删除操作。

5.4.5　使用表

1．记录定位

要对某个记录进行操作，就要先将该记录确定为当前记录，这一操作称为记录定位。在数据表视图中，可以直接使用鼠标或者数据表视图左下角的"记录读数器"来定位记录。可以直接在"指定记录"框中输入记录编号来找到指定的记录，也可以单击"上一记录"按钮或"下一记录"按钮来查找记录。

2．记录排序

当在数据表视图中打开表时，表中的记录是按主关键字的升序排列显示的。为了便于查看记录，可以按指定的字段排序。在"数据表"视图中对记录进行排序的操作步骤如下。

（1）在数据表视图中，单击要用于排序记录的字段。要排序子数据表中的记录，则单击其展开指示器来显示该子数据表，然后单击所需的字段。

（2）若要按升序排序，则单击"升序"按钮；若要按降序排序，则单击"降序"按钮。

3. 记录筛选

筛选也是查找表中数据的一种操作，但它与一般的查找有所不同，筛选查找到的信息是一个或一组满足规定条件的记录，而不是具体的数据项。筛选是将符合条件的所有记录都挑选出来暂时保存，表中的数据不会更改。筛选记录的操作步骤如下。

（1）打开表，选定用于筛选的字段，在"开始"选项卡中单击"高级筛选选项"按钮，出现对应的级联子菜单，如图5-16所示。

（2）根据需要选择相应的筛选命令。

图5-16 "筛选"级联子菜单

5.4.6 建立表间关联关系

1. 创建索引

索引是按索引字段或索引字段集的值使表中的记录有序排列的一种技术。索引不会改变表中记录的物理顺序，而是另外建立一个索引表。当打开表和相应的索引表，对表进行操作时，记录的顺序会按索引字段或索引字段集的值的逻辑顺序显示和操作。表创建索引后，有助于加快数据检索、显示和查询的速度。

一张表可以根据需要创建多个索引。在Access中，除了OLE对象型、备注型数据和逻辑型字段不能建立索引外，其他类型的字段都可以建立索引。

按索引的功能，索引分为3种类型：唯一索引、普通索引和主索引。唯一索引的索引字段值不能相同，即没有重复值。普通索引的索引字段值可以相同，即有重复值。同一个表可以创建多个唯一索引，其中一个可以设置为主索引，但一个表只能设置一个主索引。

创建索引的具体操作步骤如下。

（1）打开数据库，再打开要建立索引的表设计视图。

（2）选定要建立索引的字段，在"常规"选项卡的"索引"列表框中选择建立的索引类别。其中，"无"表示此字段不建立索引；"有（有重复）"表示字段有索引，索引允许出现重复值；"有（无重复）"表示字段有索引，索引不允许出现重复值，创建的索引类型是唯一索引。

还可以利用菜单建立索引。其具体操作步骤如下。

（1）打开数据库，再打开要建立索引的表设计视图。

（2）单击"设计"功能区中的"索引"按钮，弹出如图5-17所示的"索引"对话框。

（3）根据需求确定索引名称、字段名称、排序次序等。其中，"忽略Nulls"确定以该字段建立索引时，是否排除带有Nulls值的记录。当"主索引"、"唯一索引"选项都设置为"否"时，该索引是普通索引。

2. 设置主关键字

在表中能够唯一确定每个记录的一个字段或一个字段集称为主关键字。一张表中的主关键字必须有明确的取值但不允许有重复值。

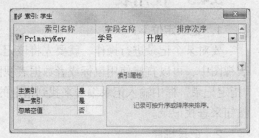

图5-17 "索引"对话框

例5-4 将例5-2中的学生表的"学号"字段设为主关键字。

其具体操作步骤如下。

（1）打开数据库student，再打开学生表的设计视图。

（2）选定"学号"字段，单击"设计"选项卡中的"主键"按钮，"学号"字段前出现 符号，表示设置完成。

3. 创建表间关联关系

数据库表中的数据本身并不是独立存在的，它们彼此之间或多或少存在某种联系。要想实现表中数据的这种联系，就必须通过建立表之间的关联来实现，但要保证建立关联关系的表具有相同的字段，并且每个表都要以该字段建立索引。

Access 中两个表间的关系有以下 3 种。

（1）一对一关系：主表中的关联字段与另一个表中的关联字段一一对应。要求两个表的关联字段都定义为主键或唯一索引。

（2）一对多关系：两个表有关联字段。要求主表的关联字段为主键或唯一索引，另一个表的关联字段为普通索引。

（3）多对多关系：两个表有关联字段。要求两个表的关联字段都定义为普通索引。

例 5-5　在例 5-2 建立的 student 数据库中新建课程表及选课表，为各表设置主关键字，并创建表间关联关系。

通过分析，学生表的主键应为学号，课程表的主键应为课程号，选课表的主键应为学号和课程号。由于一个学生可以选择多门课程，会有多门课程的成绩，于是学生表与选课表间存在一对多关系。再由于一门课程也能被多个学生选择，于是课程表与选课表间同样存在一对多关系。

具体操作步骤如下。

（1）打开 student 数据库。

（2）在导航窗格的"表"对象下依次新建课程表和选课表，方法是在"创建"选项卡中单击"表"按钮，工作区出现一张新表的数据表视图，然后切换到该表的设计视图，按照前面介绍的方法创建课程表和选课表。并分别设置这 2 张表的主键，定义这 2 张表的表结构如图 5-18和图 5-19 所示。

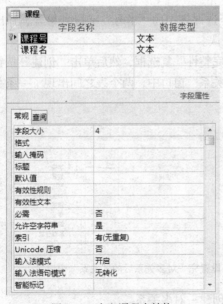

图 5-18　定义课程表结构

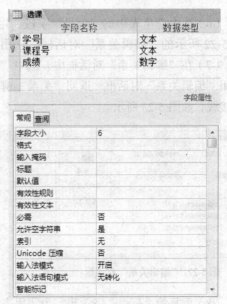

图 5-19　定义选课表结构

（3）单击"数据库工具"选项卡或"设计"选项卡中的"关系"按钮，打开如图 5-20 所示的"关系"窗口及"显示表"对话框。

图 5-20　"关系"窗口及"显示表"对话框

（4）分别选择课程、成绩和学生表，单击"添加"按钮添加到"关系"窗口中。

（5）单击"显示表"对话框中的"关闭"按钮，返回"关系"窗口，选择的 3 张表出现在"关系"窗口中，如图 5-21 所示。

图 5-21　"关系"窗口

（6）选中学生表中的"学号"字段，用鼠标拖至选课表中的"学号"字段处松开，弹出如图 5-22 所示的"编辑关系"对话框，让用户进行确认。

（7）在"编辑关系"对话框中，选中"实施参照完整性"复选框，然后单击"创建"按钮，关闭"编辑关系"对话框，返回"关系"窗口。在"关系"窗口中，两个表之间出现了一条关系连接线，如图 5-23 所示。

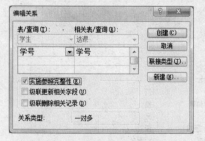

图 5-22　"编辑关系"对话框

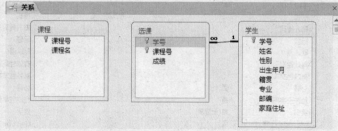

图 5-23　设置完一对多关系后的"关系"窗口

（8）重复第（6）～（8）步，为课程表和选课表创建一对多关系。

（9）创建完毕后的"关系"窗口如图 5-24 所示。关闭该窗口，完成数据表一对多关系的创建。Access 弹出对话框询问是否保存设置的关系，单击"是"按钮返回数据库窗口。至此，表间的关系创建完成。

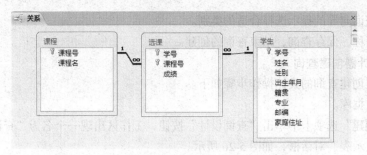

图 5-24　设置完成后的"关系"窗口

5.5　查询的创建和使用

查询是一个相对独立的、功能强大的数据库对象。查询的目的是从数据库中检索符合条件的记录，可以按不同的方式对数据进行查看、更改和分析，同时可以将查询作为窗体、报表和数据访问页的记录源。

查询也可以看作是一个"表"，是一个以表或查询为数据来源的再生表，是动态的数据集合。查询的结果总是和数据源表中的数据保持同步，也可以说查询的记录集实际上是不存在的，每次使用查询都是从创建查询时指定的数据源表中提取记录集。

5.5.1　查询的类型

在 Access 中，查询的类型主要有以下几种。

（1）选择查询：是最常见的查询类型。输入条件后，将一个或多个表中符合条件的数据检索出来。

（2）参数查询：利用系统对话框，要求用户输入查询条件参数，显示动态的查询结果。

（3）交叉表查询：主要用于对数据表中的某个字段进行汇总，并将其分组。

（4）操作查询：主要用于对数据库中的数据进行更新、删除、追加和生成新表，从而对数据库中的数据进行维护。

（5）SQL 查询：通过 SQL 语句创建的查询。

5.5.2　创建选择查询

1．使用向导创建查询

在 Access 中有"简单查询向导"、"交叉表查询向导"、"查找重复项查询向导"和"查找不匹配项查询向导"4 个创建查询的向导。它们创建查询的方法基本相同，用户可根据需要选择合适的查询向导。

使用查询向导创建查询的具体操作步骤如下。

（1）打开数据库。

（2）在"创建"选项卡中单击"查询向导"按钮，打开"新建查询"对话框，如图 5-25 所示。

图 5-25　"新建查询"对话框

（3）根据查询向导的提示选择合适的类别。

（4）输入名称，保存查询，结束查询的创建。

2．使用设计器创建查询

使用设计器创建查询的具体操作步骤如下。

（1）打开数据库。

（2）在"创建"选项卡中单击"查询设计"按钮，工作区出现一个名为"查询 1"的新建查询，并打开"显示表"对话框，如图 5-26 所示。

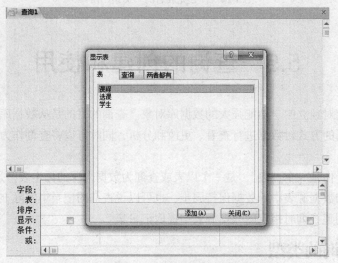

图 5-26　查询设计器窗口

（3）在"显示表"窗口中选择作为数据源的表或查询，将其添加到查询窗口中，如图 5-27 所示。

（4）在查询窗口中的"字段"下拉列表中选择所需字段，或者将数据源中的字段直接拖到字段列表框中，依次选择查询中需要用到的字段。

在需要排序的字段下面的"排序"一行中选择"升序"、"降序"或"不排序"。

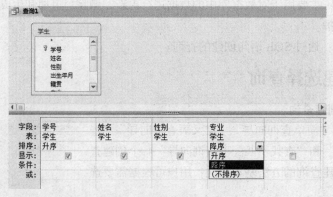

图 5-27　选择查询设计窗口

在"显示"复选框中指定相应字段是否在查询结果中显示。

在"条件"文本框中输入查询条件，或利用表达式生成器输入查询条件（在"查询工具设计"功能区，单击"生成器"按钮，打开"表达式生成器"对话框，如图 5-14 所示）。

（5）保存查询，结束查询的创建。在查询对象下双击这个查询，显示查询运行结果。

5.5.3 创建参数查询

参数查询在运行查询时由用户输入参数值，系统根据给定的参数值确定查询结果。参数查询是一种特殊的查询，通过不同的参数值，可以在同一个查询中获得不同的查询结果。它常常作为窗体、报表和页的数据来源。

创建参数查询的具体操作步骤如下。

（1）打开数据库，在导航区"所有 Access 对象"下选择查询对象，选定已有的查询或创建一个新的查询。

（2）在如图 5-27 所示的"选择查询"设计窗口的"查询工具设计"选项卡中单击"参数"按钮，打开"查询参数"对话框，如图 5-28 所示。

（3）在"查询参数"对话框中，输入参数名称，确定参数的数据类型，单击"确定"按钮。

（4）单击选择查询设计窗口对应字段的"条件"处，如"学号"字段下的"条件"，在"查询工具设计"选项卡中单击"生成器"按钮，打开"表达式生成器"对话框确定字段准则，参数可视为准则中的一个变量，如图 5-29 所示。

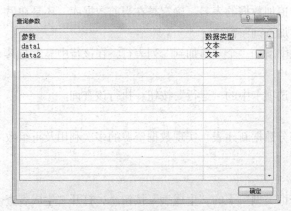

图 5-28 "查询参数"对话框

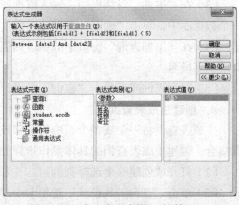

图 5-29 "表达式生成器"对话框

（5）保存查询，结束参数查询的创建。

在运行查询时，系统首先提示相应参数的取值，然后提取符合条件的记录集。

5.5.4 创建操作查询

操作查询是仅在一个操作中更改许多记录的查询，有 4 种类型：删除查询、更新查询、追加查询与生成表查询，通过操作查询可以提高数据的维护效率。

1. 创建删除查询

删除查询可以从一个或多个表中删除一组记录。创建删除查询的具体操作步骤如下。

（1）打开或创建一个选择查询。

（2）单击"查询工具设计"选项卡中"查询类型"下的"删除"按钮，打开"删除查询"窗口，在字段列表框中增加一个"删除"列表行。

（3）在相应字段下面的"条件"行内输入要删除记录的条件。

（4）保存查询或者单击"查询工具设计"选项卡中的"运行"按钮，执行该查询。

2. 创建更新查询

更新查询可以对一个或多个表中的大批量数据进行全局更改。创建更新查询的具体操作步骤如下。

（1）打开或创建一个选择查询。

（2）单击"查询工具设计"选项卡中"查询类型"下的"更新"按钮，将"选择查询"窗口变为"更新查询"窗口，在字段列表框中增加一个"更新到"列表行。

（3）在"更新查询"窗口的字段列表框的"更新到"行中输入更新的数据或算法，在"条件"行内输入更新范围条件。

（4）保存查询或者单击"查询工具设计"选项卡中的"运行"按钮，执行该查询。

3. 创建追加查询

追加查询从一个或多个表将一组记录追加到一个或多个表的尾部，可以给数据表中增加大量的数据。创建追加查询的具体操作步骤如下。

（1）打开或创建一个选择查询。

（2）单击"查询工具设计"选项卡中"查询类型"下的"追加"按钮，打开"追加查询"窗口和"追加"对话框，如图 5-30 所示。

（3）在"追加"对话框中，输入或选择待追加数据的表名，确定是在当前数据库，还是在另一个数据库中，单击"确定"按钮，返回"追加查询"窗口。

（4）在"追加查询"窗口中的字段列表框中增加一个"追加到"列表行，在该行中显示与其对应的字段名。

（5）保存查询或者单击"查询工具设计"选项卡中的"运行"按钮，执行该查询。

4. 创建生成表查询

生成表查询将一个或多个表中的全部或部分数据新建表，实现数据资源的多次利用及重组数据集合。创建生成表查询的具体操作步骤如下。

（1）打开或创建一个选择查询。

（2）单击"查询工具设计"选项卡中"查询类型"下的"生成表"按钮，打开"生成表查询"窗口和"生成表"对话框，如图 5-31 所示。

图 5-30　"追加"对话框　　　　　　　　图 5-31　"生成表"对话框

（3）在"生成表"对话框中，定义新表名，并确定新表属于哪一个数据库，单击"确定"按钮，返回"生成表查询"窗口。

（4）保存查询或者单击"查询工具设计"选项卡中的"运行"按钮，执行该查询。

5.5.5　创建 SQL 查询

SQL 查询是用户直接使用 SQL 语句创建的一种查询。如果用户比较熟悉 SQL 语句，直接用它来建立查询、修改查询的条件是非常方便的。创建 SQL 查询的具体操作步骤如下。

（1）打开数据库。

（2）在“创建”功能区中单击“查询设计”按钮，工作区出现一个新建查询，并打开“显示表”对话框，关闭“显示表”对话框。

（3）在“查询工具设计”功能区切换查询的设计视图为“SQL 视图”，打开 SQL 语言编辑窗口。

（4）输入 SQL 语句后关闭窗口，保存查询。

例 5–6　在 student 数据库中，查询所有男同学的学号、姓名、性别、出生年月和籍贯。

具体操作步骤如下。

（1）打开 student 数据库。

（2）在“创建”功能区单击“查询设计”按钮，工作区出现一个新建查询，并打开“显示表”对话框。

（3）在“显示表”对话框中将“学生”表添加到“选择查询”窗口中，关闭“显示表”对话框。

（4）在“选择查询”设计视图窗口中的“字段”下拉列表中依次选择学号、姓名、性别、出生年月和籍贯字段。

（5）在“性别”字段下的条件框中输入“男”，如图 5-32 所示。

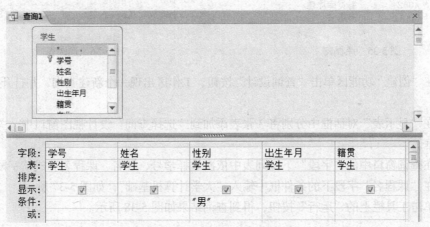

图 5-32　“选择查询”设计视图窗口

（6）单击工具栏上的“运行”按钮 ！，即可得到查询结果，如图 5-33 所示。

查询1

学号	姓名	性别	出生年月	籍贯
201403	王梧	男	1998/3/3	江西
201404	赵柳	男	1998/2/5	河南
201405	赵中	男	1997/2/6	北京
*				

图 5-33　查询结果

例 5–7　在 student 数据库中，查询所有选修了《大学计算机基础》的学生的学号、姓名、课程名和成绩。

具体操作步骤如下。

（1）打开 student 数据库，为 3 个表输入数据。3 个表的数据表视图如图 5-34～图 5-36 所示。

图 5-34　学生表

图 5-36　选课表

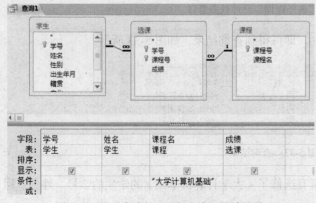

图 5-35　课程表

（2）在"创建"功能区单击"查询设计"按钮，工作区出现一个新建查询，并打开"显示表"对话框。

（3）在"显示表"对话框中分别将 3 张表添加到"选择查询"设计视图窗口中，关闭"显示表"对话框。

（4）在查询窗口中的"字段"下拉列表中依次选择学号、姓名、课程名和成绩字段。

（5）在"课程名"字段下的条件框中输入"大学计算机基础"，如图 5-37 所示。

（6）单击工具栏上的"运行"按钮，得到查询结果如图 5-38 所示。

图 5-37　设置完成的"选择查询"设计视图

图 5-38　查询结果

5.6 窗体的创建与使用

窗体是 Access 2010 数据库中一个常用对象，可以为用户提供一个形式友好、内容丰富的数据操作界面。它是应用程序和用户之间的接口，是创建数据库应用系统最基本的对象。

Access 2010 的窗体有 3 种视图：设计视图、窗体视图和数据表视图。设计视图是用来创建和修改设计对象（窗体）的窗口；窗体视图是能够同时输入、修改和查看完整数据的窗口，可显示图片、命令按钮、OLE 对象等；数据表视图以行列方式显示表、窗体、查询中的数据，可用于编辑字段、添加和删除数据以及查找数据。

5.6.1 窗体的组成

窗体由窗体页眉、窗体页脚、页面页眉、页面页脚和主体 5 部分组成，如图 5-39 所示。每部分都称为"一节"。

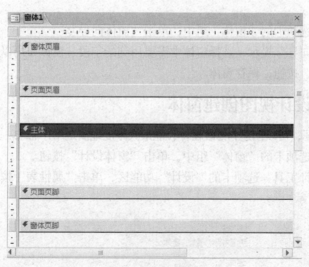

图 5-39 窗体的组成

窗体页眉位于窗体的最上方，主要显示窗体标题。在执行窗体时可以显示，打印窗体时，显示在第一页的顶部。

页面页眉出现在每张打印页的顶部，显示标题或列标题等信息，只在打印时输出。

页眉与页脚中间的部分称为主体，它是窗体的核心内容，通常由多种控件组成。

页面页脚出现在每张打印页的底部，显示日期或页号等信息，只在打印时输出。

窗体页脚位于窗体的最下方，主要用于显示窗体的使用说明、控件按钮等。

5.6.2 使用"窗体"工具创建窗体

可以使用"窗体"工具快速创建一个单项目窗体。这类窗体每次显示关于一条记录的信息。用这种方式创建的窗体格式是由系统规定的，如果需求变化，可以通过窗体设计视图来修改。

使用自动窗体创建的窗体，通常有纵栏式、表格式和数据表式等风格。其具体操作步骤如下。

（1）在导航窗格中，单击包含要在窗体上显示的数据的表或查询。

（2）在"创建"选项卡上的"窗体"组中，单击"窗体"。

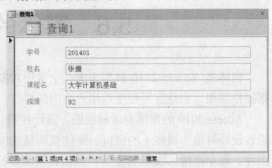

Access 将创建窗体，并以布局视图显示该窗体。在布局视图中，可以在窗体显示数据的同时对窗体进行设计方面的更改。

（3）要开始使用窗体，可以在"开始"选项卡的"视图"组中，单击"视图"按钮，然后单击"窗体视图"按钮。

例如，为例 5-7 创建的查询生成一个单项目窗体，如图 5-40 所示。

图 5-40　例 5-7 的单项目窗体

5.6.3　使用"窗体向导"创建窗体

使用窗体向导创建窗体，可以选择窗体包含的字段数，还可以定义数据窗体布局和样式。其具体操作步骤如下。

（1）在"创建"选项卡的"窗体"组中，单击"窗体向导"。

（2）根据"窗体向导"提示，选择窗体中需要用到的字段、窗体布局以及窗体样式。

（3）单击"完成"按钮，保存窗体。

5.6.4　使用设计视图创建窗体

使用窗体设计视图，可以创建和修改窗体，能最大限度地满足用户需求。其具体操作步骤如下。

（1）在"创建"选项卡的"窗体"组中，单击"窗体设计"按钮。

（2）在"窗体设计工具"选项卡的"设计"功能区，单击"属性表"按钮，打开"属性表"对话框，如图 5-41 所示。

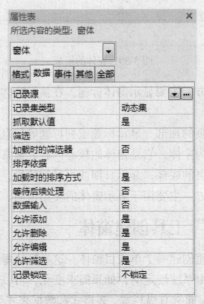

图 5-41　"属性表"对话框

在"属性表"对话框中，可以设置窗体各个部分及对象的属性，以及窗体和主体的属性。一般包括窗体的高度、宽度、背景颜色、背景图片、边框样式，窗体是否居中，窗体的数据来源、标题，窗体是否含有菜单栏、工具栏、浏览按钮和关闭按钮等。其中首先要设置的属性是窗体的记录源。

（3）在"数据"选项卡中确定记录来源，窗体属性设置好后，关闭"属性表"对话框。

（4）在"窗体"窗口中，可以为窗体添加控件，设计窗体的布局。常用的窗体控件见 5.6.4。

（5）保存窗体。

5.6.5　常用的窗体控件

打开窗体设计视图，在"窗体设计工具"选项卡中的"控件"功能区，单击"控件"按钮，打开"控件"列表，如图 5-42 所示。

将"控件"列表中的任意一个按钮拖到正在设计的窗体中，窗体添加一个新的控件。只有对控件属性及事件进行设置和定义，窗体的控件才能发挥作用。下面介绍"控件"列表中，常用窗体控件的功能及属性定义。

图 5-42　"控件"列表

控件：选择对象控件。可以选择一个或一组窗体控件。

控件：向导启动控件。可以在其他工具按钮使用期间启动对应的辅助向导，通常该控件处于启动状态。

控件：标签控件。它是按一定格式显示在窗体上的文本信息，用来显示窗体中的各种说明和提示信息。主要属性有标签的大小及颜色，标签所显示文本的内容、字体、大小、风格等。

控件：文本框控件。用于输入/输出表或窗体中非备注型和通用型字段值等操作。主要的属性有文本框的大小、数据来源、高度、宽度、样式等。文本框控件与标签控件的区别在于它们使用的数据源不同。标签控件的数据源来自于标签控件的标题属性，而文本框控件的数据源来自于表中键盘输入的信息。

控件：按钮控件。用于控制程序的执行过程以及控制对窗体中数据的操作等。主要的属性包括按钮的大小、按钮显示文本的内容等；其中最重要的属性是响应动作，它由按钮事件中的代码来决定。主要事件有单击事件、双击事件等。

控件：列表框控件。它以表格方式输入/输出数据。表格中有若干行和列，可以从列表中选择一个值，作为新记录或更改记录的字段值。

控件：组合框控件。它由一个列表框和一个文本框组成，用于从列表项中选取数据，并将数据显示在编辑窗口中。

控件：选项按钮控件。用于显示数据源中是/否字段的值。若选中该控件，其值为"是"；否则其值为"否"。

控件：选项卡控件。用于控制在多个选项中选择其中的一个选项。

控件：复选框控件。用来显示基础记录源中的是/否值。用于同时进行多项选择属性。

控件：绑定对象框控件。主要用于绑定 OLE 对象的输出。

控件：图像控件。主要用于显示一个静止的图形文件。

控件：子窗体控件。它是在主窗体中显示与其数据来源相关的子数据表中的窗体。

5.7 报表的创建和使用

报表是数据库中数据信息和文档信息输出的一种形式，是以打印的格式表现用户数据的一种有效方法。通过创建报表，可以控制数据输出的内容、输出对象的显示或打印格式，还可以进行数据的统计计算，报表可以按用户需求组织数据，以不同的输出形式提供信息。报表与窗体的建立过程很相似，主要区别是，窗体是将最终结果显示在屏幕上，报表则可以打印出来，另外，窗体可以实现交互操作，报表则不能。

5.7.1 报表的组成

报表通常由报表页眉、报表页脚、页面页眉、页面页脚及主体5个部分组成，这些部分称为报表的"节"，如图5-43所示。另外报表还具有"组页眉"和"组页脚"两个专门的"节"，在报表进行分组显示时使用它们。

报表页眉主要用于打印报表的封面、制作时间、制作单位等信息，是整个报表的页眉，仅在报表的首页打印输出。

页面页眉主要用于定义报表输出的每一列的标题，它的内容在报表每页的头部打印输出。

主体是报表打印数据的主体部分。

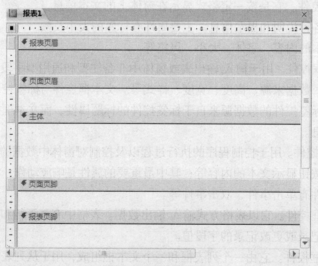

图 5-43 报表的组成

页面页脚主要用于打印报表页号、制表人和审核人等信息，它的内容在报表每页的底部打印输出。

报表页脚主要来打印数据的统计结果信息，它是整个报表的页脚，只在报表最后一页底部打印输出。

5.7.2 使用"报表"工具创建报表

可以使用"报表"工具快速创建一个报表。用这种方式创建的报表格式是由系统规定的，可以通过报表设计视图来修改。其具体操作步骤如下。

（1）在导航窗格中，单击包含要在窗体上显示的数据的表或查询。

（2）在"创建"选项卡的"报表"组中，单击"报表"按钮。

Access 将创建报表，并以布局视图显示该报表。在布局视图中，可以在报表显示数据的同时对报表进行设计方面的更改。

（3）要开始使用报表，可以在"开始"选项卡的"视图"组中，单击"视图"按钮，然后单击"报表视图"按钮或者"打印预览"按钮查看报表效果。

例如，为例 5-7 创建的查询生成一个报表，如图 5-44 所示。

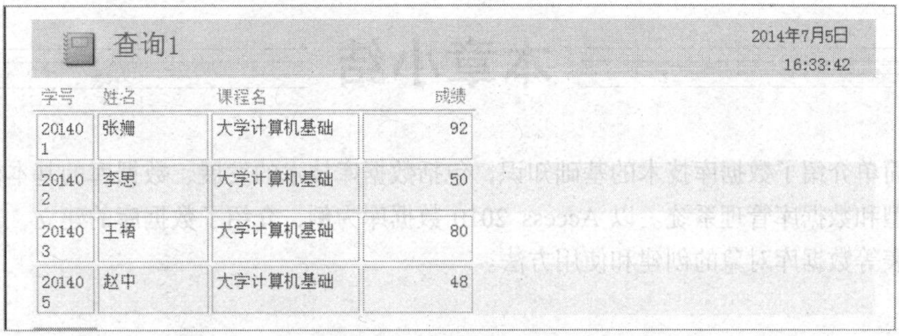

查询1			2014年7月5日
			16:33:42
学号	姓名	课程名	成绩
20140 1	张姗	大学计算机基础	92
20140 2	李思	大学计算机基础	50
20140 3	王楷	大学计算机基础	80
20140 5	赵中	大学计算机基础	48

图 5-44　例 5-7 生成的报表

5.7.3　使用"报表向导"创建报表

使用报表向导创建报表，可以选择报表包含的字段数，还可以定义布局和样式。其具体操作步骤如下。

（1）在"创建"选项卡的"报表"组中，单击"报表向导"按钮。

（2）根据"报表向导"的提示，选择报表中需要用到的字段、报表分组级别、报表中数据的排列顺序、报表的布局方式、报表的样式及标题等信息。

（3）单击"完成"按钮，保存报表。

5.7.4　使用设计视图创建报表

使用设计视图可以创建和修改报表，能最大限度地满足用户需求。其具体操作步骤如下。

（1）在"创建"选项卡的"报表"组中，单击"报表设计"按钮。

（2）在"报表设计工具"选项卡的"设计"功能区，单击"属性表"，打开"属性表"对话框，如图 5-45 所示。

（3）在"数据"选项卡中确定记录来源，并设置报表其他的属性，完成后关闭"属性表"对话框。

（4）在"报表"窗口中，可以给报表添加控件，设计报表的布局。

（5）单击"完成"按钮，保存报表。

图 5-45　报表"属性表"对话框

5.7.5 将窗体转换为报表

通过上述介绍可以看出，报表的设计与窗体的设计方式有很多类似的地方，利用窗体就可以创建报表。将窗体转换为报表的具体操作步骤如下。

（1）打开数据库。在"导航"窗格中选择"窗体"对象，单击"打开"按钮。

（2）在"窗体"窗口中打开"文件"选项卡，选择"另存为"命令，打开"另存为"窗口。

（3）在"另存为"窗口中输入报表名称，确定保存类型为报表。

（4）单击"确定"按钮，保存报表。

本章小结

本章简单介绍了数据库技术的基础知识，包括数据库技术的发展、数据库的基本概念、常用的数据模型和数据库管理系统。以 Access 2010 数据库为例，介绍了数据库的建立，表、查询、窗体和报表等数据库对象的创建和使用方法。

习　题

1. 数据库系统的发展经历了哪几个阶段？各有什么特点？

2. 什么是数据库和数据库管理系统？

3. 什么是数据模型？数据库的数据模型有哪几种？

4. 常用的数据库系统有哪些？

5. Access 数据库系统有几个对象？各种对象的基本作用是什么？

6. 什么是表对象的主键？有何作用？

7. Access 数据库的表对象之间有哪几种类型的关系？

8. Access 的查询一共分为哪几类？选择查询与操作查询有何区别？

9. 简述数据库管理系统的功能。

10. 简述数据库设计的步骤。

11. 简述数据库设计需求分析阶段的任务。

12. 什么是索引？索引有哪几种类型？

13. 窗体中页眉和页脚有什么用途？

14. 在 Access 中，使用表设计器建立一个"学生成绩表"。此表含有以下字段：学号，姓名，英语，语文，数学，物理，化学。其中学号、姓名是文本型，其他是数字型，然后分别输入 5 条记录。

15. 使用向导建立一个"学生基本情况表"，此表含有以下字段：学号，姓名，性别，出生日期，籍贯。其中学号、姓名、性别、籍贯为文本型，出生日期为"日期/时间"型，然后分别输入 5 条记录，学号与"学生成绩表"——对应，并设置学生成绩表与学生档案表的表间关系。

16. 查询本校各个班级中数学成绩为优的同学。

第6章
多媒体技术及应用

多媒体技术是当前计算机科学与技术领域研究的热点，它将计算机、家用电器、通信网络、大众媒体、人机交互、娱乐设备等原本不相关的东西组合起来形成一个全新的系统，并拓展了全新的应用领域。多媒体计算机的发展是信息化社会发展的必然阶段，将时刻影响人们的生活方式和工作方式。

6.1　多媒体技术概述

具有多媒体技术的计算机可以处理声音、图形、动画、音频信号、视频信号等信息，给人们的工作、学习和娱乐等带来方便和乐趣。

由于多媒体技术内涵太宽，应用领域太广，至今无人能给出非常准确清楚的定义。一般来说，多媒体的"多"是指其多种媒体表现、多种感官作用、多种设备、多学科交汇、多领域应用；"媒"是指人与客观事物之中介；"体"是说其综合、集成一体化。目前，多媒体技术大多只利用了人的视觉、听觉。"虚拟现实"中也只用到了触觉，对于视觉也主要在可见光部分，而味觉、嗅觉尚未集成进来。随着技术的进步，多媒体的涵义和范围还将扩展。

简言之，多媒体技术是把文字、图像、声音、视频和动画等信息数字化，并将其集成在一起的技术，信息数字化是其内核和关键。信息数字化是计算机信息存储的关键，也是计算机多媒体技术的本质特征。

6.1.1　多媒体技术基本概念

1. 媒体

媒体（media）是人与人之间实现信息交流的中介，简单地说，就是能够存储和传播信息的载体，也称为媒介。按照国际电信联盟电信标准化部门（International Telecommunication Union–Telecommunication Standardization Sector，ITU-T）的建议，媒体有 5 种类型，分别是感觉媒体、表示媒体、显示媒体、存储媒体和传输媒体。

2. 多媒体

多媒体是多种媒体的意思，可以理解为直接作用于人感官的文字、图形、图像、动画、声音和视频等各种媒体的统称。多媒体的本质不仅是信息的集成，也是设备的集成和软件的集成，通过逻辑连接形成有机整体又可以交互控制，因此可以说集成和交互是多媒体的精髓。

3. 多媒体技术

多媒体技术是把声、图、文、视频等媒体通过计算机集成在一起的技术。即通过计算机把文本、图形、图像、声音、动画和视频等多种媒体综合起来，使之建立起逻辑连接，并对它们进行采样量化、编码压缩、编辑修改、存储传输和重建显示等处理。

与多媒体技术相关的技术包括：动画技术、音频技术、图像与视频技术、数据压缩技术、多媒体存储与传输技术和虚拟现实技术等。多媒体系统将这些技术综合在一起，为人与人之间、人与计算机之间信息的交互提供了方便、有效的平台。

6.1.2 多媒体计算机的基本组成

多媒体计算机系统是指能综合处理多媒体信息，使多种信息建立联系，并具有交互性的计算机系统。多媒体系统是多媒体技术的灵魂，它能灵活地调度和使用多种媒体信息，使之与硬件协调地工作，因此多媒体系统是一种由多媒体硬件系统和多媒体软件系统相结合组成的复杂系统。

1. 多媒体计算机硬件系统

多媒体计算机硬件系统（见图6-1）主要包括以下几部分。

（1）多媒体主机：如个人机、工作站、超级微机等。

（2）多媒体输入设备：如摄像机、电视机、麦克风、录像机、视盘、CD-ROM、扫描仪等。

（3）多媒体输出设备：如打印机、绘图仪、音响、电视机、喇叭、录音机、高分辨率屏幕等。

（4）多媒体存储设备：如硬盘、光盘、声像磁带等。

（5）多媒体功能卡：如视频卡、声音卡、压缩卡、家电控制卡、通信卡等。

（6）操纵控制设备：如鼠标、操作杆、键盘、触摸屏等。

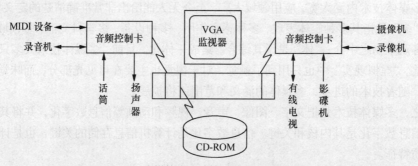

图6-1 多媒体个人计算机的基本硬件组成

2. 多媒体计算机软件系统

多媒体软件主要分为系统软件和应用软件。

多媒体系统软件是多媒体系统的核心，它不仅具有综合各种媒体、灵活调度多媒体数据进行传输和处理的能力，而且要控制各种媒体硬件设备和谐统一地工作，即将种类繁多的硬件有机地组织到一起，使用户能灵活控制多媒体硬件设备和组织，处理多媒体数据。多媒体系统软件除具有一般系统软件的特点外，还要体现多媒体软件的特点，如数据压缩、媒体硬件接口的驱动与集成、新型交互方式等。

多媒体应用软件是在多媒体开发平台上设计开发的面向领域的软件系统。通常由多媒体应用领域的专家和多媒体开发人员共同协作、配合完成。开发人员利用开发平台、创作工具制作组织各种多媒体素材，最终生成多媒体应用程序，并在应用领域中测试、完善，最终成为多媒体产品。

多媒体应用软件主要有：多媒体数据库管理系统、多媒体压缩/解压缩软件、多媒体声像同步软件、多媒体通信软件等。例如，各种多媒体教学系统、培训软件、声像俱全的电子图书，这些产品可以以磁盘或光盘形式面世。

3. 多媒体计算机的特点

多媒体计算机与一般传统的教学设备相比，具有以下 3 个显著特点。

（1）组成：多媒体计算机既是各硬件的集合，如高速 CPU、大容量的硬盘和内存、性能优良的数据、图形处理器、声音压缩卡及显示器等，又是软件的集合，如各种系统操作软件，数据、文字、图形、图像和声音处理软件等。

（2）技术：多媒体计算机对各种信息的采集、处理、存储、传输和显示全部实现数字化，包括图像和声音，是个智能化的终端。经过数字技术处理的信号无论是从质量上，还是数据处理上都远远超过传统的经过模拟技术处理的信号。

（3）应用：通过操作多媒体计算机，可以非常灵活地调用、处理和显示文字、图形、图像、声音等教学内容；通过互联网方便地调用需要的各种信息资源。

6.1.3　多媒体计算机的基本特征

从研究和发展的角度来看，多媒体技术具有以下特征。

（1）数字化：多媒体数字化是指文字、数字、图形、图像、动画、音频、视频等多种媒体都是以数字的形式进行存储和传播的。它依赖于计算机进行存储和传播，与传统的模拟信号技术有着根本的区别，而且便于修改和保存。

（2）多样性：多样性是指综合处理多种媒体信息，包括文本、图形、图像、动画、音频和视频等。

（3）集成性：集成性是指将不同的媒体信息有机地组合在一起，形成一个完整的整体以及与这些媒体相关的设备集成。

（4）交互性：交互性是指用户可以介入各种媒体加工、处理的过程中，从而使用户更有效地控制和应用各种媒体信息。

（5）实时性：实时性是指当多种媒体集成时，其中的音频信息和视频信息是与时间密切相关的，甚至是实时的。在加工、存储和播放时，需要考虑时间特性、存取数据和解压缩的速度以及最后播放速度的实时处理。

（6）智能性：多媒体技术提供了易于操作、十分友好的界面，使计算机更直观、更方便、更亲切、更人性化。

（7）易扩展性：多媒体技术使计算机方便地与各种外部设备挂接，实现了数据交换、监视控制等多种功能。此外，采用数字化信息有效地解决了数据在处理传输过程中的失真问题。

6.1.4　多媒体技术的发展

多媒体技术涉及声音、图像、视频等与人类社会息息相关的信息处理，因此它的应用领域极其广泛，渗透到计算机应用的各个领域。不仅如此，随着多媒体技术的发展，一些新的应用领域正在开拓，前景十分广阔。其发展方向主要表现在以下几个方面。

（1）计算机系统本身的多媒体化。

（2）多媒体技术与点播电视、智能化家电、识别网络通信等技术互相结合，使多媒体技术进入教育、咨询、娱乐、企业管理和办公自动化等领域。

（3）多媒体技术与控制技术相互渗透，进入工业自动化测控等领域。

总地来说，多媒体技术已经渗透到现代商业、通信、艺术等人类工作和生活的各个领域，正改变人类生活和工作的方式，描绘着一个绚丽多彩的划时代的多媒体世界。

6.1.5 多媒体制作流程

1．需求分析

需求分析是根据作品要求达到的目标，通过市场调研了解客户的真正需求，然后分析其必要性和可行性，明确作品的内容及表现形式，确定需要选择哪些工具软件及开发产品所需预算等。

2．创作脚本

设计者根据需求分析、市场调研得到的数据，对该作品进行整体规划和精心设计，制作出可行性的工作计划，以便实施。

3．绘制流程图

根据设计者创作的脚本绘制多媒体创作的流程图，可以让制作人员进一步明确每个对象间的关联和交互运作情况。

4．素材选取与加工

根据设计方案的具体需求，采集所需要的素材（如文本、图片、动画、声音和视频等），并对各种素材进行加工和创作。文本信息的选取与加工的关键是如何围绕重点精选材料，体现设计意图。另外，还要根据媒体表达形式的特点，在有限的版面中使内容表达更加丰富、深刻。

5．媒体集成

按照多媒体的设计方案，利用多媒体集成工具软件将已经准备好的素材资料或制作好的功能板块集成为一个多媒体作品。在集成所有素材和资源的阶段，必须将它们全部置入一个多媒体编写系统中，将所有的素材集成起来并赋于它们交互性。注意：在多媒体作品中，声音、视频在 PowerPoint 中需要在相应插件的支持下才能正常播放，它们是独立于多媒体作品之外的计算机文件。

6．产品发布

在完成以上步骤后，还必须进行严格的测试。例如，使用硬盘和多种机型进行测试，测试它们在 CD-ROM 上运行的速度等，然后才能在网上或指定地方发布。注意，当需要复制或发布该多媒体作品时，除了多媒体作品文件外，还要把其中包含的声音、视频等文件一起复制或压缩成一个文件一起发布。

6.2 多媒体数据处理

多媒体数据具有数据量大、数据类型多、数据类型间差别大、多媒体数据的输入和输出复杂等特点。不同媒体的存储量差别大，内容和格式不同，相应的内容管理、处理方法和解释方法也不同。目前常见的多媒体数据类型主要有文本、图形、图像、声音、动画和视频等。

各种数字化的媒体信息量通常都很大，如一秒钟的视频画面要保存 15～39 幅图像；一幅分辨率为 640×480 像素/英寸的 24 位真彩色图像，需要 1MB 的存储量，同时声音的存储量也是相当惊人的。这样大的数据量，无疑给存储器的存储容量、通信信道的带宽以及计算机的运行速度都增加了极大的压力。通过多媒体数据压缩技术，可以节省存储空间，提高信息信道的传输效率，也使计算机实时处理音频、视频信息，播放高质量的视频、音频节目成为可能。因此，数据压缩与编码技术是多媒体技术的关键技术之一。

6.2.1 多媒体数据压缩方法

数据压缩处理一般由两个过程组成：一是编码过程，即将原始数据经过编码进行压缩；二是解码过程，即将编码后的数据还原为可以使用的数据。数据压缩可分为无损压缩、有损压缩和混合压缩三大类。

1. 无损压缩

无损压缩是利用数据的统计冗余进行压缩，解压缩后可完全恢复原始数据，而不引起任何数据失真。无损压缩的压缩率受到冗余理论的限制，一般为 2:1~5:1。无损压缩广泛用于文本数据、程序和特殊应用的图像数据（如指纹图像、医学图像等）的压缩。常用的无损压缩方法有 RLE 编码、Huffman 编码、LZW 编码等。

2. 有损压缩

有损压缩是利用人类对图像或声波中的某些频率成分不敏感的特性，允许压缩过程中损失一定的信息，解压后不能完全恢复原始数据，但压缩比较大。有损压缩方法经常用于压缩声音、图像以及视频。

3. 混合压缩

混合压缩利用了各种单一压缩方法的长处，在压缩比、压缩效率及保真度之间取得最佳的折中。例如，JPEG 和 MPEG 标准就采用了混合编码的压缩方法。

6.2.2 静态图像压缩编码的国际标准

JPEG 是一个使用范围很广的静态图像数据压缩标准，既可用于灰度图像，也可用于彩色图像。它支持很高的图像分辨率和量化精度，由原国际电报电话咨询委员会（CCTTT）和国际标准化委员会（ISO）联合成立的一个联合图像专家组（Joint Photographic Experts Group，JPEG）指定。

JPEG 专家组开发了两种基本压缩算法：一种是以离散余弦变换（discret cosine transform，DCT）为基础的有损压缩算法；另一种是以差分脉冲编码调制（DPCM）的预测技术为基础的无损压缩算法。最近几年，JPEG 组织又推出了基于小波变化（wavelet transform）的 JPEG 2000，它有更高的压缩比，较小的失真，已经成功地用在了数码相机等产品中。

6.2.3 运动图像压缩编码的国际标准

MPEG 标准是运动图像压缩编码的国际标准，由国际标准化组织 ISO/IEC 领导下的运动图像专家组（Motion Picture Experts Group，MPEG）指定。下面是常用的 MPEG 标准。

MPEG-1 视频压缩技术是针对运动图像的压缩技术，为了提高压缩比，帧内图像数据压缩和帧间图像数据压缩是同时进行的。MPEG-1 直接针对 1.2Mbit/s 的标准数据流压缩率，其基本算法对于每秒 24~30 逐行扫描帧、分辨率为 360×280 像素/英寸运动图像有很好的压缩效果。但随着速率的提高，解码后图像质量较差，并且它没有定义用于对额外数据流进行编码的格式，因此这种标准未被广泛采用。

MPEG-2 力争获得更高的分辨率（720×486 像素/英寸），提供广播级视频和 CD 级的音频。作为 MPEG-1 的一种兼容型扩展，MPEG-2 支持隔行扫描视频格式和其他先进功能，其系统功能是将一个或更多的音频、视频或其他的基本数据流合成单个或多个数据流，以适应于存储和传送，并可以在一个很宽的恢复和接收条件下进行同步解码。MPEG-2 标准作为计算机可处理的数据格式，主要应用于数字存储媒体、视频广播和通信。

MPEG-4 是一种针对低速率（<64kbit/s）的视频、音频压缩编码方法。MPEG-4 标准具有高效压缩、基于内容交互（操作、编辑、访问等）以及基于内容分级扩展等特点，具有基于内容方式表示的视频数据。MPEG-4 多用于移动通信和公用电话交换网（public switched telephone network，PSTN），并支持可视电话（video phone）、电视邮件（video mail）、电子报纸等。

MPEG-7 的正式名称为"多媒体内容描述接口"，它为各种类型的多媒体信息规定一种标准化的描述，这种描述与多媒体信息的内容一起支持用户对其感兴趣的各种"资料"进行快速、有效的检索。各种"资料"包括静止图像、图形、音频、动态视频，以及如何将这些元素组合在一起的合成信息。这种标准化的描述可以加到任何类型的多媒体资料上，不管多媒体资料的表示格式如何，或是什么压缩形式，加上了这种标准化描述的多媒体数据就可以被索引和检索。由于MPEG-7 的重点放在用于描述多媒体素材的通用接口标准上，因此 MPEG-7 并不兼容以前的标准，而是以前标准的扩展和延伸。

6.2.4　音频压缩编码的国际标准

数字音频压缩技术标准分为电话语音压缩、调幅广播语音压缩、调频广播及 CD 音质的宽带音频压缩 3 种。

（1）电话（200Hz～3.4kHz）语音压缩标准：主要有 ITU 的 G.722（64kbit/s）、G.721（32kbit/s）、G.728（16kbit/s）和 G.729（8kbit/s）等建议，用于数字电话通信。

（2）调幅广播（50Hz～7kHz）语音压缩标准：主要采用 ITU 的 G.722（64kbit/s）建议，用于优质语音、音乐、音频会议和视频会议等。

（3）调频广播（20Hz～15kHz）及 CD 音质（20Hz～20kHz）的宽带音频压缩标准：主要采用 MPEG-1 或 MPEG-2 双杜比 AC-3 等建议，用于 CD、MD、MPC、VCD、DVD、HDTV 和电影配音等。

6.3　多媒体图像处理技术

对计算机而言，图形（graphics）与图像（image）是一对既有联系又有区别的概念，尽管都是一幅图，但图的产生、处理和存储方式不同。

图形是指由外部轮廓线条构成的矢量图，即由计算机绘制的直线、圆、矩形、曲线和图表等。矢量图文件中存储的是一组描述各个图元的大小、位置、形状、颜色和维数等属性的指令集合，通过相应的绘图软件读取这些指令，即可将其转换为输出设备上显示的图形。因此，矢量图文件的最大优点是对图形中的各个图元进行缩放、移动、旋转时不失真，而且它占用的存储空间小。

图像是由扫描仪、摄像机等输入设备捕捉实际画面产生的数字图像，是由像素点阵构成的位图。位图文件中存储的是构成图像的每个像素点的亮度、颜色，位图文件的大小与分辨率和色彩的颜色种类有关，放大和缩小会失真，所描述对象在缩放过程会损失细节或产生锯齿，占用空间比矢量图形大。

6.3.1　多媒体图像的基本概念

1. 像素和分辨率

像素和分辨率是用来决定图像文件大小和图像质量的两个概念。

像素（pixels）是构成图像的最小单位，每像素都被分配一个特定的位置和颜色值，很多像素组合在一起就构成了图像。

分辨率（resolution）是指每一英寸所包含的像素数，用像素/英寸（dpi）表示。分辨率的高低直接影响到图像的效果，分辨率越高，图像越清晰。

2. 位图和矢量图

位图（bitmap）和矢量图是图形图像存储的两种不同类型。

位图也称栅格图像，由一系列像素组成，每像素用若干二进制位来指定颜色深度。对于高分辨率的彩色图像，用位图存储所需的存储空间较大。位图的清晰度与像素的多少直接相关，单位面积内像素数越多，图像越清晰，反之则越模糊。当位图图像放大到一定倍数后，可以看到一个个方形色块，图像整体视觉效果也会变得模糊。位图适于表现含有大量细节的画面，并可直接、快速地显示或打印。常见的位图文件格式有 BMP、JPG、PSD 等。

矢量图也称向量图形，是由线条和图块组成的。当对矢量图进行放大后，图形仍能保持原来的清晰度，且色彩不失真。矢量图的文件大小与图像尺寸无关，只与图像的复杂程度有关，因此简单图像占用的存储空间很小。矢量图适于描述由多种比较规则的图像元素构成的图像，但输出图像时将转换成位图形式。常见的矢量图文件格式有 PDS、DXF、WMF 等。

3. 色相、饱和度和明度

人眼看到的各种色彩都具有色相、饱和度和明度 3 种属性，称为色彩的三要素。

色相：色彩的首要特征，是区别各种不同色彩的最准确的标准。从光学意义上讲，色相差别是由光波波长的长短产生的，即便是同一类颜色，也能分为几种色相，如黄色可以分为中黄、土黄、柠檬黄等。光谱中有红、橙、黄、绿、蓝、紫 6 种基本色光，人眼可以分辨出约 180 种不同色相的颜色。

饱和度：也称纯度，是指一种颜色的鲜艳程度或浓淡程度。同一种色相，颜色越浓，饱和度就越大；颜色越淡，饱和度就越小。

明度：即色彩的明暗程度。一种物体表面光反射率越大，对视觉刺激的程度就越大，看上去就越亮，颜色的明度就越高。

4. 位深度

位深度也称为像素深度或颜色深度，主要是用来度量在图像中使用多少颜色信息来显示或打印像素。位深度越大，图像中的颜色表示就越多，也越精确。例如，1 位深度的像素有 2^1 种颜色信息，8 位深度的像素有 2^8 种颜色信息，24 位深度的像素有 2^{24} 种颜色信息。常用的位深度值范围为 1～64 位/像素。

5. 对比度

对比度是指不同颜色的差异。对比度越大，两种颜色之间的相差越大。将一幅灰度图像的对比度增大后，会变得黑白分明。当对比度增加到最大值时，图像变为黑白两色图。反之，当对比度减小到最小值时，图像变为灰色底图。

6. 常用的颜色模式

Photoshop 中常用的颜色模式有 RGB（光色）模式、Lab（标准色）模式、Bitmap（位图）模式、Grayscale（灰度）模式、Index（索引）模式、Duotone（双色调）模式、CMYK（四色印刷）模式、Multichannel（多通道）模式和 HSB 模式

（1）RGB（光色）模式：是 Photoshop 中最常用的颜色模式。RGB 即代表红（R）、绿（G）、蓝（B）3 个通道的颜色，通过对这 3 个颜色通道的调整以及它们相互之间的叠加来得到各式各样的颜色。新建 Photoshop 图像的默认模式为 RGB，计算机显示器也总是使用 RGB 模型显示颜色，这意味着在非 RGB 颜色模式下工作时，Photoshop 会临时将数据转换成 RGB 数据再在屏幕上呈现。

（2）Lab（标准色）模式：L 代表光亮度分量，调节范围为 0 ~ 100，a、b 代表两个色调参数，其中，a 分量表示从绿到红的光谱变化，b 表示从蓝到黄的光谱变化，两者的范围都是 -128 ~ 128。当 RGB 和 CMYK 两种模式相互转换时，都需先转换成 Lab 颜色模式，因为只有这样才能减少转换过程中的损耗。

（3）Bitmap（位图）模式：位图模式就是黑白模式。它只能用黑色和白色来表示图像，由于只有灰度模式可以转换为位图模式，所以一般的彩色图像要想转换为位图模式需事先转换为灰度模式。在该模式下只能制作黑白图像，但用户可以利用图像"调整"功能为图着色。

（4）Grayscale（灰度）模式：灰度图像的每像素都有一个 0（黑色）~ 255（白色）的亮度值。一幅灰度图像在转变为 CMYK 模式后可增加颜色，但将 CMYK 模式转变为灰度模式后，原先的颜色不能恢复。

（5）Index（索引）模式：又称图像映射色彩模式，这种模式的图像只有 8 位，即图像最多只有 256 种颜色。索引模式的图像占用硬盘空间小，图像质量不高，一般适用于制作多媒体动画和网页图像。

（6）Duotone（双色调）模式：该模式采用两种颜色的油墨制作图像。它可以增加灰度图像的色调范围。在双色调模式中，不能直接访问单个的图像通道，需通过"双色调选项"对话框中的曲线操纵通道。

（7）CMYK（四色印刷）模式：是专门针对印刷业设定的颜色标准。通过调整青（C）、洋红（M）、黄（Y）和黑（K）4 种颜色以及它们相互之间的叠加来得到各种颜色。它的颜色种类没有 RGB 色多，当图像由 RGB 色转换为 CMYK 色后，颜色会有所损失。

（8）Multichannel（多通道）模式：该模式在每个通道中使用 256 灰度级。用户可以将由一个以上通道合成的任何图像转换为多通道图像，原来的通道被转换为专色通道，常用于特殊打印。注意：不能打印多通道模式中的彩色复合图像。

（9）HSB 模式：该模式中的 H、S、B 分别表示色相、饱和度、亮度，这是一种从视觉的角度定义的颜色模式，只有在色彩编辑时才能看到这种颜色模式。PhotoShop 可以使用 HSB 模式从颜色面板拾取颜色，但没有提供用于创建和编辑图像的 HSB 模式。

6.3.2　常见的图像文件格式

多媒体计算机系统支持很多图像文件格式，而进行图像处理时，采用什么格式保存图像与图像的用途密切相关。下面介绍常见的图像文件格式。

1. PSD 格式

PSD 是 Photoshop 软件的专用格式。它能快速打开和保存图像，能很好地保存层、蒙版信息，保存图像数据的每一个小细节，便于对单独的层进行修改和制作各种特效，可以存储成 RGB 或 CMYK 颜色模式，也能自定义颜色数目进行存储。其唯一的缺点就是存储的图像文件较大。

2. JPEG 格式

JPEG 格式被大多数图像处理软件所支持。它是一个有损压缩格式，在图像文件压缩时删除了不易被人眼察觉的图像颜色，故而达到了较大的压缩比（可达 40:1），常用于制作网页图像。JPEG 格式支持 CMYK、RGB 和灰度颜色模式的图像。

3. BMP 格式

BMP 是 Windows 系统下的标准位图格式。BMP 格式结构简单，没有经过压缩，图像文件较大。该格式最大的优点是支持多种 Windows 和 OS/2 应用程序软件，支持 RGB 模式、索引模式、恢复模式和位图模式的图像。

4. GIF 格式

GIF 是网页图像最常采用的一种格式。GIF 格式的文件是 8 位图像文件，采用 LZW 无损压缩，几乎所有的软件都支持。它能存储成背景透明化的图像形式，所以这种格式的文件大多用于网络传输，并且可以将多张图像存成一个档案，形成动画效果。但最大的缺点是它只能处理 256 种颜色。

5. TIFF 格式

TIFF 是在各种操作系统上都能识别的格式，使用 LZW 无损压缩。它既能用于 MAC，也能用于 PC。这种格式的文件是以 RGB 的全彩色模式存储的，并且支持通道。

6. SWF 格式

SWF 格式的动画图像是基于矢量技术制作的，不管将画面放大多少倍，画面都不会有任何损坏。由于其能以其高清晰度的画质和较小的文件大小来表现丰富的多媒体形式，所以被广泛应用于 Web 网页进行多媒体演示与交互性设计。

7. PNG 格式

PNG 格式是一种新兴的网络图像格式。它汲取了 GIF 和 JPGE 二者的优点，存储形式丰富，兼有 GIF 和 JPGE 的色彩模式，能把图像文件压缩到极限，以利于网络传输，能保留所有与图像品质有关的信息，支持透明图像的制作，显示速度很快。但 PNG 最大的缺点是不支持动画应用效果。

8. DXF 格式

DXF 格式是三维模型设计软件 Auto CAD 的专用格式，文件小，所绘制的图形尺寸、角度等数据准确，是建筑设计的首选。

9. PCX 格式

支持多达 16MB 色彩的图像，占用磁盘空间小，并具有压缩及全彩色的优点，适用于索引和线图图像。

10. EPS 格式

EPS 格式是由 Adobe 公司专门为存储矢量图形而设计的，是 Illustrator 和 Photoshop 之间可交换的文件格式，Illustrator 软件制作出来的流动曲线、简单图形和专业图像一般都存储为 EPS 文件格式，用于在 PostScript 输出设备上打印。

6.3.3　常见的图像编辑软件

1. Windows 画图程序

画图程序是 Windows 操作系统自带的图像编辑软件。可以用画图程序处理 JPG、GIF 和 BMP 等格式的文件，可以将画图图片粘贴到其他已有文档中，也可以将其用做桌面背景，甚至还可以用画图程序查看和编辑扫描好的照片或者随心所欲地涂鸦。其界面如图 6-2 所示。

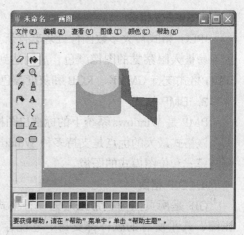

图 6-2　Windows 画图程序界面

2．ACDSee

ACDSee 是使用广泛的数字图像处理软件，常用于图片的获取、管理、浏览和优化，支持 50 种以上的常用多媒体格式。作为一款优秀的看图软件，它能快速、高质量地显示图片，如果再配以内置的音频播放器，可以用它播放幻灯片。另外，ACDSee 还能处理数码影像，拥有去除红眼、剪切图像、锐化和曝光调整、制作浮雕特效、镜像等功能，并可进行批量处理。

3．Illustrator

Illustrator 是美国 Adobe 公司推出的专业矢量绘图软件，是创建和优化 Web 图形的集成工具，具有像动态变形这样的创造性选项，用于扩展视觉空间，并且生产效率很高，流水化作业令文件发布更加容易，广泛应用于出版界和媒体设计界。

4．CorelDRAW

CorelDRAW 是由加拿大的 Corel 公司开发的图形图像软件。CorelDRAW 界面设计友好，提供了一整套的绘图工具、塑形工具、图形精确定位和变形控制方案，以便充分地利用计算机处理信息量大、随机控制能力高的特点，给商标、标志等需要准确尺寸的设计带来极大的便利。CorelDRAW 的颜色匹配管理方案使显示、打印和印刷达到颜色的一致，这是其他软件所不及的。另外，CorelDRAW 的文字处理与图像的输出输入构成了排版功能，支持绝大部分图像格式的输入与输出，几乎与其他软件可畅通无阻地交换共享文件，广泛应用于商标设计、标志制作、模型绘制、插图描画、排版及分色输出等诸多领域。

5．PageMaker

PageMaker 由 Aldus 公司推出。它提供了一套完整的工具，用来处理图文编辑，产生专业、高品质的出版刊物，是平面设计与制作人员的理想伙伴。PageMaker 操作简便，功能全面，借助丰富的模板、图形及简洁直观的设计工具，初学者很容易上手。尤其是其稳定性、高品质及多变化等功能倍受用户赞赏。利用 PageMaker 设计制作出来的产品在生活中随处可见，如说明书、画册、产品外包装、广告手提袋、广告招贴等。

6．Photoshop

后续章节中将做详细介绍。

6.3.4　图像处理软件 Photoshop CS5

Photoshop 是美国 Adobe 公司开发的一款数字图像处理软件，是目前最流行、功能最强大的图像设计与制作工具，广泛应用于广告、出版等行业中。相比以前的版本，Photoshop CS5 主要具有以下特点。

（1）Photoshop CS5 最大的改变是工具箱，变成可伸缩的，可为长单条和短双条。

（2）工具箱上的快速蒙版模式和屏幕切换模式也改变了切换方法。

（3）工具箱的选择工具选项中，多了一个组选择模式，用户可以决定选择组或者单独的图层。

（4）工具箱多了快速选择工具 Quick Selection Tool，应用魔术棒的快捷版本，可以不用任何快捷键进行加选，按往不放可以像绘画一样选择区域，非常神奇。当然选项栏也有新、加、减三种模式可选，快速选择颜色差异大的图像会非常直观、快捷。

（5）所有的选择工具都包含重新定义选区边缘(Refine Edge)的选项，如定义边缘的半径、对比度、羽化程度等，可以对选区进行收缩和扩充。另外还有多种显示模式，如快速蒙版模式和蒙版模式等，非常方便。例如，可以直接预览和调整不同羽化值的效果。当然，"选择"菜单中熟悉的"羽化"命令从此退出历史舞台。

（6）调板可以缩为精美的图标，有点像 CorelDraw 的泊坞窗，或者像 Flash 的面板收缩状态，不过相比之下这个更好，两层的收缩功能是其亮点。

（7）增加了"克隆（仿制）源"调板，和仿制图章配合使用，允许定义多个克隆源（采样点），就好像 Word 有多个剪贴版内容一样。另外克隆源可以进行重叠预览，提供具体的采样坐标，可以对克隆源进行移位缩放、旋转、混合等编辑操作。克隆源可以针对一个图层，也可以是上下两个和所有图层，这比之前的版本多了一种模式。

（8）在 Adobe Bridge 的预览中可以使用放大镜来放大局部图像，而且这个放大镜还可以移动和旋转。如果同时选中了多个图片，还可以一起预览。

（9）Adobe Bridge 添加了 Acrobat Connect 功能，用来开网络会议，前身是 Macromedia 的降将 Breeze。

（10）Bridge 可以直接看 Flash FLV 格式的视频，另外 Bridge 启动感觉快，比 CS2 和 CS 两个版本都要快。

（11）在 Bridge 中，选中多个图片，按 Ctrl+G 组合键可以堆叠多张图片，用来节省空间，需要时可随时单击展开。

（12）新建对话框添加了直接建立网页、视频和手机内容的尺寸预设值，如常用的网页 Banner 尺寸和手机屏幕尺寸等。

下面简单介绍利用 Photoshop CS5 进行图像处理的常用操作。

1．Photoshop CS5 的启动

选择"开始"→"所有程序"→"Adobe Photoshop CS5"命令，即可启动，其工作界面如图 6-3 所示。

图 6-3　Photoshop CS5 工作界面

标题栏：用来显示当前使用的应用程序名称。

菜单栏：提供图像编辑的功能。

工具选项栏：选择某个工具后，选项栏将显示该工具的相应参数。

工具箱：包含 40 多种常用的图像编辑工具。

浮动属性面板：帮助用户了解当前图像的各项信息，并进行相应的修改编辑。可通过"窗口"菜单开启和关闭各属性面板。

2．工具箱的使用

工具箱中各工具及其选项如图 6-4 所示。

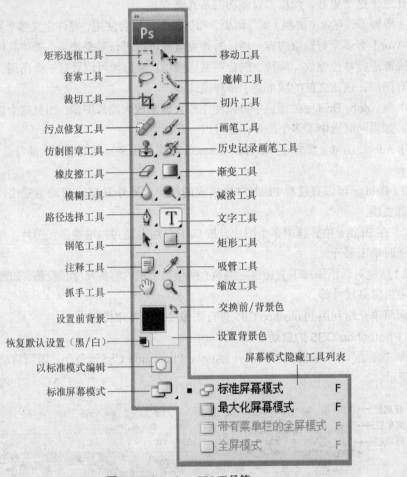

矩形选框工具	移动工具
套索工具	魔棒工具
裁切工具	切片工具
污点修复工具	画笔工具
仿制图章工具	历史记录画笔工具
橡皮擦工具	渐变工具
模糊工具	减淡工具
路径选择工具	文字工具
钢笔工具	矩形工具
注释工具	吸管工具
抓手工具	缩放工具
	交换前/背景色
设置前背景	
恢复默认设置（黑/白）	设置背景色
	屏幕模式隐藏工具列表
以标准模式编辑	
标准屏幕模式	■ 标准屏幕模式　　F
	□ 最大化屏幕模式　　F
	□ 带有菜单栏的全屏模式　F
	□ 全屏模式　　F

图 6-4　Photoshop CS5 工具箱

Photoshop 工具箱中包含多种图像编辑工具。其中凡工具右下角有小三角形按钮的，均表示有附加的隐藏工具。单击该三角形按钮并按住鼠标约 1s，就会出现隐藏工具，再将指针移到所需工具之上后释放鼠标，即可选取该隐藏工具；或者按住 Alt 键的同时，单击该工具的三角形按钮，每单击一次就会轮流显示隐藏工具。

单击工具箱中的某个工具时，在工具选项栏中可以设置该工具的相关参数，以达到所需效果。表 6-1 为工具箱中各工具及其选项的功能。

表 6-1　　　　　　　　　　　　　工具及其选项的功能

按　　钮	名　　称	功　　能
⬚ ○ ⠶ ┇	选框	可选取一块规则的范围
▸✛	移动	可移动整张图或被选取的范围，选取的范围会一直保留，呈浮动状态
☊ ☊ ☊	套索	可选取不规则的范围
✎ ✦	快速选择/魔棒	快速选择工具用来选择多个颜色相似的区域；魔棒工具用来选取图像中颜色相近的像素
🔲	裁切	可在图像或涂层中裁剪选定的区域
✂ ✂	切片	用于切割图像和选择切片，主要应用于制作网页图片
✎ ⊘ ○ ✛ ◉	修复画笔	可修复旧照片或有破损的图像，用于修补图像
✐ ✐ ✎	画笔/铅笔/颜色替换	通过不同的参数设置可画出不同效果的图像
⚇ ⚇	图章	可将局部图像复制到其他地方
✐ ✐	历史记录	可将图像在编辑过程中的某一状态复制到当前层中，需配合历史调板一起用
◺ ◿ ◺	橡皮擦	使用原理和文具橡皮擦一样
▮ ◔	渐变/油漆桶	可画出图像的线性渐变、径向渐变、旋转角度渐变、反射渐变和菱形渐变等效果，可给图片或选定的范围涂色
◌ △ ✍	模糊/锐化/涂抹	模糊工具可使图像产生局部柔化的模糊效果；锐化工具可增加图像的锐化度，使图像产生清晰的效果；涂抹工具可产生像用手指在未干的油画或水彩上涂抹的效果
◕ ✋ ◯	减淡/加深/海绵	减淡工具可增加图像的亮度；加深工具可加深图像的颜色；海绵工具可调整颜色饱和度
◈ ◈ ◈⁺ ◔⁻ ⅄	路径选择	用于选择路径对象，以便进行移动、复制等操作或调理锚点位置
T ⏐T T̳ ⏐T̳	文字	输入文字，设定字形及尺寸
▸ ▹	钢笔/自由钢笔/添加锚点/删除锚点/转换点	主要用于修改图像的细微处与形状，特别是当范围选取工具无法圈选适当的范围时，用其可以完成选取工作。钢笔工具可画直线，以及画出比自由钢笔更精确光滑的曲线。添加锚点和删除锚点工具可添加或删除路径的锚点。转换点工具可选择、修改路径的锚点及调整路径的方向
▭ ▢ ▢ ○ ╲ ✿	形状/直线/自定形状	形状工具可画各种几何图形；直线工具可用来绘制直线及带有箭头的直线；自定形状工具可绘制各种自定义的图形
▤ ◁	附注/语音批注	附注工具可为图像增加文字注释；语音批注工具可为图像增加语音注释，但计算机需配置麦克风
✐ ✑ ✎ 1₂³	吸管/颜色取样器/标尺/计数	吸管工具可直接吸取图像的颜色，以作为前景或背景的颜色；颜色取样器工具用于比较图像多处的颜色；标尺工具可测量工作区内任意两点间的距离；计数工具可对图像中的多个选区进行计数
✋	抓手	通过拖动查看图像
🔍	缩放	调整图像大小
◼	前景/背景颜色	用于设定图像前景或背景颜色，单击其右上角的弧形双向箭头可交换前景及背景颜色

续表

按　钮	名　称	功　能
以标准模式编辑/以快速蒙版模式编辑	快速蒙版工具可将选取范围变为蒙版，在此蒙版范围内可进行修改，以便精确地修改选取的范围；标准模式能把快速蒙版状态还原为正常模式	
标准屏幕模式/最大化屏幕模式/带有菜单栏的全屏模式/全屏模式	用于选择不同的屏幕显示模式	

3．Photoshop CS5 的基本操作

（1）打开文件。启动 Photoshop CS5，选择"文件"→"打开"命令，弹出"打开"对话框，如图 6-5 所示，选择所需的图像文件，单击"打开"按钮即可。

（2）新建文件。启动 Photoshop CS5，选择"文件"→"新建"命令，弹出"新建"对话框，如图 6-6 所示，选择相应的宽度、高度、分辨率、模式和内容，单击"确定"按钮完成新建。

图 6-5　"打开"对话框　　　　　　　　图 6-6　"新建"对话框

在图 6-6 的"背景内容"下拉列表中有以下 3 个选项。

白色：默认选项，表示新建图像的背景是白色的。

背景色：表示新建图像的背景是当前调色板的背景色。

透明：表示新建图像的背景是透明的。在 Photoshop 中，透明色以棋盘网格的形式来表达。

（3）保存文件。图像编辑完后单击"文件"→"存储为"命令，弹出"存储为"对话框，选择所需的格式，输入文件名，单击"保存"按钮完成保存。

4．利用 Photoshop 进行图像处理

实例 1：制作邮票。

通过制作邮票来体验利用画笔进行创作的过程。

Step1：启动 Photoshop CS5 应用程序。

Step2：选择"文件"→"打开"命令或按 Ctrl+O 组合键，打开素材照片"花.jpg"。

Step3：选择铅笔工具，打开"画笔"调板进行如图 6-7 所示的设置。

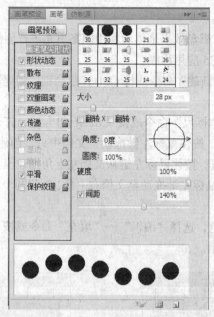

图 6-7　设置"画笔"调板

Step4：调整前背景为白色，将鼠标指针移至图像左上角，配合 Shift 键，绘制如图 6-8 所示的形状。

Step5：选择矩形选框工具，在图像上按住鼠标左键拖动，得到如图 6-9 所示的选区。

图 6-8　绘制矩形

图 6-9　矩形选区

Step6：选择"选择"→"反向"命令或按 Ctrl+Shift+I 组合键，将选区反向。

Step7：选择"编辑"→"填充"命令，在弹出的对话框中进行如图 6-10 所示的设置，单击"确定"按钮，为选区填充白色，效果如图 6-11 所示。

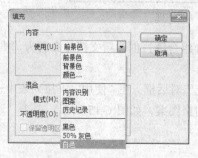

图 6-10　设置填充

图 6-11　邮票制作效果图

实例 2：制作棋盘。

通过制作一个简单的黑白棋盘效果来体验利用图案填充进行创作的过程。

Step1：启动 Photoshop CS5 应用程序。

Step2：选择"文件"→"新建"命令或按 Ctrl+N 组合键，创建新文档并命名为"棋盘图案"，设定大小为（100×100）像素。

Step3：选择"视图"→"标尺"命令或按 Ctrl+R 组合键，打开标尺，设置标尺单位为"像素"，将鼠标指针移到标尺上，按住鼠标左键拖动至文档中央，创建横、竖两条参考线。

Step4：选择矩形选框工具，按住鼠标左键从文档左上角拖动至参考线中心点位置松开；再按住 Shift 键从参考线中心按住鼠标左键拖动至文档右下角，创建两个对角的正方形选区，如图 6-12 所示。

Step5：将前背景调为黑色，选择"编辑"→"填充"命令或按 Alt+Delete 组合键，对当前选区填充前景色，如图 6-13 所示。

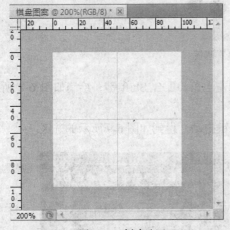

图 6-12　创建选区

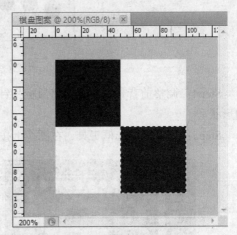

图 6-13　填充前背景

Step6：选择"选择"→"取消选区"命令或按 Ctrl+D 组合键取消选区。

Step7：选择"编辑"→"定义图案"命令，在弹出的"图案名称"对话框（见图 6-14）中输入图案名称"棋盘图案"，单击"确定"按钮定义该图案。

图 6-14　"定义图案"对话框

Step8：选择"文件"→"新建"命令或按 Ctrl+N 组合键，创建新文档并命名为"棋盘格"，设定大小为（800×800）像素。

Step9：选择"编辑"→"填充"命令，打开"填充"对话框，在"使用"下拉列表中选择"图案"，在"自定图案"下拉列表中选择刚才定义的黑白格图案，如图 6-15 所示，单击"确定"按钮，填充棋盘格图案，最终效果如图 6-16 所示。

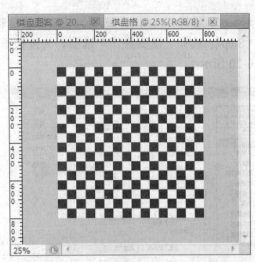

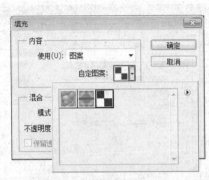

图 6-15　"填充"对话框　　　　　　　　　图 6-16　棋盘格效果图

实例 3：制作透明按钮。

通过制作一个透明按钮来体验利用图层混合样式进行创作的过程。

Step1：启动 Photoshop CS5 应用程序。

Step2：选择"文件"→"新建"命令或按 Ctrl+N 组合键，创建新文档并命名为"透明按钮"，设定大小为（420×250）像素。

Step3：选择工具箱上的渐变工具，将前背景色调为白色，背景色调为浅绿色，在工作区内按住鼠标左键拖动，绘制背景。

Step4：选择"图层"→"新建"→"图层"命令，或单击图层属性面板上的"创建新图层"按钮 ，创建新图层"图层 1"，在工具箱中选择圆角矩形工具 ，在选项栏中选择"填充像素"功能 ，在"半径"文本框中输入"60px"，按住鼠标左键拖动，绘制按钮形状，如图 6-17 所示。

Step5：在图层属性面板上双击"图层 1"缩览图，打开"图层样式"对话框，选择"投影"选项，使按钮从背景中漂浮起来，详细设置如图 6-18 所示。

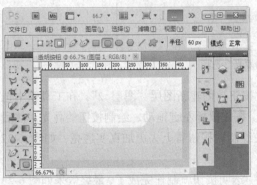

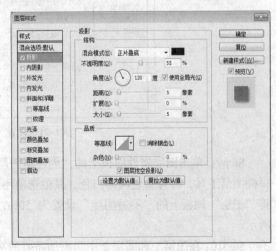

图 6-17　绘制按钮　　　　　　　　　　图 6-18　设置"投影"选项

Step6：选择"内阴影"选项，使按钮鼓起来，详细设置如图 6-19 所示。

Step7：选择"渐变叠加"选项，为按钮添加主光照射，使按钮有反光效果，详细设置如图 6-20 所示。

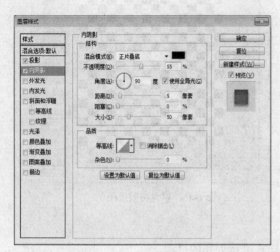 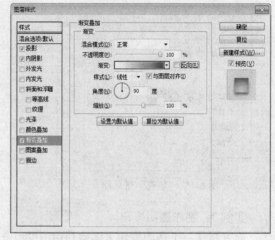

图 6-19　设置"内阴影"选项　　　　　　　　图 6-20　设置"渐变叠加"选项

Step8：选择"内发光"选项，为按钮添加背光，使按钮有更好的反光效果，详细设置如图 6-21 所示。

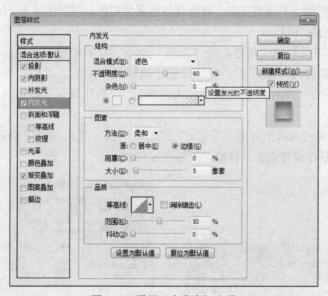

图 6-21　设置"内发光"选项

Step9：单击图层属性面板上的"创建新图层"按钮，创建新图层"图层 2"，在工具箱中选择椭圆形工具，将背景色调为白色，其他选项不变。按住鼠标左键拖动，绘制按钮的高光，然后将"图层"调板上的"不透明度"设置为 50%，使绘制的按钮看上去更加真实透亮，如图 6-22 所示。

Step10：在图层 1 和图层 2 中间添加需要的文字，透明按钮就制作完成了，最终效果如图 6-23 所示。

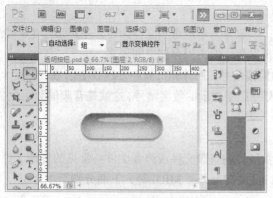

图 6-22　绘制高光

图 6-23　透明按钮最终效果图

6.4　多媒体音频处理技术

声音是人们用来传递信息最方便、最熟悉的方式，是多媒体的重要组成部分，现实世界中的各种声音必须转换成数字信号并经过压缩编码，计算机才能接受和处理。

6.4.1　多媒体音频的基本概念

（1）声波：声源体发生振动引起四周空气振荡，并以波的形式向四面八方传播，称为声波。声音是可听声波的特殊情形。

（2）音量：又称为音强或响度，是指人耳对听到的声音大小强弱的主观感受，其客观评价尺度是声音的振幅大小，一般来说，声波振动幅度越大，音量也越大。

（3）音调：人耳对声音高低的感觉称为音调。音调主要与声波的频率有关，声波的频率高，音调也越高。

（4）音色：是人们区别具有同样响度、同样音调的两个声音之所以不同的特性，或者说是人耳对各种频率、各种强度的声波的综合反应。音色与声波的振动波形有关。

（5）声音带宽：即音频，人耳能听到的音频范围是 20Hz～20kHz，人的说话声音频范围是 300～3 400Hz，乐器的音频范围是 20Hz～20kHz，低于 20Hz 的声波称为次声波，高于 20kHz 的声波称为超声波。

（6）采样：在特定的时刻对模拟信号进行测量，测量后得到一些信号样本，将其数据记录即为采样。

（7）采样频率：也称采样速度或采样率，指计算机每秒钟采集多少个声音样本，是描述声音文件的音质、音调，衡量声卡、声音文件的质量标准，用赫兹（Hz）表示。采样频率越高，即采样的间隔时间越短，在单位时间内计算机得到的声音样本数据就越多，对声音波形的表示也就越精确。采样频率与声音频率有一定的关系，根据奎斯特理论，只有采样频率高于声音信号最高频率的两倍时，才能把数字信号表示的声音还原成为原来的声音，这表明采样频率是衡量声卡采集、记录和还原声音文件的质量标准。

（8）采样精度：即采到数据的精度。采样精度决定了记录声音的动态范围，它以位（bit）为单位，如 8 位、16 位。8 位可以把声波分成 256 级，16 位可以把同样的波分成 65 536 级的信号。

因此，位数越高，声音的保真度越高。

（9）通道数：通道数表明声音产生的波形数，一般分为单声道和立体声道。单声道产生一个波形，立体声道产生两个波形。采用立体声道声音丰富，但占用存储空间要多。

（10）声音信号的数字化：音频是连续变化的模拟信号，而计算机只能处理数字信号，要使计算机能处理音频信号，必须把模拟音频信号转换成用 0、1 表示的数字信号，这就是音频的数字化。

6.4.2 常见的音频文件格式

数字化的声音信息以文件形式保存的，即通常所说的音频文件或声音文件。常见的音频文件格式有 WAV、MP3、Real Audio、Real Media、Windows Media、MIDI 等，下面分别简单介绍。

1. WAV 格式

WAV 是 Microsoft 公司开发的一种声音文件格式，后缀名为.WAV，用于保存 Windows 平台的音频信息资源，被 Windows 平台及其应用程序广泛支持。通常用于保存一些没有经过压缩的音频，故文件较大。

2. MP3 格式

MP3 格式是 Fraunhofer-IIS 研究所的研究成果，是第一个实用的有损音频压缩编码，几乎所有的播放软件都支持它。MP3 实现了 12:1 的压缩比，利用知觉音频编码技术保持了相当不错的音质，既消减了音乐中人耳听不到的成分，也尽可能地保持了原来的声音质量。

3. Real Audio 格式

Real Audio 是 RealNetworks 公司开发的一种新型流式音频文件格式，后缀名为.RA/.RM/.RAM。这种格式的显著优点是具有强大的压缩比和较高的保真度。与 MP3 相同，它也是为了解决网络传输带宽资源而设计的，因此主要目标是压缩比和容错性，其次才是音质。

4. Real Media 格式

随着互联网的发展，Real Media 应运而生，这种文件格式几乎成了网络流媒体的代名词。其特点是用户可以在低带宽下在线聆听音质较好的音频文件。但是 Real Media 并不适合编辑，所以相应的处理软件不多。

5. Windows Media 格式

Windows Media 也是一种网络流媒体技术，本质上与 Real Media 相同，主要用于在线聆听音频文件，不能编辑，但几乎所有的 Windows 平台的音频编辑工具都对它提供了读/写支持。

6. MIDI 格式

MIDI 是乐器数字接口（Musical Instrument Digital Interface）的英文缩写，是数字音乐/电子合成乐器的统一国际标准。MIDI 技术最初用在电子乐器上，用来记录乐手的弹奏，以便日后重播，并不是为了计算机发明的。但随着计算机中引入了支持 MIDI 合成的声卡，MIDI 也就正式成了一种音频格式。该文件的后缀名为.MID/.RMI，相对于保存真实采样数据的声音文件，MIDI 文件通常比声音文件小得多。

6.4.3 常用的音频处理软件

1. Windows 自带的录音机

Windows 自带的录音机是一种声音处理软件，在声卡、喇叭、麦克风等硬件支持下，可以录制、播放和编辑 WAV 格式的声音文件。

可以使用录音机来录制声音，并将其作为音频文件保存在计算机上。可以从不同音频设备录

制声音，如计算机上插入声卡的麦克风。可以从其录音的音频输入源的类型取决于所拥有的音频
设备以及声卡上的输入源。用录音机录音的具体操作方法如下。

（1）录音前，应确保有音频输入设备（如麦克风）连接到计算机。

（2）选择"开始"→"所有程序"→"附件"→"录音机"命令，打开如图 6-24 所示的"录
音机"窗口。

图 6-24　"录音机"窗口

（3）单击 "开始录制"按钮进入录音状态。

（4）若要停止录制音频，单击"停止录制"按钮，弹出提示框，提醒用户对录音文件进行保存。

（5）如果要继续录制音频，可单击"另存为"对话框中的"取消"按钮，然后单击"继续录制"。

　　　　若要使用录音机，计算机上必须安装了声卡和扬声器。如要录制声音，则还需要麦
克风（或其他音频输入设备）。使用媒体播放机程序，可以播放计算机中已保存的音频
文件。

2．GoldWave

GoldWave 是一个集声音编辑、播放、录制和转换的音频工具，功能非常强大，支持的音频格
式很多，包括 WAV、OGG、VOC、IFF、AIF、AFC、AU、SND、MP3、MAT、DWD、SMP、
VOX、SDS、AVI、MOV 等多种格式，用户可以从 CD、VCD、DVD 或其他视频文件中提取声音。
GoldWave 内含丰富的音频处理特效，从一般特效如多普勒、回声、混响、降噪到高级的公式计算。

（1）GoldWave v5.70 的工作界面。通过开始菜单启动 GoldWave 音频软件应用程序。程序运
行之后执行"文件"→"打开"命令导入一个文件进行编辑，GoldWave 运行界面如图 6-25 所示。

图 6-25　GoldWave v5.70 工作界面

该界面被分为三大部分，顶端是菜单栏、常用工具栏和快捷工具栏；中部是相应的操作区域，打开一个立体声文件时，操作区域显示相应文件的波形，其中，绿色部分代表左声道，红色部分代表右声道；操作区底部显示所要编辑文件的属性。

此外，GoldWave 提供的控制器用于对要编辑的音频文件进行简单的处理，控制器中有播放、停止、快进、倒退等按钮，还提供了相应的音量开关、平衡开关和播放速度的开关。用户还可以看到具体的波形，以及左右声道的音量、播放的时间等相关信息。

（2）GoldWave 的基本操作。对音频进行处理之前首先选中要处理的音频信息。选择音频信息的方法非常简单，单击即可选择处理的起点和终点，选中部分高亮显示，如图 6-26 所示。接下来的所有操作都只会对选中部分进行操作，不会影响未选中的部分。用户可通过常用工具栏的复制、剪切、粘贴等命令对文件进行简单的常规操作。

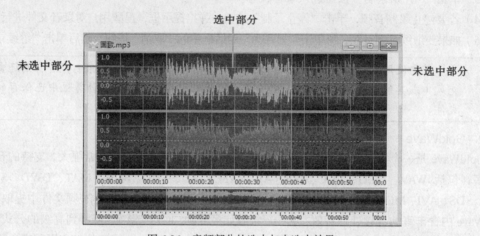

图 6-26　音频部分的选中与未选中效果

除了拥有 Windows 系统的基本操作外，GoldWave 还提供了混音、替换等对音频编辑的基本功能，如图 6-27 所示。

图 6-27　GoldWave 对音频编辑的基本功能

（3）制作音频特效。

GoldWave 的效果功能表中提供了 10 多种常用音频特效，从压缩到延迟再到混响控制，大大方便了多媒体制作、音效合成方面的操作。

① 回声效果。选择"效果"菜单中的"回声"命令，弹出如图 6-28 所示的"回声"对话框，从中设置回声属性（如延迟时间、音量大小、回音大小和反馈大小等）。延迟时间越大，声音持续时间越长，回音反复次数越多，效果就越明显。而音量控制的是返回声音的音量，这个值不宜过大，否则回声效果就不真实了。选中"立体音"选项后，能够使声音听上去更润滑，更具空间感，所以一般都将它选中。

② 镶边效果。使用镶边效果能在原来音色的基础上给声音再加上一道独特的"边缘"，使其听上去更有趣、更具变化性。单击"效果"菜单中的"镶边器"命令，弹出如图 6-29 所示的"镶边器"对话框。镶边的作用效果主要由延迟和频率两个参数决定，通过改变它们的取值可以得到

很多意想不到的奇特效果。如果想要加强作用后的效果比例，则将混合音量增大即可。

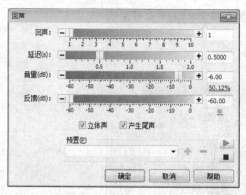

图 6-28　"回声"对话框

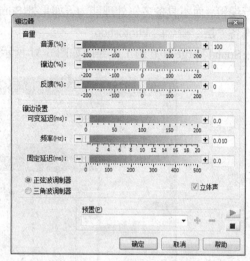

图 6-29　"镶边器"对话框

③ 淡入淡出效果。

GoldWave 还提供了淡入淡出效果，单击"效果"→"音量"→"淡入"/"淡出"命令，弹出如图 6-30 所示的对话框，选中淡化曲线后，只用在淡入时，选择初始音量即可，在淡出时控制相应的最终音量。

图 6-30　"淡入"对话框和"淡出"对话框

④ 其他功能。

A. CD 抓轨。如果要编辑的音频素材在一张 CD 中，则选择 GoldWave "工具"菜单中的"CD 读取器"命令，选择 CD 驱动器后单击"保存"按钮，再输入保存的文件名称和文件路径即可。

B. 批量格式转换。

GoldWave 中的批量格式转换也是十分有用的功能，它能同时打开多个支持格式文件并转换为其他所支持的音频格式，转换速度快，效果好。具体操作步骤为：选择"文件"→"批处理命令"，并且选择"转换的格式和转换的路径"→然后选择"开始"。便可以进行成批文件的转换了。

C. 支持多种媒体格式。

GoldWave 除了支持最基础的.wav 格式外，还可以编辑.mp3 格式、苹果机的.aif 格式，甚至是视频.mpg 格式的音频文件。

3. Sound forge

Sound Forge 是 Sonic Foundry 公司开发的一个专业级音频编辑软件。它具有音效处理过程、工具和效果，可以处理多个音效，且具有与 Real Player G2 结合的功能，能够轻松完成看似复杂的音效编辑。不过需要注意的是，Sound Forge 是一个声音文件处理软件，它只能对单个声音文件进行编辑，而不具备多轨处理能力。如果把 Sound Forge 与 Photoshop 相比，可以把前者看作一个不具备"层"概念的 Photoshop。

Sound Forge 10.0 的工作界面如图 6-31 所示。

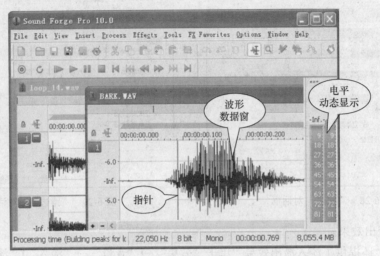

图 6-31　Sound Forge 工作界面

Sound Forge 工作界面的"指针"相当于 CD 唱机的激光头和录音机的磁头。在 Sound Forge 中，它表现为一条竖线。

在 Sound Forge 编辑窗口中可以看到两个声音文件的波形，这是在传统的音响器材中看不到的一项功能。编辑窗口的声波如果是立体声的，则有两条声波，上面是左声道，下面是右声道。如果是单声道，则只有一条波。

4．CoolEdit

CoolEdit 是美国 Syntrillium 公司开发的音频文件处理软件，主要用于对 MIDI 信号的处理加工，它具有声音录制、混音合成、编辑特效等功能,该软件支持多音轨录音，操作简单，使用全面。

6.5　多媒体视频处理技术

在多媒体技术中，影视动画一直受到人们的关注和欢迎。日常生活中常用的电视机、摄像机上都标有两个输出口，即 Video（视频）和 Audio（音频）。电影、电视和录像属于较为传统的视听媒体，随着计算机网络和多媒体技术的发展，视频信息技术已经渗透到了工作、学习和娱乐等各个方面，成了生活中不可缺少的组成部分。

6.5.1　多媒体视频的基本概念

1．图像、视频、动画

静止的画面称为图像。当连续的图像变化每秒超过 24 帧画面以上时，根据视觉暂留原则，人眼将无法辨别每幅单独的静态画面，看上去是平滑连续的视觉效果，这样的连续画面称作视频。

当连续图像变化每秒低于 24 帧画面时，人眼有不连续的感觉，此时则称为动画。

2. 视频信号数字化

视频信号数字化是指在一定时间内以一定的速度对单帧视频进行捕获、处理，以生成数字信息的过程。与模拟视频相比，数字视频可以无失真地进行无限次复制，可以用新的方法对其进行创造性的编辑，并且可以用较少的时间和创作费用创作出用于培训教育的交互节目。但是数字视频存在数据量大的问题，为存储和传递数字视频带来了一些困难，所以在存储和传输的过程中必须进行压缩编码。

6.5.2　常见的多媒体视频文件格式

1. AVI 格式

AVI（Audio Video Interleave）格式即音/视频交错格式，由 Microsoft 公司于 1992 年开发，是将语音和影像同步组合在一起的文件格式，采用有损压缩方式。AVI 支持 256 色和 RLE 压缩，允许与视频和音频交错在一起同步播放，调用方便、图像质量好。但 AVI 文件没有限定压缩标准，不具有兼容性。不同压缩标准生成的 AVI 文件，必须用相应的解压缩算法才能将其播放出来，而且文件较大。AVI 文件目前主要应用在多媒体光盘上，用来保存电影、电视等各种影像信息，有时也出现在 Internet 上，供用户下载、欣赏影片的精彩片段。

2. MOV/QT 格式

MOV、QT 都是 QuickTime 的文件格式，由 Apple 公司开发，默认的播放器是苹果的 QuickTime Player。该格式支持 256 位色彩，支持 RLE、JPEG 等领先的集成压缩技术，提供了 150 多种视频效果和 200 多种 MIDI 兼容音响和设备的声音效果，具有较高的压缩比率和较完美的视频清晰度等特点，但是其最大的特点还是跨平台性，即不仅能支持 MacOS，也能支持 Windows 系列。当选择 QuickTime（*.mov）作为"保存类型"时，动画将保存为.mov 格式文件。

另外，MOV 也可以作为一种流文件格式。QuickTime 能够通过 Internet 提供实时的数字化信息流、工作流与文件回放功能。

3. MPEG 格式

MPEG 家族包括了 MPEG-1、MPEG-2、MPEG-4 等多种视频格式。其中，VCD 采用 MPEG-1 标准制作，DVD 采用 MPEG-2 标准制作，MPEG-4 标准则主要应用于视像电话、视像电子邮件和电子新闻等方面，由于其压缩比高，因此对网络的传输速率要求相对较低。

MPEG 采用有损压缩方法减少运动图像中的冗余信息，从而达到高压缩比（最高可达 200:1）的目地，同时图像和音响的质量相当好，兼容性也非常好。MPEG 标准包括 MPEG 视频、MPEG 音频和 MPEG 系统（视频/音频同步）3 部分。

4. RM 格式

RM 是 Real Media 的缩写，是由 Real Networks 公司开发的视频文件格式，也是最早的视频流格式。它在压缩方面做得非常出色，生成的文件非常小，画质良好，用户可以使用 RealPlayer 或 RealOne Player 对符合 Real Media 技术规范的网络音频/视频资源进行实况转播。Real Media 可根据不同的网络传输速率制定出不同的压缩比率，实现在低速率的网络上进行影像数据实时传送和播放。另外，RM 作为目前主流网络视频格式，它还可以通过其 Real Server 服务器将其他格式的视频转换成 RM 视频，并由 Real Server 服务器负责对外发布和播放。

5. ASF 格式

ASF 是 Advanced Streaming Format 的缩写，是由 Microsoft 开发的串流多媒体文件格式，是

一个在 Internet 上实时传播多媒体的技术标准。它的视频部分采用 MPEG-4 压缩算法，音频部分采用 Microsoft 公司的 WMA 压缩格式。ASF 格式可用于指定实况演示，也可通过网络发送多媒体流，支持任意的压缩/解压缩编码方式，并可以使用多种协议在多种网络环境下支持数据的传送，灵活性极强。

6.5.3　常用的视频编辑工具

1．Ulead Video Studio 11.0（会声会影）

Ulead Video Studio 是友立公司开发的一款功能强大，支持各类编码，用于家庭娱乐、个人纪录片制作的简便性编辑视频软件。会声会影编辑器提供了制作精彩家庭电影所需的一切工具，具有图像抓取和编修功能，可以抓取、转换 MV/DV/V8/TV 和实时记录，可在影片中加入字幕、旁白或动态标题等，提供了超过 100 多种的编制功能与效果，用户只需按照简单的分步式流程操作即可完成整个过程。另外，用户还可以充分利用高清摄像机、宽银幕电视和环绕声音响，轻松制作出具有最佳品质图像和声音的高清视频和 HD DVD 光盘。

Ulead Video Studio 11.0 专为个人或家庭量身打造，是一款简单、好用的影片剪辑软体。用于 Sony 最新款 AVCHD 摄影机，直接汇入撷取并转档烧录成 DVD。DV-to-DVD 烧录精灵快速扫瞄，轻松选择需要的片段，同时汇入影片拍摄日期、时间作为字幕，完整备份最原始的生活影音记录。此外，影片快剪精灵领先各界，提供各种专业级的多重覆迭变化及滤镜特效的主题范本，只要撷取、套用、烧录三步骤，轻松完成个人 MV 及家庭影片。

2．Ulead Media Studio Pro 8.0

Ulead Media Studio Pro 8.0 由友立公司开发，包括一个编辑程序包，主要的编辑应用程序有 Video Editor、Audio Editor、CG Infinity、Video Paint，其内容涵盖了视频编辑、影片特效、2D 动画制作，是一套整合性完备、面面俱到的视频编辑套餐式软件，尤其在文本和视频着色功能方面具有特别的处理强度。

Media Studio Pro 提供基于 PC 的纯 MPEG-2 和 DV 支持，它允许从录像机、电视、光盘或摄录一体机采集以及观看原始视频。使用 Ligos 公司的 GoMotion 技术，支持 IEEE 1394 和 MPEG-2 的 DV，确保高品质视频，并大大提高了生产效率。

3．Adobe Premiere Pro CS5

Adobe Premiere Pro 是目前最流行的非线性编辑软件，是数码视频编辑的强大工具，它作为功能强大的多媒体视频、音频编辑软件，应用范围不胜枚举，制作效果美不胜收，足以协助用户更加高效地工作。Adobe Premiere Pro 以新的合理化界面和通用高端工具，兼顾了广大视频用户的不同需求，在视频编辑工具箱中，提供了生产能力、控制能力和灵活性。Adobe Premiere Pro 是一个创新的非线性视频编辑应用程序，也是一个功能强大的实时视频和音频编辑工具，是视频爱好者使用最多的视频编辑软件之一。

Adobe Premiere Pro CS5 有较好的兼容性，编辑画面质量较好，而且可以与 Adobe 公司的其他软件相互协作。目前 Premiere Pro 广泛应用于广告制作和电视节目制作中。

6.6　多媒体动画制作技术

计算机动画采用连续播放静止图像的方法产生景物运动的效果。计算机动画的原理与传统动画基本相同，只是在传统动画的基础上把计算机技术用于动画的处理和应用，并可以达到传统动画达不到的效果。

6.6.1　多媒体动画的基本概念

1. 帧

动画是由一张张图片组成的，其中的每一张图片称为帧（Frame），因此，帧是装载动画内容（如图形、音频、素材符号和其他嵌入对象）、进行动画播放的基本单位。

帧有以下几种类型。

（1）关键帧：关键帧是一个包含内容或对内容的改变起决定性作用的帧。有了这些关键帧，物象才能在变化中产生动画效果。在时间轴上，包含内容的关键帧显示为有黑色实心圆点的方格。

（2）空白关键帧：在一个关键帧中，如果什么对象都没有，就称为空白关键帧。空白关键帧用于分隔两个关键的状态。空白关键帧显示为白色方格。

（3）静止帧：时间轴上的静止帧是相邻关键帧的延续，静止帧中显示的内容是与其相邻的前一个关键帧中的内容。若前一个关键帧为空白关键帧，则其后的静止帧都是空白帧。

（4）中间帧：也叫过渡帧，出现在动画的两个关键帧之间，显示某一 Flash 补间动画的中间效果。其颜色随过渡类型的不同而改变：如果运用"形状"渐变类型，则显示为带有箭头直线的浅绿色方格；如果运用"动画"渐变类型，则显示为带有箭头直线的淡紫色方格。

2. Flash 元件

元件（symbol）是 Flash 中创建的可在影片中重复使用的图形、按钮或影片剪辑，也可以是其他应用程序中导入的插图，可以自始至终在影片或其他影片中重复使用，是 Flash 动画中最基本的元素。元件的应用使电影的编辑更加容易，当需要对重复的元素进行修改时，只需修改元件，Flash 会自动根据修改的内容对该元件所处的实例进行修改。Falsh 元件主要有以下几种类型。

（1）影片剪辑元件：可以理解为电影中的小电影，可以完全独立于主场景时间轴并可重复播放。

（2）按钮元件：实际上是一个只有 4 帧的影片剪辑，但它的时间轴不能播放，只是根据鼠标指针的动作做出简单的响应，并转到相应的帧。通过给舞台上的按钮实例添加动作语句而实现 Flash 影片强大的交互性。

（3）图形元件：是可以重复使用的静态图像，或连接到主影片时间轴上的可重复播放的动画片段。图形元件与影片的时间轴同步运行。

3. 图层

图层（layer）主要是为方便制作复杂的 Flash 动画作品而引入的一种手段。每一个图层都包含一条独立的动画轨道和一系列的帧，而且各图层的帧位置是一一对应的。在播放动画时，舞台上在某一时刻所展示的图像是由所有层中在播放指针所在位置的帧共同组合叠加而成的。

根据使用功能的不同，可以把图层分为以下 4 种基本类型。

（1）普通层：是通常制作动画、安排元素所使用的图层，和 PhotoShop 中层的概念和功能类似。

（2）遮罩层：通过遮罩层的可显示区域来显示被遮罩层的内容。

（3）运动引导层：运动引导层包含一条路径，它引导的层的运动过渡动画将按照这条路径进行运动。

（4）注释说明层：本质上是一个运动引导层，可以在其中增加一些说明性文字，但输出时层中包含的内容不能输出。

4. 场景

一个 Flash 作品可以由若干场景（scene）组成，每个场景分别拥有各自独立的动画内容，其中的图层和帧都是相对独立的。

6.6.2　常见的多媒体动画文件格式

1. SWF 格式

SWF 是 Adobe 公司的产品 Flash 的矢量动画格式，它采用曲线方程描述其内容，不是由点阵组成内容，因此这种格式的动画在缩放时不会失真，非常适合描述由几何图形组成的动画，如教学演示等。由于 SWF 格式的动画可以与 HTML 文件充分结合，并能添加 MP3 音乐，因此被广泛应用于网页上。

2. GIF 格式

GIF 图像采用了无损数据压缩方法中压缩率较高的 LZW 算法，文件较小。GIF 格式动画可以同时存储若干幅静止图像并进而形成连续的动画，目前 Internet 上大量采用的彩色动画文件多为这种格式。

3. FLIC 格式

FLIC 是 Autodesk 公司在其出品的 Autodesk Animator/Animator Pro/3D Studio 等 2D/3D 动画制作软件中采用的彩色动画文件格式，FLIC 是 FLC 和 FLI 的统称。其中，FLI 是最初的基于 320 像素×200 像素的动画文件格式；FLC 则是 FLI 的扩展格式，采用了更高效的数据压缩技术，其分辨率也不再局限于 320 像素×200 像素。FLIC 文件采用行程编码（RLE）算法和 Delta 算法进行无损数据压缩，首先压缩并保存整个动画序列中的第一幅图像，然后逐帧计算前后两幅相邻图像的差异或改变部分，并对这部分数据进行 RLE 压缩。由于动画序列中前后相邻图像的差别通常不大，因此可以得到相当高的数据压缩率。它被广泛用于动画图形中的动画序列、计算机辅助设计和计算机游戏应用程序。

此外，AVI、MOV 也可以作为动画文件的格式，前面已做介绍。

6.6.3　常用的动画编辑工具

常用的动画编辑工具有 Flash、Ulead GIFAnimator、Toon Boon Studio、3D Studio Max 和 Mago 软件。Flash 在第 4 章已介绍就不介绍了。本节只介绍余下的几个软件。

1. Ulead GIFAnimator

Ulead GIFAnimator 由友立公司开发，界面友好、功能强大且容易掌握。该软件内建的 Plugin 有许多现成的特效可套用，能将 AVI 文件转成动画 GIF 文件，将动画 GIF 图片最佳化，缩小放在网页上的动画库中，以便更快速地浏览网页。

2. Toon Boom Studio

Toon Boom Studio 是一款优秀的矢量动画制作软件。其制作优点难以尽数，具有广泛的系统支持，可用于所有 Windows 系统及 Mac 苹果系统；引入了镜头观念，控制大型动画场面游刃有余；可以导入图片、声音和动画文件，而且所有的一切都是基于 SWF 格式的，完成作品后可以把当前的全部或部分动画导出为 SWF 格式，在导出时还会自动建立符号库，大大减少了下载负荷量，使下载变得更为快速。

3. 3D Studio Max

3D Studio Max 简称 3ds Max，是一个全功能的三维建模、动画、渲染软件，广泛应用于广告、影视、工业设计、建筑设计、多媒体制作、游戏开发、角色动画、辅助教学以及工程可视化等领域。3ds Max 因其随时可以使用的基于模板的角色搭建系统、强大的建模和纹理制作工具包以及通过集成的 mental ray 软件提供的无限自由网络渲染，深受用户的喜爱。

4. Maya

Maya 是目前世界上最为优秀的三维动画制作软件之一，是相当高尖而且复杂的三维动画制作软件，由 Alias/Wavefront 公司于 1998 年推出。Maya 集成了 Alias/Wavefront 最先进的动画及数字效果技术，它不仅包括一般三维和视觉效果制作的功能，而且与最先进的建模、数字化布料模拟、毛发渲染、运动匹配技术相结合，是进行数字和三维制作的首选工具，广泛用于电影、电视、广告、计算机游戏和电视游戏等的特效创作。

6.7　其他多媒体技术

6.7.1　触摸屏

触摸屏系统一般包括两个部分：触摸屏控制器和触摸检测装置。前者的主要作用是从触摸点检测装置上接收触摸信息，并将它转换成触点坐标，再送至 CPU，同时也能接收 CPU 发来的命令并加以执行。触摸检测装置一般安装在显示器的前端，主要作用是检测用户的触摸位置，并传送给触摸屏控制卡。触摸屏的应用非常广泛。

6.7.2　视频会议

视频会议系统是指通过现有的各种电气通信传输媒体，将人物的静态/动态图像、声音、文字、图片等信息分送到各个用户的计算机上，使得在地理上分散的用户可以在虚拟空间中共聚一处，通过图形、声音等多种方式交流信息，增加双方对内容的理解。

视频会议系统在用户组成模式上分为点对点（两人）和群组视频会议系统（多人）两种，按技术实现方式分为模拟（如利用闭路有线电视系统实现单向视频会议）和数字（通过软硬件计算机和通信技术实现）两种。

6.7.3　视频点播

视频点播系统简称为 VOD，其操作界面类似于传统的卡拉 OK 计算机点唱系统。用户可根据节目的主演或卡拉 OK 原唱者的彩图、节目名称或节目类别等信息快捷地选择自己喜欢的节目，操作既可使用小键盘、鼠标器、触摸屏，也可使用红外线遥控器。

视频点播系统的实现原理是将经压缩的视频和音频信号（节目源）储存在网络视频服务器的高速硬盘中，播放时由连接在网上的计算机（称工作站）将视频和音频信号解压后输出到显示器或电视机上，如图 6-32 所示。

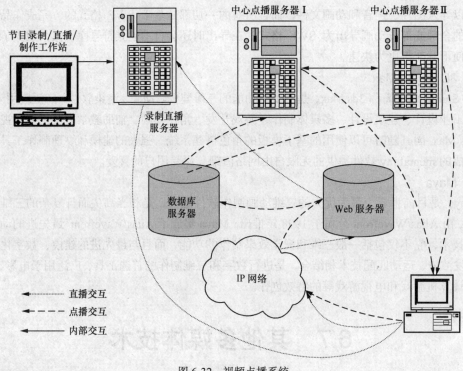

图 6-32　视频点播系统

6.7.4　网络电话

网络电话利用 TCP/IP，有专门软件将呼叫方的语音转化成数字信号，然后打包，形成一个个小数据包，小数据包自由寻找网络空闲空间，将语音数据传输到对方，对方的专门设备或软件接收到数据包后，按前面所述的语音转化成数据的逆过程操作一遍，如果对方的接收器不一致，还要做技术处理，以使语音能够还原。

此外，还有电子相册、虚拟现实等多媒体技术，就不一一介绍了。

本章小结

多媒体技术是一门发展迅速的新兴技术，许多概念还在不断地扩充和更新中。本章从基本概念出发，介绍了多媒体技术的特点、多媒体计算机系统的组成、多媒体的关键技术、多媒体信息的编码方式和编码标准、常用的多媒体信息处理软件等知识。

习　题

1. 填空题

（1）多媒体信息采集到计算机中，以_____形式进行加工、编辑、合成和存储。

（2）气味属于_____媒体。

（3）用户可以根据自己的需要进行跳跃式阅读，是多媒体的_____特征。

2．选择题

（1）多媒体计算机在对声音信息进行处理时，必须配置的设备是（　　）。

  A．显卡   B．网卡   C．声卡   D．CPU

（2）下列配置中（　　）是多媒体计算机必不可少的。

  A．CD-ROM 驱动器   B．音频卡

  C．显示设备   D．高质量的视频采集卡

（3）下面关于数字视频质量、数据量、压缩比关系的叙述，不恰当的是（　　）。

  A．数字视频质量越高，数据量越大

  B．随着压缩比增大，解压后数字视频质量开始下降

  C．对同一文件，压缩比越大，数据量越小

  D．数据量与压缩比是一对矛盾

（4）下列说法错误的是（　　）。

  A．图像都是由一些排成行列的点（像素）组成的，通常称为位图或点阵图

  B．图形是用计算机绘制的画面，也称矢量图

  C．图像的最大优点是容易进行移动、缩放、旋转和扭曲等变换

  D．图形文件中只记录生成图的算法和图中的某些特征点，数据量较小

（5）以下文件类型中，（　　）是视频文件。

  A．.mov   B．.mp3   C．.jpg   D．.mav

3．简答题

（1）什么是多媒体技术，它有哪些关键特性？

（2）多媒体信息为什么要进行压缩和解压缩？

（3）从一两个应用实例出发，谈谈多媒体技术在此领域中的重要性。

第7章
计算机安全

当前，以 Internet 为代表的信息网络技术的应用正日益广泛地普及。随着应用层次逐渐深入，应用领域从传统的、小范围的业务系统逐渐向大范围的业务系统扩展，如教育领域的信息系统、企业商务系统、金融业务系统、党政部门管理信息系统等。开放、自由、国际化的 Internet 的发展给政府机构、企事业单位带来了改革和开放的生机，利用 Internet 异地办公能够提高办事效率、市场反应能力和竞争力。随着网络技术应用的普及，Internet 所具有的开放性、国际性和自由性在增加应用自由度的同时，也日益成为影响用户计算机安全的重要问题。Internet 平台上的计算机安全问题归结起来有以下几点：开放性的网络，导致网络的技术是全面开放的，任何团体和个人都可能获得，因而，网络所面临的破坏和攻击可能是多方面的。例如，可能来自物理传输线路的攻击，也可以对网络通信协议、软件和硬件实施攻击，这是其一。其二是由于 Internet 最初对用户的使用没有提供任何的技术约束，用户可自由地在 Internet 上的任何一台计算机上访问网络资源，自由地使用和发布各种类型的信息，无法律限制。

Internet 带来了数据安全问题的新挑战和新危险，如何保护企业的机密信息不受黑客和社会间谍的入侵破坏，当前已成为政府机构、企事业单位信息化正常发展的重要内容。

Internet 上的计算机安全包括 5 个基本要素：机密性、完整性、可用性、可控性与可审查性。机密性是指确保信息不暴露给未授权的实体或进程。完整性是指只有得到允许的人才能修改数据，并且能够判别出数据是否已被篡改。可用性是指得到授权的实体在需要时可访问数据，即攻击者不能占用所有的资源而阻碍授权者的工作。可控性是指可以控制授权范围内的信息流向及行为方式。可审查性是指对出现的网络安全问题提供调查的依据和手段。

7.1 计算机安全控制系统

7.1.1 计算机安全体系结构

通过对网络的全面了解，按照安全策略的要求及风险分析的结果，整个计算机网络安全措施应按系统体系建立。具体的安全控制系统由物理安全、网络安全、信息安全等几方面组成。保证计算机信息网络系统各种设备的物理安全是整个计算机信息系统安全的前提。计算机网络设备、设施和其他媒体要避免遭受环境事故、人为操作失误和各种计算机犯罪行为的破坏。执行国家标准 GB50173—93《电子计算机机房设计规范》、GB2887—89《计算站场地技术条件》、GB9361—88《计算站场地安全要求》等可以使环境得到安全保护。为保证计算机信息网络系统的安全，除在网络规划和场地、环境等方面要求之外，还要考虑媒体安全。其包括媒体数据的安全和媒体本身的安全。计算机系统通过电磁辐射使信息被截获而失秘的案例已经很多，这种截取在几百米甚至千米的距离内都可实现，给计算机系统信息的保密工作带来了极大的危害。

7.1.2 计算机安全的威胁

目前 Internet 上存在的计算机安全的威胁主要表现在以下几方面。

1. 非授权访问

非授权访问是指在未经同意的情况下使用他人的计算机资源，如对网络设备及资源进行非正常使用、擅自扩大权限越权访问信息等违法操作。

2. 信息泄露或丢失

信息泄露或丢失是指重要数据信息在有意或无意中被泄露出去或丢失。例如，信息在传输中丢失或泄露、信息在存储介质中丢失或泄露、窃取者通过建立隐蔽隧道等方式窃取敏感信息等。

3. 破坏数据完整性

破坏数据完整性是指以非法手段窃得对数据的使用权，删除和更新计算机中某些重要信息，以干扰用户的正常使用。

4. 拒绝服务

拒绝服务是指网络服务系统在受到干扰的情况下，正常用户的使用受到影响，甚至使合法用户不能进入计算机网络系统或不能得到相应的服务。

7.1.3 计算机安全的策略

为了保证 Internet 上的计算机能相对安全地工作，应提供一个特定的环境，即安全保护所必须遵守的规则，也就是计算机安全的策略，其内容如下。

1. 威严的法律

社会法律、法规与手段是安全的基石，通过建立与信息安全相关的法律、法规，使非法分子慑于法律，不敢轻举妄动。

2. 先进的技术

先进的安全技术是信息安全的根本保障，用户对需要保护的信息选择相应的安全机制，然后集成先进的安全技术。Internet 上的安全技术包括防火墙技术、加密技术、鉴别技术、数字签名技术、审计监控技术、病毒防治技术等。

3. 严格的管理

各网络使用机构、企业和单位应建立相宜的信息安全管理办法，加强内部管理，建立审计和跟踪体系，提高整体信息安全意识。实现信息安全管理的措施有：访问控制机制、加密机制、认证交换机制、数字签名机制、防堵业务流分析机制、路由控制机制等。

7.1.4 计算机安全管理的实现

计算机系统的安全管理部门应根据管理原则和该系统处理数据的保密性，制订相应的管理制度或采用相应的规范。具体工作如下。

（1）根据工作的重要程度，确定该系统的安全等级。

（2）根据确定的安全等级，确定安全管理的范围。

（3）制订相应的机房出入管理制度。对有安全要求的系统实行分区控制，限制工作人员出入与己无关的区域。出入管理可采用证件识别或安装自动识别登记系统，采用磁卡、身份卡等手段，对人员进行识别、登记管理。

（4）制订严格的操作规程。操作规程要根据职责分工和多人负责的原则，各负其责，不能超越自己的管辖范围。

（5）制订完备的系统维护制度。对系统进行维护时，应采取数据保护措施，如数据备份等。维护时要首先经主管部门批准，并有安全管理人员在场。故障的原因、维护内容和维护前后的情况要详细记录。

（6）制订应急措施。要制订系统在紧急情况下，如何尽快恢复的应急措施，使损失减至最小。建立人员定岗定位制度，对工作调动和离开岗位人员要及时调整相应的授权。

7.2　计算机病毒

随着计算机应用的迅速发展和普及，计算机病毒也悄然出现，并迅速传播、蔓延，以致像瘟疫一样在计算机系统中肆虐，从而带来了一次次灾难。一个具有破坏性的病毒程序在计算机之间传输并进行自我复制时，可以给计算机系统带来严重的后果。在经历一阵阵惊诧、慌乱之后，人们很快警觉重视起来，认真分析病毒，研究防范对策。在普及计算机知识和应用的今天，有关计算机病毒的知识的普及有着特殊的重要意义。

本节从应用的角度介绍计算机病毒的基本概念、计算机病毒的清除，以及对计算机病毒的防范措施。

7.2.1　什么是计算机病毒

对于计算机病毒，目前还没有统一公认的定义。一般认为，计算机病毒是一种通过磁盘或计算机网络传播，能够侵入计算机系统，并给计算机带来故障，具有自我繁殖能力的计算机程序。该程序之所以用生物术语"病毒"来称呼，是因为它和自然界存在的生物病毒一样，同样具有密码遗传、复制繁殖、潜伏暴发和传染蔓延等功能。

1983 年 11 月 3 日，弗雷德·科恩（Fred Coken）博士研制出一种在运行过程中可以复制自身的破坏性程序，伦·艾德勒曼（Len Adleman）将它命名为计算机病毒（Computer Viruses），并在每周召开一次的计算机安全讨论会上正式提出来。8 小时后，专家们在 VAX11/750 计算机系统上运行，第一个病毒实验成功。一周后，即 1983 年 11 月 10 日获准在 5 个实验室进行实验演示，用事实证实了计算机病毒的存在。计算机病毒一时成为新闻报告中经常出现的内容。

人们对计算机病毒是有一个认识过程的，开始一直认为计算机病毒只能出现在可执行程序中，有关的 IBM 专家曾考虑控制可执行程序在系统中从一台计算机向另一台计算机上传输，进而控制计算机病毒的扩散。但是，1987 年 12 月出现的 IBM 圣诞树病毒在系统中仍然被扩散。由此推断，病毒程序也可以通过嵌套在数据文件中进行扩散。对此，计算机专家经过分析后认为：计算机病毒的危险性不仅仅来源于可执行程序在系统中的传送，也可以表现为隐藏在数据文件中病毒的调用，后者往往有可能造成更大的破坏性。

综上所述，可将计算机病毒定义为：计算机病毒是一种在计算机系统运行过程中能通过各种存储介质把自身精确复制或有修改地拷贝到其他程序体内的程序。

由于计算机病毒隐藏在合法用户的文件中，当执行合法用户文件时病毒体也随之被调用。

7.2.2 计算机病毒的特点

目前所发现的计算机病毒，其主要特点是：可生成性、隐蔽性、可传播性、潜伏性、可激发性及破坏性。

1. 可生成性

病毒程序是人为编制的一段计算机程序，病毒设计者往往具有程序设计技巧，且熟悉计算机系统内部结构，故可人为地按需编制。

2. 隐蔽性

计算机病毒可以隐藏在可执行程序或数据文件中。应该指出，计算机病毒的源病毒可以是一个独立的程序体。源病毒经过扩散生成的再生病毒往往采用附加或插入的方式隐藏在可执行程序或数据文件中，采取按分散或多处隐藏的方式安排，当潜伏有病毒程序的程序体被合法调用时，分散的病毒程序块就会在所运行的存储空间进行重新装配，从而构成一个完整的病毒体，病毒程度也就"合法"地投入运行。

3. 可传播性

计算机病毒具有强再生机制和智能作用，能主动地将自身或其变体通过媒体传播到其他无毒对象上。这些对象可以是一个程序，也可以是系统中的某一部位，如 DOS 的引导记录等。例如，微型计算机的病毒，可以在运行过程中根据病毒程序的中断请求随机读写，不断进行病毒体的扩散。病毒体一旦加到当前运行的程序体中，就开始搜索能进行感染的其他程序，从而使病毒很快扩散到磁盘存储器和整个计算机系统中，此时计算机的运行效率明显降低。因此，有时能从计算机运行速度的变化上察觉系统是否感染了计算机病毒。

4. 可潜伏性

计算机病毒具有可依附于其他媒体寄生的能力。一个编制巧妙的病毒程序，可以在几周或几个月内进行传播和再生而不被人发现。在此期间，系统的存储媒体（主要是磁盘）就有可能作为传播病毒程序的场所，当存储媒体用于其他计算机系统时，即将病毒传播过去。

5. 可激发性

病毒侵入后一般不会立即活动，待某种条件满足后立即被激活，进行破坏。这些条件包括指定的某个日期或时间、特定用户标识的出现、特定文件的出现和使用、特定的安全保密等级，或某文件使用达到一定次数等。

计算机病毒的可激发性本质上是一个逻辑炸弹。病毒程序只有在外界条件控制激发后才会活动，从而使潜在计算机系统内的病毒不易被人发现。

6. 破坏性

凡是用软件手段能触及计算机资源的地方均可能受到病毒的破坏。这种破坏不仅指破坏系统、修改或删除数据，而且包括占用系统资源，干扰机器正常运转等。

7.2.3 计算机病毒的分类及危害

1. 计算机病毒的分类

从计算机病毒设计者的意图和病毒程序对计算机系统的破坏程度来看，已发现的计算机病毒大致可分为"良性"病毒和恶性病毒两大类。

（1）"良性"病毒。该病毒以恶作剧形式出现。例如，IBM 圣诞树病毒，可令计算机系统在圣诞节时显示问候的话语并在屏幕上出现圣诞树的画面。除占用一定的系统空间外，该病毒对系统其他方面不产生或产生较小的破坏性。

（2）恶性病毒。该病毒具有人为的破坏作用。例如，破坏系统数据、删除文件甚至摧毁系统等，危害性大，后果严重。

根据计算机病毒入侵系统的途径，恶性病毒大致可分为4种。

① 操作系统病毒（Operating System Viruses）

操作系统病毒是用本身的程序块加入或替代部分操作系统运行的，它往往把大量的攻击程序块隐藏在故意标明是坏的磁盘扇区上，其他部分装在常驻 RAM 程序或设备驱动程序中，以便隐蔽地从内存对目标文件进行感染或攻击。这种病毒最常见，它有持续的攻击力，危害性最大。"大麻"、"小球"等病毒均属此类。

② 外壳病毒（Shell Viruses）

外壳病毒是将自己置放在主程序周围，对原来的程序一般不做修改。该病毒基本上只感染 DOS 下的可执行程序。这类病毒易于编写，数量最多，较易检测和清除，可通过检查文件长短来判断病毒存在与否，也可用简单的覆盖方法来消除病毒。"耶路撒冷"、"扬基督得"病毒等均属此类。

③ 入侵病毒（Intrusive Viruses）

入侵病毒能侵入被攻击的现有程序中，实际上是把病毒的一部分插入现有程序中。这类病毒难以编写，也难以清除。清除病毒的同时也会破坏现有程序。

④ 源码病毒（Source Code Viruses）

源码病毒可在源程序被编译前，插入诸如用 C、PASCAL、FORTRAN 等计算机语言编写的源程序中。这类病毒隐蔽性强，难以发现，比较少见。

后面三类病毒以攻击文件为目标，故又统称为文件型病毒。目前出现得最多的病毒是操作系统类病毒和外壳类病毒，尤以外壳类病毒最多。

需要指出的是，计算机病毒的分类涉及多种因素，往往又交叉在一起，只能抓住关键性的因素加以区分。分类的目的是识别和检测系统中隐藏的计算机病毒。

2. 计算机病毒的危害

从对计算机病毒的分类不难看出，计算机病毒的危害性大致归纳为以下几点。

（1）破坏文件分配表（FAT），使用户保存在磁盘上的文件丢失。

（2）改变内存分配，减少系统可用的有效存储空间。

（3）修改磁盘分配，造成数据写入错误。

（4）对整个磁盘或磁盘的特定磁道或扇区进行格式化。

（5）在磁盘上制造坏扇区，并隐藏病毒程序内容，减少磁盘可用空间。

（6）更改或重写磁盘卷标。

（7）删除磁盘上的可执行文件和数据文件。例如，"黑色星期五"病毒，每逢某月的 13 日且又为星期五时，系统激活运行.COM 或.EXE 文件，并将该文件删除。

（8）修改和破坏文件中的数据。

（9）影响内存常驻程序的正常执行。

（10）修改或破坏系统中断向量，干扰系统正常运行。

低系统运行速度。

从近几年计算机病毒的传播及危害情况来看，对于多数单机应用系统，计算机病毒的危害主要体现在对数据的破坏和对系统本身的攻击上。一般来说，这种破坏造成的损失还是可以挽回的，只是要花费一定的人力和物力。

但是，随着计算机网络的发展和计算机在控制系统中的广泛应用，计算机病毒的潜在威胁决不可低估。计算机病毒在控制系统中，尤其是在实时控制系统中，计算机的任何一点故障都可能引起严重的后果。一旦受到计算机病毒的侵袭，其后果就难以想象。

7.2.4　计算机病毒的防治

计算机病毒防治工作涉及法律、道德、管理、技术等诸多问题，以及使用计算机的系统、单位和个人，因而是一项需要全社会关注的系统工程，应成为各级单位和全体公民的义务。

计算机病毒防治工作的基本任务是，在计算机的使用管理中，利用各种行政和技术手段，防止计算机病毒的入侵、存留、蔓延。其主要工作包括预防、检测、清除等。

计算机病毒的防治工作应坚持统一组织、统一规章、预防为主、防治结合的原则。国家制订有关防治计算机病毒的法律、法规，依法惩治计算机病毒的制造者或恶意传播而导致严重后果的罪犯，可以起到极大的威慑作用，从而减少新病毒的产生和恶性病毒的传播。

计算机的应用单位指定有关部门或专人兼管计算机病毒防治工作，有针对性地制订计算机病毒防治计划和管理制度，推广使用防治病毒的软、硬件，严格督促检查执行，可以减少和防止计算机病毒在本单位的传播。

计算机工作人员和从事计算机教育的人员，应认识到并宣讲计算机病毒的严重危害性，并身体力行，做遵纪守法的模范，不制造病毒，不传播病毒，与扩散病毒的行为做斗争。

而广大计算机用户，既是计算机病毒的直接受害者，又往往是计算机病毒的无意传播者。因此，预防计算机病毒更是既关系到切身利益，又避免无意中贻害别人的大事。

计算机病毒防治工作具体应从以下几方面进行。

（1）对执行重要工作（如承担重要数据处理任务，或重要科研开发任务等）的计算机要专机专用，专盘专用。

（2）建立备份。建立备份是系统管理的最基本要求。无论是数据（库）文件，还是系统软件或应用软件，都应根据管理制度的要求，按照"父一子二"原则，及时复制备份。所谓"父一子二"，是指修改前的文件保留一份，刚建立或修改后的文件复制一式两份。对于硬盘文件，同样也要按系统管理规定定期备份。备份时，应确保计算机和被备份文件未被病毒感染。

（3）保存重要参数区。硬盘主引导记录、文件分配表（FAT）和根目录区（BOOT）是硬盘的重要参数区，也是某些恶性病毒的攻击目标，该区域一旦受感染，损失就比较严重。应采用一定的保护措施，如用某些工具软件将其保存起来，以便受到破坏时迅速恢复系统。

（4）充分利用写保护。写保护是防止病毒入侵的可靠措施。凡暂不需要写入数据的都应加以写保护。系统引导盘一定要加写保护。

（5）将所有.COM 和.EXE 文件赋以"只读"或"隐含"属性，可以防止部分病毒的攻击。

（6）做好磁盘及其文件的分类管理。文件根据不同应用分盘分类管理，硬盘文件按不同应用建立目录，实施分类管理。

（7）慎用来历不明的程序。

（8）严禁在机器上玩来历不明的电子游戏。

（9）定期或经常地运行防治病毒软件，检测系统是否有毒。一旦发现病毒，应立即采取果断措施，实行隔离，查明疫情，认真清毒。

（10）凡发现不明原因的病毒破坏，或没有有效的杀毒软件时，应将病毒盘送往有关部门处理，或迅速报告计算机安全监察管理部门。也可将硬盘信息进行备份，再进行格式化处理。

7.3 反病毒软件及其应用

面临计算机病毒的现实危害和潜在的巨大威胁，反病毒的斗争也紧张而持久地在世界各国开展起来。本节仅从用户角度出发，介绍目前国内流行的 360 安全卫士、金山卫士和瑞星 3 种反病毒软件。

7.3.1 360 安全卫士

2008 年 3 月，周鸿祎任奇虎公司董事长期间，把原奇虎公司旗下产品 360 安全卫士剥离出来，打造软件标识成独立公司。

360 安全卫士是一款安全类上网辅助软件，拥有查杀流行木马、清理恶评及系统插件、管理应用软件、系统实时保护、修复系统漏洞等数个强劲功能，提供系统全面诊断、弹出插件免疫、清理使用痕迹以及系统还原等特定辅助功能，以及对系统的全面诊断报告，方便用户及时定位问题所在，为用户提供全方位系统安全保护。

目前木马威胁之大已远超病毒，360 安全卫士运用云安全技术，在线杀木马、防盗号、保护网银和游戏的账号、密码安全等方面表现出色，被誉为"防范木马的第一选择"。360 安全卫士自身非常轻巧，同时还具备开机加速、垃圾清理等多种系统优化功能，可大大加快计算机运行速度，内含的 360 软件管家还可帮助用户轻松下载、升级和强力卸载各种应用软件。

360 安全卫士是当前功能最强、效果最好、最受用户欢迎的上网必备安全软件之一。不但永久免费，还独家提供多款著名杀毒软件的免费版。由于使用方便，用户口碑好，目前 3 亿中国网民中，首选安装 360 的已超过 2.5 亿人。

1. 360 安全卫士的功能

360 具有 8 层防护的木马防火墙，是全球第一款专用于抵御木马入侵的防火墙，应用 360 独创的"亿级云防御"，从防范木马入侵到系统防御查杀，从增强网络防护到加固底层驱动，结合先进的"智能主动防御"，多层次全方位的保护系统安全，每天为 3 亿 360 用户拦截木马，入侵次数峰值突破 1.2 亿次，居各类安全软件之首，已经超越一般传统杀毒软件防护能力。其具有如下功能。

（1）具体增强功能。

① 网页防火墙(网盾)+U 盘防火墙全面提升拦截能力，在入口点第一时间抓住已知或未知木马。

② 文件感染型木马全面拦截，无论是系统文件，还是重要的应用程序，木马防火墙都能拦住针对这些文件的感染型木马。

③ 桌面快捷方式的拦截，对付恶意软件或是捆绑木马修改桌面快捷方式，或新增大量有危险的恶意软件图标链接。

④ 驱动/MBR 拦截的强化，对付恶意驱动和 MBR 修改的木马。

⑤ 计划任务保护，防止恶意程序使用计划任务自动运行。

（2）双引擎木马查杀。云查杀引擎实时联网查杀已知木马，启发式引擎智能分析查杀未知木马。

（3）新增网络流量监控。查看系统内各软件使用网络上传/下载速度，帮助找出后台偷偷上传的软件。流量监控使用系统标准的底层智能流量获取技术，不占用带宽资源，不会影响系统性能和网速。

（4）全新痕迹清理。增加注册表等更多清理项目，优化清理速度，减少系统负担，为计算机加速。

（5）360 杀毒。360 杀毒无缝整合了国际知名的 BitDefender 病毒查杀引擎，以及 360 安全中心潜心研发的木马云查杀引擎。双引擎的机制拥有完善的病毒防护体系，不但查杀能力出色，而且对于新产生的病毒木马能够第一时间进行防御。360 杀毒完全免费，无须激活码，轻巧快速不卡机，误杀率远远低于其他杀毒软件，能为用户计算机提供全面保护。

360 杀毒已经通过了公安部的信息安全产品检测，并于 2009 年 12 月及 2010 年 4 月两次通过了国际权威的 VB100 认证，成为国内首家初次参加 VB100 即获通过的杀毒产品。根据艾瑞咨询的独立统计，360 杀毒推出仅 3 个月，就已经跃居中国用户量最大的安全软件。

（6）安全浏览器。360 安全浏览器（360SE）是新一代浏览器，和 360 安全卫士、360 杀毒等软件等产品一同成为 360 安全中心的系列产品。木马已经取代病毒成为当前互联网上最大的威胁，90%的木马用挂马网站通过普通浏览器入侵，每天有 200 万用户访问挂马网站中毒。360 安全浏览器拥有全国最大的恶意网址库，采用恶意网址拦截技术，可自动拦截挂马、欺诈、网银仿冒等恶意网址。360 安全浏览器独创沙箱技术，在隔离模式中即使访问木马网站也不会感染木马。除了在安全方面的特性，360 安全浏览器在速度、资源占用、防假死不崩溃等基础特性上的表现同样优异，在功能方面拥有翻译、截图、鼠标手势、广告过滤等几十种实用功能，在外观上设计典雅精致，已被众多的网民所接受。

（7）保险箱。360 保险箱是国内第一款完全免费的防盗号软件，采用全新的主动防御技术，对盗号木马进行层层拦截，阻止盗号木马对网游、聊天等程序的侵入，帮助用户保护游戏账号、聊天账号、网银账号、炒股账号等，防止由于账号丢失导致的虚拟资产和真实资产受到损失。即使机器里存在盗号木马，当其进行盗号行为时，360 保险箱能够对其拦截，给用户一个安全的游戏环境和上网环境。与 360 安全卫士配合使用，保护效果加倍。

（8）手机卫士。360 手机卫士是一款完全免费的手机安全软件，集防垃圾短信、防骚扰电话、防隐私泄露、长途电话 IP 自动拨号、系统清理手机加速、归属地显示功能于一身。拦截垃圾短信和骚扰来电，还用户清静的手机空间。隐私通信记录加密保存，保护用户的个人隐私，来去电归属地显示，通话信息一目了然。

（9）系统急救箱。360 系统急救箱（原顽固木马专杀大全）包括各种流行木马的查杀工具，可以快速、准确地查杀各类流行木马，如犇牛、机器狗、灰鸽子、扫荡波、磁碟机等。新版系统急救箱搭载了最新一代的云查杀引擎，拥有最强力的木马查杀能力。

适用场景：系统紧急救援，各类传统杀毒软件查杀无效的情形；计算机感染木马，导致 360 无法安装或启动的情形。

（10）网吧还原系统保护器。360 网吧还原系统保护器使用内核级防御体系，保护网吧、学校、企事业单位所采用的 360 安全浏览器还原系统不被病毒恶意穿透。

（11）漏洞修复网管版。360 漏洞修复网管版是一款局域网更新、管理和维护漏洞补丁的工具。通过局域网内的服务端下载 360 安全补丁，并自动或者手动进行集中管理；自动分发补丁到已配置的的客户端，达到快速批量更新客户端补丁、节约带宽资源、监控并修复客户端安全漏洞的目的。

（12）文件粉碎机。360文件粉碎机是一款工具软件，可以粉碎一切顽固型文件。将需要粉碎的文件拖进文件粉碎机，即可完全粉碎。但被粉碎的文件不可恢复，需要慎重操作。

2. 安装360杀毒软件

360杀毒目前支持操作系统有Windows XP SP2以上(32位简体中文版)、Windows Vista (32位简体中文版)和Windows 7 (32及64位简体中文版)。注意：如果操作系统不是上述的版本，建议不要安装360杀毒，否则会导致不可预知的结果。要安装360杀毒，首先通过360杀毒官方网站sd.360.cn下载最新版本的360杀毒安装程序。

下载完成后，安装过程如下。

（1）运行下载的安装程序，看到欢迎窗口，如图7-1所示。

图7-1 欢迎窗口

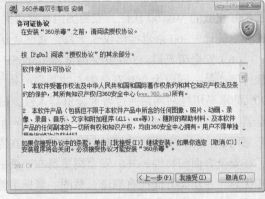

图7-2 "许可证协议"窗口

（2）单击"下一步"按钮，出现"许可证协议"窗口，如图7-2所示。

单击"我接受"按钮，如果不同意许可证协议，则单击"取消"按钮退出安装。接下来出现"选择安装位置"窗口，如图7-3所示。

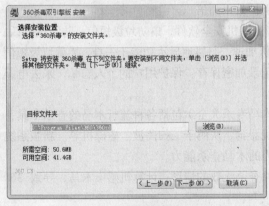

图7-3 "选择安装位置"窗口

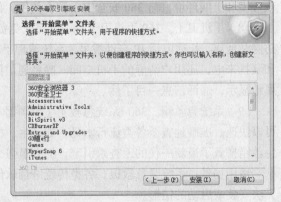

图7-4 "选择'开始菜单'文件夹"窗口

（3）选择360杀毒软件的安装路径。建议按照默认设置即可，也可以单击"浏览"按钮，选择安装路径。选择好后单击"下一步"按钮，出现窗口，如图7-4所示。

（4）输入想在"开始"菜单中显示的程序组名称，然后单击"安装"按钮。此时安装程序开始复制文件，如图7-5所示。

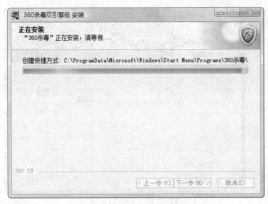

图 7-5　复制文件窗口

图 7-6　安装完成窗口

（5）单击"完成"按钮，文件复制完成后，显示安装完成窗口，如图 7-6 所示。
单击"完成"按钮，360 杀毒软件成功安装到计算机中。

3. 360 杀毒软件的工作界面

360 杀毒软件的工作界面如图 7-7 所示。

图 7-7　主界面

图 7-8　提示窗口

360 杀毒软件具有实时病毒防护和手动扫描功能，为系统提供全面的安全防护。实时防护功能在文件被访问时对文件进行扫描，及时拦截活动的病毒。在发现病毒时会通过提示窗口警告，如图 7-8 所示。

360 杀毒提供了 4 种手动病毒扫描方式：快速扫描、全盘扫描、指定位置扫描及右键扫描。

快速扫描：扫描 Windows 系统目录及 Program Files 目录。

全盘扫描：扫描所有磁盘。

指定位置扫描：扫描指定的目录。

右键扫描：集成到右键菜单中，当在文件或文件夹上单击鼠标右键时，可以选择"使用 360 杀毒扫描"对选中文件或文件夹进行扫描。

其中前三种扫描都已经在 360 杀毒软件主界面中做为快捷任务列出，只需单击相关任务即可以开始扫描，如图 7-9 所示。

图 7-9　主界面

图 7-10　扫描进度窗口

启动扫描之后，显示扫描进度窗口，如图 7-10 所示。

在该窗口中可看到正在扫描的文件、总体进度，以及发现问题的文件。若如果希望 360 杀毒软件在扫描完后自动关闭计算机，则选中"扫描完成后关闭计算机"选项。注意：只有在将发现病毒的处理方式设置为"自动清除"时，此选项才有效。如果选择了其他病毒处理方式，扫描完成后不会自动关闭计算机。

3. 病毒扫描处理

360 杀毒软件扫描到病毒后，会首先尝试清除文件所感染的病毒，如果无法清除，则提示删除感染病毒的文件。木马和间谍软件由于并不采用感染其他文件的形式，而是其自身即为恶意软件，因此会被直接删除。

在处理过程中，由于不同的情况，会有些感染文件无法处理，请参见表 7-1 的说明采用其他方法处理这些文件。

表 7-1　　　　　　　　　　　　　　感染文件的处理

错误类型	原　　因	建议操作
清除失败（压缩文件）	由于感染病毒的文件存在于 360 杀毒软件无法处理的压缩文档中，因此无法对其中的文件进行病毒清除。360 杀毒软件对于 RAR、CAB、MSI 及系统备份卷类型的压缩文档目前暂时无法支持	使用针对该类型压缩文档的相关软件将压缩文档解压到一个目录下，然后使用 360 杀毒软件对该目录下的文件进行扫描及清除，完成后使用相关软件重新压缩成一个压缩文档
清除失败（密码保护）	对于有密码保护的文件，360 杀毒无法将其打开进行病毒清理	去除文件的保护密码，然后使用 360 杀毒软件进行扫描及清除。如果文件不重要，也可直接删除该文件
清除失败（正被使用）	文件正在被其他应用程序使用，360 杀毒无法清除其中的病毒	退出使用该文件的应用程序，然后使用 360 杀毒软件重新对其进行扫描清除
删除失败（压缩文件）	因感染病毒的文件存在于 360 杀毒无法处理的压缩文档中，因此无法对其中的文件进行删除	使用针对该类型压缩文档的相关软件将压缩文档中的病毒文件删除
删除失败（正被使用）	文件正在被其他应用程序使用，360 杀毒无法删除该文件	退出使用该文件的应用程序，然后手工删除该文件
备份失败（文件太大）	由于文件太大，超出了文件恢复区的大小，文件无法被备份到文件恢复区	删除系统盘上的无用程序和数据，增加可用磁盘空间，然后再次尝试。如果文件不重要，也可选择删除文件，不进行备份

4. 恶意软件种类

表 7-2 列出 360 杀毒软件扫描完成后显示的恶意软件名称及其含义，供用户参考。

表 7-2　　　　　　　　　　　　　　　　恶意软件名称及其含义

名　　称	说　　明
病毒程序	病毒是指通过复制自身感染其他正常文件的恶意程序，被感染的文件可以通过清除病毒后恢复正常，也有部分被感染的文件无法清除，此时建议删除该文件，重新安装应用程序
木马程序	木马是一种伪装成正常文件的恶意软件，通常通过隐蔽的手段获得运行权限，然后盗窃用户的隐私信息，或进行其他恶意行为
盗号木马	这是一种以盗取在线游戏、银行、信用卡等账号为主要目的的木马程序
广告软件	广告软件通常用于通过弹窗或打开浏览器页面向用户显示广告，此外，它还会监测用户的广告浏览行为，从而弹出更"相关"的广告。广告软件通常捆绑在免费软件中，在安装免费软件时一起安装
蠕虫病毒	蠕虫病毒是指通过网络将自身复制到网络中其他计算机上的恶意程序，有别于普通病毒，蠕虫病毒通常并不感染计算机上的其他程序，而是窃取其他计算机上的机密信息
后门程序	后门程序是指在用户不知情的情况下远程连接到用户计算机，并获取操作权限的程序
可疑程序	可疑程序是指有第三方安装并具有潜在风险的程序。虽然程序本身无害，但是经验表明，此类程序比正常程序具有更高的可能性被用作恶意目的，常见的有 HTTP 及 SOCKS 代理、远程管理程序等。此类程序通常可在用户不知情的情况下安装，并且在安装后完全对用户隐藏
测试代码	被检测出的文件是用于测试安全软件是否正常工作的测试代码，本身无害
恶意程序	其他不宜归类为以上类别的恶意软件，会被归类到"恶意程序"类别

5. 隐藏 U 盘正常文件的病毒

近年来出现了隐藏 U 盘正常文件的病毒，该病毒/木马将 U 盘或移动硬盘中的正常文件或文件夹隐藏，然后将自己改名为和被隐藏的文件/文件夹同名，并隐藏自己的文件扩展名。同时，病毒会将自己的图标改为文件夹图标或常见软件图标（如图片、视频等）。用户如未察觉，双击了病毒文件后，病毒即会执行并感染计算机。

处理建议：在 Windows 资源管理器中，选择"【工具】菜单→文件夹选项→查看"，在对话框中选中"显示隐藏的文件和文件夹"，并取消选中"隐藏已知文件类型的扩展名"，可以看到移动硬盘或 U 盘中的所有文件，删除那些和自己的文件同名的程序文件即可（其文件扩展名一般为 EXE、COM、BAT 等）。

用 kill_folder.exe 文件可专杀隐藏 U 盘正常文件的病毒。

7.3.2　金山卫士

金山卫士是金山公司研制的免费安全软件，是当前查杀木马能力最强、检测漏洞最快、体积最小巧的免费安全软件。它独家采用双引擎技术，云引擎能查杀上亿已知木马，还能 5 分钟内发现新木马；独有的本地 V10 引擎可全面清除感染型木马；漏洞检测针对 Windows 7 优化，速度比同类软件快 10 倍；更有实时保护、软件管理、插件清理、修复 IE、启动项管理等功能，全面保护用户的系统安全。

与同类产品相比，金山卫士仅占 5MB，极其小巧，但查杀能力更强，速度更快，占用资源更低，品质更专业，与其他安全软件可同时使用，是用户上网必备的安全软件。金山卫士在 Windows XP、Windows 2003、Windows Vista 及 Windows 7 下均可使用。

1. 金山卫士的功能和特点

（1）革命性云技术，速度最快，查杀超强，解决所有流行木马，上亿木马全部查杀，最快样本分析，5 分钟识别新木马。

（2）全面检测漏洞，高速下载补丁，完美修复高危漏洞，最快漏洞修复，即时修复省时省力，修复速度提升 10 倍。

（3）自动识别恶意篡改 IE 行为，修复 IE 及系统相关设置，使被病毒破坏的 IE 恢复正常。

（4）清理恶意插件、广告插件更彻底，优化系统性能，大大加快计算机运行速度。

（5）云查杀引擎、智能加速技术，比传统杀毒软件查杀速度快 10 倍以上，清除木马/病毒更省时。

（6）实时保护系统安全，及时发现系统隐患，有效防御病毒/木马入侵。

（7）体积小功能全。体积仅 4.7M，效率高，资源占用小； 实时保护、修复 IE、清除插件更有效。

（8）专业安全品质。

2. 金山卫士的安装和使用

最新安装程序可在金山卫士网站：http://www.ijinshan.com/下载。金山卫士的系统安装软件大小只有 4.7M，从网上下载仅需数秒。操作系统环境要求可为 Windows XP、Windows 2003、Windows Vista 和 Windows 7。需要 15MB 以上的磁盘空间。

其安装过程如下。

（1）执行金山卫士的系统安装软件，屏幕出现安装向导，如图 7-11 所示。

（2）单击"下一步"按钮，出现"选择安装位置"窗口，如图 7-12 所示。

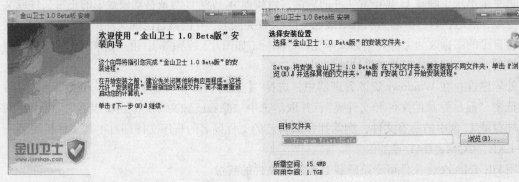

图 7-11　安装向导　　　　　　　　图 7-12　"选择安装位置"窗口

（3）在"选择安装位置"窗口中输入具体的安装位置，单击"安装"按钮，开始安装过程，屏幕出现安装过程窗口，如图 7-13 所示。

（4）安装的过程中会出现一个分析框，只是不知道分析了什么内容，也不告诉分析结果。安装完毕后系统任务栏上有一个蓝色小盾牌图标，如图 7-14 所示。

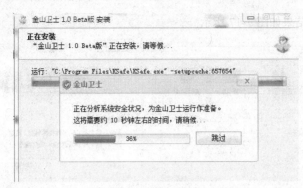

图 7-13　安装过程窗口

图 7-14　蓝色小盾牌图标

此时即可使用金山卫士系统。双击该图标可以进入金山卫士的主界面，如图 7-15 所示。

图 7-15　金山卫士主界面

金山卫士的主界面与 360 安全卫士非常相似，感觉金山卫士是个精简版的 360 安全卫士，如图 7-16 所示。

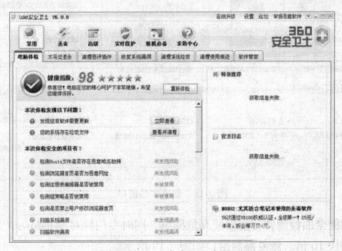

图 7-16　360 安全卫士主界面

第一次使用金山卫士体检的结果如图 7-17 所示。

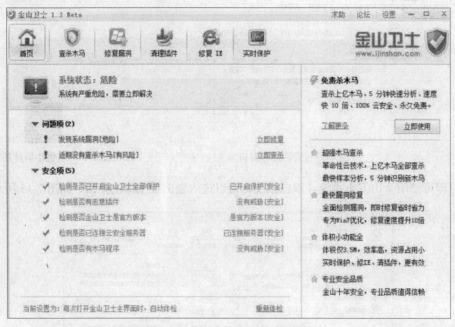

图 7-17　第一次使用金山卫士窗口

金山卫士采用了云查杀技术，拥有世界最大云安全数据库，独创的云查杀技术，可在 5 分钟内识别可疑文件，流行木马一网打尽。查杀木马组件窗口如图 7-18 所示。

图 7-18　查杀木马窗口

漏洞修复功能能全面检测并智能修复高危漏洞，同时专门针对 Windows 7 系统进行优化，修复速度比传统软件快 10 倍。修复漏洞窗口如图 7-19 所示。

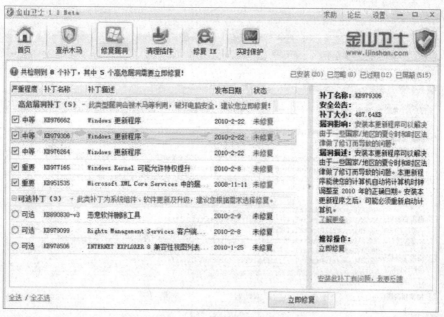

图 7-19　修复漏洞窗口

插件清理组件可以清理系统里的恶意插件，其是国内最强大的插件清理功能，可检测上千款恶意插件，清理只需数秒，其监测系统中存在的漏洞，并给出修复方式，单击漏洞可以在右侧看到详细信息。清理插件窗口如图 7-20 所示。

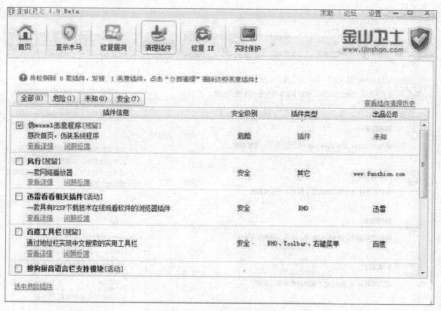

图 7-20　清理插件窗口

说明

　　单击可以查看插件程序的位置信息，显示信息如图 7-21 所示。

图 7-21　清理插件窗口

实时保护功能能多方位防护漏洞、注册表、进程、U 盘，不给木马任何可乘之机，如图 7-22
所示。

图 7-22　实时保护窗口

金山卫士有强大的 IE 修复功能，可以自动识别各种恶意篡改 IE 行为，如图 7-23 所示。

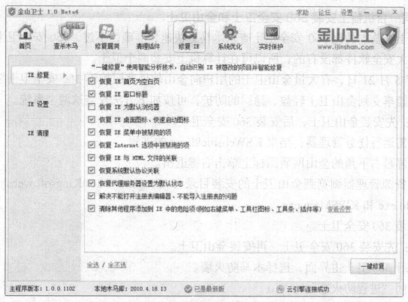

图 7-23　修复 IE 窗口

当首页被篡改、IE 弹出广告时，修复 IE 功能只需一键即可将 IE 修复回本来的面貌，还可以对 IE 中的插件和右键菜单等进行清理。

为了保护用户的 IE 首页，一键修复 IE 及系统相关设置，使被病毒破坏的 IE 恢复正常。经过 IE 修复，绝大多数针对 IE 浏览器各种设置的恶意篡改行为都会立刻被修正，但是有一些顽固的恶意插件不仅仅篡改 IE 主页等设置，还会以插件的形式附着在 IE 中，继续干扰着 IE。针对这个问题，金山卫士也提供了完善的解决方案，即在使用金山卫士的一键修复功能后，单击界面上方的"清理插件"按钮，金山卫士会自动检测是否有干扰 IE 浏览器的恶意插件，并可轻松地进行修复，如图 7-24 所示。

图 7-24　清理插件窗口

3. 在同一台机器上安装 360 安全卫士和金山卫士

金山卫士查杀木马比 360 安全卫士查杀木马更快速、准确，不过，360 安全卫士的木马防火墙是目前各大安全软件都没有的，所以可在计算机上安装两个卫士。

2010 年 5 月 21 日，有大量金山卫士的用户向金山软件客服控诉 360 安全卫士恶意卸载金山卫士。为了能享受到金山卫士轻盈、稳固的防护，可按如下方法安装这两个系统。

方法 1：先安装金山卫士，后安装 360 安全卫士。

（1）只需运行任务管理器，结束 KSWebshield.exe 的进程。

（2）在屏幕右下角的金山网盾图标上单击右键退出。

（3）在资源管理器浏览到金山卫士的安装目录 C:\Program Files\Kingsoft\webshield，重命名 KSWebShield.exe 和 KWSMain.exe。

（4）安装 360 安全卫士。

方法 2：先安装 360 安全卫士，再安装金山卫士。

（1）打开 360 卫士主界面，选择木马防火墙。

（2）关闭"进程防火墙"。

（3）安装金山卫士。

按以上方法安装后，这两个系统就可相互无干扰的使用了。

7.4 计算机黑客与防火墙

7.4.1 计算机黑客

1. 什么是计算机黑客

提起计算机黑客，总是那么神秘莫测。在人们眼中，计算机黑客是一群聪明绝顶、一门心思破译各种密码的年轻人，其常常偷偷地、未经允许地打入政府、企业或他人的计算机系统，窥视他人的隐私。黑客已成为人们眼中"计算机捣乱分子"的代名词。黑客的产生和变迁与计算机技术的发展紧密相关。

黑客起源于 20 世纪 50 年代麻省理工学院的实验室中，早期的黑客（Hacker）一词是麻省理工学院的校园俚语，是手法巧妙、技术高明的"恶作剧"之意。20 世纪六七十年代，"黑客"一词极富褒义，用于指代那些独立思考、奉公守法的计算机迷，他们精力充沛、智力超群，热衷于解决难题。在日本《新黑客词典》中，黑客定义为"喜欢探索软件程序奥秘，并从中增长了其个人才干的人。他们不像绝大多数计算机使用者那样，只规规矩矩地了解别人指定了解的狭小部分知识。"

从事"黑客"活动意味着对计算机最大潜力地进行智力上的自由探索，他们倡导了现行计算机开放式体系结构，打破了以往计算机技术只掌握在少数人手里的局面。现在黑客使用的侵入计算机系统的基本技巧，如破解口令（Passwordcracking）、开天窗（Trapdoor）、走后门（Backdoor）、安放特洛伊木马（Trojanhorse）等，都是在那个时期实现的。计算机业的许多巨子都有从事"黑客"活动的经历，如苹果公司创始人之一乔布斯就是一个典型的例子。现代黑客也有好坏之分，有协助人们研究系统安全性的黑客，也有专门窥探他人隐私、任意篡改数据，进行网上诈骗活动的恶意黑客。然而，现在的黑客在人们眼中已成为网上捣乱分子和网上犯罪分子的代名词。

　　具有自由不羁精神的黑客在网络上自由驰骋，他们喜欢不受束缚，喜欢挑战任何技术制约和人为限制。他们认为所有的信息都应当是免费的和公开的。黑客行为的核心，就是要突破对信息本身所加的限制。从事黑客活动，意味着尽可能地使计算机的使用和信息的获得成为免费的和公开的，意味着坚信完美的程序将解放人类的头脑和精神。其次，黑客现象在某种程度上也包含了反传统、反权威、反集权的精神，共享是黑客的原则之一。但是，对那些危害社会，将注意力放在各种私有化机密信息数据库上的黑客行为也不能放任不管，必须利用法律等手段来进行控制和大力的打击。

2. 黑客如何进入用户计算机

　　要想使自己的计算机安全，就要扎好自己的篱笆，看好自己的门，计算机也有自己的门。如果把 Internet 比作公路网，计算机就是路边的房屋，每个房屋都有门供人进出。TCP/IP 规定，计算机容许有 256×256 个门，即 0 ~ 65 535 个门，在 TCP/IP 中称作"端口"。例如，用户发电子邮件时，E-mail 软件把邮件送到了邮件服务器的 25 号端口，用户收电子邮件时，E-mail 软件是从邮件服务器的 110 号端口取邮件。新安装好的个人计算机打开的端口是 139 端口，这是用户上网时与外界联系的端口。用户的计算机设置了共享目录后，黑客就是通过该端口进入用户计算机的。即使用户为共享目录设置了很长的密码，也只需几秒就可进入。因此，最好不要设置共享目录，以防止他人浏览计算机上的资源。

　　用户在计算机上不设置共享目录是否就安全了呢？回答是"否"。那么，黑客又是通过什么途径进入用户计算机中的呢？黑客是通过特洛伊木马进入用户计算机中的。用户上网如果不小心运行了特洛伊木马，用户计算机的某个端口就会开放，黑客就通过这个端口进入用户的计算机。例如，有一种名为 netspy.exe（特洛伊木马）的典型木马软件，当用户不小心运行了它后，就被Windows 记住了，以后每次启动计算机的时候都要运行它，同时 netspy.exe 已在用户的计算机上开了一个端口，端口的编号是 7306，如果黑客知道用户的 7306 端口是开放的，就可以用软件偷偷进入用户的计算机中。特洛伊木马本身就是为了入侵个人计算机而编制的，其隐藏在计算机中，工作的时候是很隐蔽的，它的运行和黑客的入侵，不会在计算机的屏幕上显示出任何痕迹。Windows 本身没有监视网络的软件，所以不借助软件，难以知道特洛伊木马的存在和黑客的入侵。

3. 用户如何发现计算机中的木马

　　假设用户已知 netspy.exe 打开的是计算机的 7306 端口，要想知道自己的计算机中是否有netspy.exe，只要访问这端口就可以了。先按路径打开 C:\WINDOWS\WINIPCFG.EXE 程序，找到自己的 IP 地址（如 10.10.10.10），然后打开浏览器，在浏览器的地址栏中输入 http://10.10.10.10:7306/，如果浏览器告诉用户连接不上，就说明用户计算机的 7306 端口没有开放，如果浏览器能连接上，并且在浏览器中跳出一排英文，它即是 netspy.exe 的版本，那么说明用户的计算机中有 netspy.exe木马。这是最简单最直接的办法，但是，还需要知道各种木马所开放的端口。木马可能开放的端口有 7306、7307、7308、12345、12345、12346、31337、6680、8111 及 9910。事实上就算用户熟悉了所有已知木马端口，也还是不能完全防范这些木马。

4. 删除硬盘上的木马

　　删除硬盘上的木马最简单的办法是用杀毒软件删除，Netvrv 病毒防护墙可以删除 netspy.exe 和bo.exe 木马，但是，不能删除 netbus 木马。下面以 netbus 木马为例，介绍删除 netbus 的方法。首先简单介绍 netbus 木马，netbus 木马在客户端有两种，开放的都是 12345 端口，一种以 Mring.exe 为代表（472 576B），一种以 SysEdit.exe 为代表（494 592B）。Mring.exe 一旦被运行以后，Mring.exe 就告诉Windows,每次启动就将它运行,Windows 将它放在注册表中,用户可以打开 C:\WINDOWS\REGEDIT.EXE

进入 HKEY_LOCAL_MACHINE\Software\Microsoft\Windows\CurrentVersion\Run 找到 Mring.exe，然后删除这个键值，再到 Windows 中找到 Mring.exe，并将其删除。值得注意的是，Mring.exe 可能会被黑客改变名字，字节长度也被改变了，但是在注册表中的位置不会改变，用户可以到注册表的这个位置去找。另外，用户可以找包含有 "netbus" 字符的可执行文件，再看字节的长度，Windows 和其他的一些应用软件没有包含 "netbus" 字符的，被找到的文件多半就是 Mring.exe 的变种。SysEdit.exe 被运行以后，并不加到 Windows 的注册表中，也不会自动挂到其他程序中，于是被误称为傻瓜木马，其实它是最可恶、阴险的木马。其他木马被加到了注册表中，有痕迹可查，就连专家们认为最凶恶的 BO 木马，也可以轻而易举地从注册表中删除。而 SysEdit.exe 要是挂在其他的软件中，只要不碰这个软件，SysEdit.exe 也就不发作，一旦运行捆绑了 SysEdit.exe 的程序，SysEdit.exe 就随之启动了。同样道理，SysEdit.exe 也可捆绑到网络传呼机、信箱工具等网络工具上，甚至可捆绑到拨号工具上。若怀疑系统被捆绑了木马，却又不知道在何处时，可执行 C:\WINDOWS\DRWATSON.EXE，然后扫描内存，查看 "高级视图" 中的 "任务" 标签，"程序" 栏中列出的就是正在运行的程序，发现可疑的程序，按 "路径" 栏所示找到这个程序，分析它是不是木马。SysEdit.exe 虽然可以隐藏在其他的程序后面，但在 C:\WINDOWS\DRWATSON.EXE 中还是要暴露的。因此，要想知道计算机中有没有木马，只要用代理猎手、Tcpview.exe 查看有没有可疑端口被开放即可。查找木马的方法是：到注册表的指定位置去找；查找包含相应的可执行程序；检视内存，看有没有可疑的程序在内存中。木马来源途径有两种：一是不小心运行了包含木马的程序，二是 "网友" 送给你的 "礼物" 程序。所以，不明软件先要弄清楚，然后再运行。

5. 黑客监视器

这里只介绍线程监视器软件 Tcpview.exe 和端口监视器软件 NukeNabber 两种黑客监视器。

当运行端口监视器软件 NukeNabber 监视 7306 端口后，如果有人接触这个端口，计算机就马上报警。此时可以看到黑客在做什么，是哪个 IP 地址上的黑客，然后可以有目标地反过来攻击黑客。用 NukeNabber 监视 139 端口的情况可以防止他人用 IP 炸弹炸用户。另外，如果 NukeNabber 告之不能监视 7306 端口，则说明该端口已被占用，即表明用户计算机中已存在 netspy。

第二个软件就是 Tcpview.exe，这个软件是线程监视器，其可用来查看有多少端口是开放的，谁在和用户通信，可分别查阅对方的 IP 地址和端口。

6. 特洛伊木马程序的防范

"特洛伊木马程序" 技术是黑客常用的攻击方法，其通过在用户的计算机系统中隐藏一个会在 Windows 启动时悄悄运行的程序，采用客户机/服务器的运行方式，窃取用户的口令、浏览用户的资源、修改用户的文件、登录注册表等，从而实现在用户上网时控制用户计算机的目的。

对付此类黑客程序，可以采用 LockDown 等线上黑客监视程序加以防范，还可以配合使用 Cleaner、Sudo99 等工具软件。当然，也可以用下面介绍的一些方法手动检查并清除相应的黑客程序。

（1）BackOrifice（BO）。检查注册表 \\HEKY-LOCAL-MACHINEfile://Software//Microsoft//Windows// CurrentVersion//RunServices 中有无 .exe 键值。如有，则将其删除，并进入 MS-DOS 方式，将 //Windows//System 中的 .exe 文件删除。

（2）BackOrifice2000（BO2000）。检查注册表 file://HEKY-LOCAL-MACHINE//Software// Microsoft//Windows//CurrentVersion//RunServices 中有无 Umgr32.exe 的键值，如有，则将其删除。重新启动计算机，并将 //Windows//System 中的 Umgr32.exe 删除。

（3）Netspy。检查注册表 file://HEKY-LOCAL-MACHINE//Software//Microsoft//Windows// CurrentVersion//Run

中有无键值 Spynotify.exe 和 Netspy.exe。如有将其删除，重新启动计算机后，将//Windows//System 中的相应文件删除。

（4）Happy99。该程序首次运行时，会在屏幕上开启一个名为"Happynewyear1999"的窗口，显示美丽的烟花，此时该程序将自身复制到 Windows 的 System 目录下，更名为 Ska.exe，创建文件 Ska.dll，并修改 Wsock32.dll，将修改前的文件备份为 Wsock32.ska，并修改注册表。用户可以检查注册表：

file://HEKY-LOCAL-MACHINE//Software//Microsoft//Windows//CurrentVersion//RunOnce 中有无键值 Ska.exe。如有，将其删除，并删除//Windows//System 中的 Ska.exe 和 Ska.dll 两个文件，将 Wsock32.ska 更名为 Wscok32.dll。

（5）Picture 检查 Win.ini 系统配置文件中的"load="是否指向一个可疑程序，清除该项。重新启动计算机，将指向的程序删除即可。

（6）Netbus。用"Netstat-an"查看 12345 端口是否开启，在注册表相应位置中是否有可疑文件。首先清除注册表中的 Netbus 的主键，然后重新启动计算机，删除可执行文件即可。

最后，还要提醒用户注意以下几点。

（1）不要轻易运行来历不明和从网上下载的软件。即使通过了一般反病毒软件的检查也不要轻易运行。对于此类软件，要用 Cleaner、Sudo99 等专门的黑客程序清除软件检查。

（2）保持警惕性，不要轻易相信熟人发来的 E-mail 就一定没有黑客程序，如 Happy99 就会自动加在 E-mail 附件当中。

（3）不要在聊天室内公开用户的 E-mail 地址，对来历不明的 E-mail 应立即清除。

（4）不要随便下载软件（特别是不可靠的 FTP 站点）。

（5）不要将重要口令和资料存放在上网的计算机里。

7.4.2 防火墙

1. 防火墙的概念

用户能通过 Internet 来提高办事效率和市场反应速度，以便更具竞争力。在通过 Internet 从异地取回重要数据的同时，还要面对 Internet 开放带来的数据安全的新挑战和新危险：即客户、销售商、移动用户、异地员工和内部员工的安全访问，以及保护企业的机密信息不受黑客和间谍的入侵。因此，企业必须加筑安全的防范，而这个防范就是防火墙。

防火墙技术是建立在现代通信网络技术和信息安全技术基础上的应用性安全技术，越来越多地应用于专用网络与公用网络的互连环境之中，尤其以接入 Internet 网络最甚。

因此，防火墙可定义为：防火墙是指设置在不同网络（如企业内部网和公共网）或网络安全域之间的一系列部件的组合。它是不同网络或网络安全域之间信息的唯一出入口，能根据企业的安全政策控制（允许、拒绝、监测）出入网络的信息流，且本身具有较强的抗攻击能力，是提供信息安全服务，实现网络和信息安全的基础设施。

在逻辑上，防火墙是一个分离器、一个限制器，也是一个分析器，它有效地监控了内部网和 Internet 之间的任何活动，保证了内部网络的安全。

2. 防火墙能做什么

（1）防火墙是网络安全的屏障。一个作为阻塞点、控制点的防火墙能极大地提高内部网络的安全性，并通过过滤不安全的服务而降低风险。由于只有经过精心选择的应用协议才能通过防火墙，所以网络环境变得更安全。例如，防火墙可以禁止不安全的 NFS 协议进出受保护网络，这样外部的攻击者就不可能利用这些脆弱的协议来攻击内部网络。防火墙同时可以保护网络免受基于路由的攻击，如 IP 选项中的源路由攻击和 ICMP 重定向中的重定向路径。防火墙应该可以拒绝所有以上类型攻击的报文并通知防火墙管理员。

（2）防火墙可以强化网络安全策略。通过以防火墙为中心的安全方案配置，能将所有口令、加密、身份认证、审计等安全软件配置在防火墙上。防火墙的集中安全管理比将网络安全问题分散到各个主机上相比更经济。例如，在网络访问时，一次一个加密口令系统和其他的身份认证系统完全可以不必分散在各个主机上，而集中在防火墙上。

（3）对网络存取和访问进行监控审计。所有的访问都经过防火墙后，记录下来的这些访问信息就作为日志记录，同时也就能为网络使用情况提供统计数据。当发生可疑动作时，防火墙能进行适当的报警，并提供网络是否受到监测和攻击的详细信息。网络需求分析和威胁分析的统计对用户而言也是非常重要的。这样，用户可以清楚防火墙是否能够抵挡攻击者的探测和攻击，并且清楚防火墙的控制是否充足。

（4）防止内部信息的外泄。通过利用防火墙对内部网络划分，可实现内部网重点网段的隔离，从而限制了局部重点或敏感网络安全问题对全局网络造成的影响。另外，隐私是内部网络非常关心的问题，一个内部网络中不引人注意的细节可能包含了有关安全的线索而引起外部攻击者的兴趣，甚至因此就暴露了内部网络的某些安全漏洞。使用防火墙就可以隐蔽那些透露内部细节，墙阻塞有关内部网络中的 DNS 信息，这样一台主机的域名和 IP 地址就不会被外界所了解。

除了安全作用，防火墙还支持具有 Internet 服务特性的企业内部网络技术体系 VPN。通过 VPN，将企事业单位分布在世界各地的 LAN 或专用子网，有机地联成一个整体。不仅省去了专用通信线路，而且为信息共享提供了技术保障。

3. 防火墙的种类

防火墙技术可根据防范的方式和侧重点的不同分为很多类型，但总体可分为两大类：分组过滤防火墙技术和应用代理防火墙技术。

（1）分组过滤（packet filtering）防火墙技术。分组过滤作用在网络层和传输层，它根据分组包头源地址、目的地址和端口号、协议类型等标志确定是否允许数据包通过。只有满足过滤逻辑的数据包，才被转发到相应的目的地出口端，其余数据包则被从数据流中丢弃。

包过滤在网络层和传输层起作用。它根据分组包的源、宿地址，端口号及协议类型、标志确定是否允许分组包通过。所根据的信息来源于 IP、TCP 或 UDP 包头。包过滤的优点是不用改动客户机和主机上的应用程序，因为它工作在网络层和传输层，与应用层无关。

分组过滤（Packet filtering）防火墙技术的弱点如下。

① 过滤判别的只有网络层和传输层的有限信息，因而，各种安全要求不可能充分满足。

② 在许多过滤器中，过滤规则的数目是有限制的，且随着规则数目的增加，性能会受到很大的影响。

③ 由于缺少上下文关联信息，不能有效地过滤如 UDP，RPC 一类的协议。

④ 大多数过滤器中缺少审计和报警机制，且管理方式和用户界面较差。

⑤ 对安全管理人员素质要求高。建立安全规则时，必须对协议本身及其在不同应用程序中的作用有较深入的理解。

因此，过滤器通常是和应用网关配合使用，共同组成防火墙系统。分组过滤或包过滤，是一种通用、廉价、有效的安全手段。之所以通用，因为它不针对各个具体的网络服务采取特殊的处理方式；之所以廉价，因为大多数路由器都提供分组过滤功能；之所以有效，因为它能很大程度地满足企业的安全要求。

（2）应用代理（Application Proxy）防火墙技术。应用代理也叫应用网关（Application Gateway），它作用在应用层，其特点是完全"阻隔"了网络通信流，通过对每种应用服务编制专门的代理程序，实现监视和控制应用层通信流的作用。实际中的应用网关通常由专用工作站实现。

应用代理型防火墙是内部网与外部网的隔离点，起着监视和隔绝应用层通信流的作用。同时也常结合过滤器的功能。它工作在 OSI 模型的最高层，掌握应用系统中可用作安全决策的全部信息。

此外，对于更高安全性的要求，常把基于包过滤的方法与基于应用代理的方法结合起来，称为复合型防火墙。这种结合通常采用以下两种方案。

① 屏蔽主机防火墙体系结构。

在该结构中，分组过滤路由器或防火墙与 Internet 相连，同时一个堡垒机安装在内部网络，通过在分组过滤路由器或防火墙上设置过滤规则，使堡垒机成为 Internet 上其他节点所能到达的唯一节点，这就确保了内部网络不会受到未授权外部用户的攻击。

② 屏蔽子网防火墙体系结构。

堡垒机放置在某个子网内，形成非军事化区，两个分组过滤路由器放在这一子网的两端，使这一子网与 Internet 及内部网络分离。在屏蔽子网防火墙体系结构中，堡垒主机和分组过滤路由器共同构成了整个防火墙的安全基础。

防火墙也有它的局限性，存在一些防火墙不能防范的安全威胁，如对于不经过防火墙的攻击，防火墙不能防范的。因此，防火墙系统决定了哪些内部服务可以被外界访问；外界的哪些人可以访问内部的哪些服务，以及哪些外部服务可以被内部人员访问。要使一个防火墙有效，所有来自和去往 Internet 的信息都必须经过防火墙，接受防火墙的检查。防火墙只允许授权的数据通过，并且防火墙本身也必须能够免于渗透。这样才能保证用户的计算机系统安全。

本章小结

本章介绍了计算机病毒的基本概念、计算机病毒的清除，以及计算机病毒的防范措施；国内流行的 360 安全卫士、金山卫士、瑞星反病毒软件的应用，黑客与防火墙的基本概念，以及防范黑客的措施。对于读者来说，掌握目前流行的检测和清除病毒软件的操作是十分必要的。发现黑客，制止黑客入侵也是十分重要的问题。随着时间的推移，新的计算机病毒层出不穷，更为狡猾的黑客还会出现，因此应时刻防范，学会用新的防病毒软件保护自己的信息资源，用新的防范措施制止黑客入侵。

习　题

1. 什么是计算机病毒？其本质是什么？
2. 试述当前传播计算机病毒的主要媒体和工具。
3. 简述计算机病毒的特点。

4. 计算机病毒有哪几种类型？

5. 简述计算机病毒的危害性？

6. 从哪几个方面来防治计算机病毒？

7. 使用反病毒软件的前提条件是什么？

8. 什么是计算机黑客？

9. 用户怎样才能发现计算机中的木马？

10. 简述特洛伊木马程序的防范措施。

11. 什么是计算机的防火墙？

12. 简述防火墙的种类。

第8章
程序设计基础

随着科技的不断发展，计算机的应用已经渗透到社会生活的各个领域。计算机之所以能有如此强大的功能，是计算机硬件和软件相结合的结果，具体来说就是在计算机上执行相应程序的结果。

程序的编写要求在符合计算机语言规范的基础上，从需要解决的问题出发，寻找高效、可靠的求解方法，是将人的期望"转化"成一连串的计算机指令的过程。本章主要介绍程序设计的相关概念、程序设计的方法以及算法的基础知识。

8.1 程序、程序设计和程序设计语言

程序就是为了让计算机解决某个问题，依照计算机能识别的语言编写的语句序列，即指示计算机如何运作的指令集合。为了实现一个有用的程序，就需要利用程序设计语言，遵循一定的程序设计方法来实现它。

8.1.1 程序的概念

程序就是指示计算机按解决问题的步骤，实现预期目的而进行操作的一系列语句或指令。从自然语言的角度来说，程序是计算机对所要解决问题的方法和步骤的描述；从计算机的角度来说，程序是用某种计算机能够理解并执行的计算机语言来描述的解决问题的方法和步骤。解决问题的方法和步骤通常被称为"算法"。因此，程序就是解决问题算法的具体实现。程序的特点是有始有终，每个步骤都能操作，当所有的步骤执行完后，对应的问题就能得到解决。

例如，植树的过程为：①挖坑；②栽树苗；③填土；④浇水。

上述步骤就是解决植树这个问题的过程或算法。

8.1.2 程序设计

程序设计是用计算机语言实现求解问题的过程，是求解某个问题的算法。或者可以简单地说，程序设计就是指设计、编制、调试程序的方法和过程。它是目标明确的智力活动。由于程序是软件的本体，而软件的质量主要通过程序的质量来体现，所以，程序设计的工作是非常重要的。

按照结构性质，程序设计可以分为结构化程序设计与非结构化程序设计。前者是指具有结构性的程序设计方法与过程。它具有由基本结构构成复杂结构的层次性，后者反之。现在常用的程序设计方法有结构化程序设计方法和面向对象程序设计方法。

程序设计规范是进行程序设计的具体规定。程序设计是软件开发工作的重要部分，而软件开发是工程性的工作，所以程序设计要遵循一定的规范。

8.1.3　程序设计语言

程序设计语言通常简称为编程语言，是一组用来定义计算机程序的语法规则。它是一种被标准化的交流技巧，用来向计算机发出指令，是用于编写计算机程序的语言。程序设计语言原本是被设计成专门使用在计算机上的，但它们也可以用来定义算法或者数据结构。程序设计语言是软件的重要方面，其发展趋势是模块化、简明化、形式化、并行化和可视化。

在过去的几十年间，大量的程序设计语言被发明、取代、修改或组合在一起。尽管人们多次试图创造一种通用的程序设计语言，却没有一次尝试是成功的。多种不同的编程语言存在的原因是：编写程序的初衷是各不相同的；新手与老手之间技术的差距也非常大，而有许多语言对于新手来说太难学；不同程序之间的运行成本各不相同。

程序设计语言按照语言级别可以分为低级语言和高级语言。低级语言有机器语言和汇编语言。机器语言是表示成数码形式的机器基本指令集，或者是操作码经过符号化的基本指令集，其与特定的机器有关，功效高，但使用复杂、繁琐、费时、易出差错。汇编语言是机器语言中的指令符号化的结果，或进一步包括宏构造。高级语言的表示方法要比低级语言更接近于待解问题的表示方法，其特点是在一定程度上与具体机器无关，易学、易用、易维护。

高级语言的出现使得计算机程序设计语言不再过渡地依赖某种特定的机器或环境。这是因为高级语言在不同的平台上会被编译成不同的机器语言，而不是直接被机器执行。最早出现的编程语言之一 FORTRAN 的一个主要目标，就是实现平台独立。

程序设计语言从机器语言到高级语言的抽象，带来的主要好处如下。

（1）高级语言接近算法语言，易学、易掌握。一般工程技术人员只要几周时间的培训就可以胜任程序员的工作。

（2）高级语言为程序员提供了结构化程序设计的环境和工具，使得设计出来的程序可读性好、可维护性强、可靠性高。

（3）高级语言远离机器语言，与具体的计算机硬件关系不大，因而所写出来的程序可移植性好、重用率高。

（4）由于把繁杂琐碎的事务交给了编译程序去做，所以自动化程度高，开发周期短，且程序员得到解脱，可以集中时间和精力去从事对于他们来说更为重要的创造性劳动，以提高程序的质量。

高级语言又可以分为 3 类：面向过程的语言、面向问题的语言和面向对象的语言。

面向过程的语言致力于用计算机能够理解的逻辑来描述需要解决的问题和解决问题的具体方法和步骤，即程序不仅要说明做什么，还要详细告诉计算机如何做，程序员需要详细描述解题的过程和细节。面向问题的语言又称非过程化的语言，它不关心问题的求解算法和求解过程，只需要指出要计算机做什么、数据的输入和输出形式即可。面向对象的语言致力于更直接地描述客观世界中存在的事物以及它们之间的关系。它将各种客观事物看成是具有属性和行为的对象，通过抽象找出同一类对象的共同属性和行为形成类，通过类的继承与多态来实现代码的重用。面向对象语言已经是程序设计语言的主要研究方向之一，现在流行的面向对象的语言有C++、Java 等。

8.2　程序设计方法

从 1946 年第一台计算机 ENIAC 问世到今天，计算机硬件得到突飞猛进的发展，硬件的发展促进了软件的发展，软件发展的关键在于程序设计方法的不断进步。

20 世纪 60 年代以前，高级语言还未诞生，人类的自然语言与计算机编程语言之间存在巨大的鸿沟，这一时期的程序设计属于面向计算机的程序设计，基本思想是注重机器，逐一执行。设计人员关注的是程序尽可能地被计算机接受并按指令正确执行，至于程序能否让人理解并不重要。

20 世纪 60 年代末，随着高级语言的产生和发展，结构化设计（Structure Programming，SP）思想也趋于成熟，在整个 20 世纪 80 年代，SP 是主要的程序设计方法。SP 思想就是面向过程的程序设计思想的集中体现。然而，随着信息系统的加速发展，应用程序日趋复杂化和大型化，传统的软件开发技术难以满足发展的新要求。

20 世纪 80 年代后，面向对象的程序设计（Object Orient Programming，OOP）技术日趋成熟并逐渐为计算机界所理解和接受。面向对象的程序设计方法和技术是目前软件研究和应用开发中最活跃的一个领域。

8.2.1　结构化程序设计

1. 结构化程序设计方法

结构化程序设计由迪克斯特拉（E.W.dijkstra）在 1969 年提出，是以模块化设计为中心，将待开发的软件系统划分为若干相互独立的模块，这样就可以使完成每一个模块的工作变得单纯而明确，为设计一些较大的软件打下了良好的基础。

按照结构化程序设计的观点，任何功能的程序模块都可以由 3 种基本的程序结构——顺序结构、选择结构和循环结构的组合来实现。

结构化程序设计的基本思想是采用"自顶向下，逐步求精"的程序设计方法和"单入口单出口"的控制结构。"自顶向下，逐步求精"的程序设计方法从问题本身开始，经过逐步细化，将解决问题的步骤分解为由基本程序结构模块组成的结构化程序框图；"单入口单出口"的思想认为一个复杂的程序，如果它仅是由顺序、选择和循环 3 种基本程序结构通过组合、嵌套构成，那么这个新构造的程序一定是一个单入口、单出口的程序。据此就很容易编写出结构良好、易于调试的程序。

结构化程序设计由于采用了模块化和功能分解，自顶向下、分而治之的方法，在设计其中一个模块时，不会受到其他模块的牵连，因而可将一个较为复杂的问题分解为若干子问题，各个子问题分别由不同的人员完成，从而提高了编程速度，并且便于程序的调试，有利于软件的开发维护。模块的独立性还为扩充已有的系统、建立新系统带来了不少的方便，可以充分利用现有的模块作积木式的扩展。

2. 3 种基本结构

计算机程序是由若干条语句组成的语句序列，但是程序的执行顺序并不一定按照语句序列的书写顺序，程序中语句的执行顺序称为程序结构或控制结构。1996 年，计算机科学家 Bohra 和 Jacopini 证明了这样的事实：任何简单或复杂的算法都可以由顺序结构、选择结构和循环结构这 3 种基本结构组合而成。所以，这 3 种结构就被称为程序设计的 3 种基本结构，也是结构化程序设计必须采用的结构。

（1）顺序结构。顺序结构是最简单的基本结构。如图 8-1 所示，虚线框内是一个顺序结构。其中 A 和 B 两个框是顺序执行的，即执行完 A 框所指定的操作后，必然接着执行 B 框所指定的操作。A 和 B 这两个框的操作可以是一个非转移操作或多个非转移操作序列，甚至可以是空操作，也可以是 3 种基本结构中的任一结构。整个顺序结构只有一个入口 a 和一个出口 b。这种结构的特点是：程序从入口 a 开始，按顺序执行所有操作，直到出口 b 处，所以称为顺序结构。

（2）选择结构。选择结构又称分支结构，表示程序的处理步骤出现了分支，它需要根据某一特定的条件选择其中的一个分支执行。双分支是典型的选择结构形式，如图 8-2 所示，图中的 A 和 B 与顺序结构中的说明相同。由图 8-2 可见，在结构的入口 a 处是一个判断框，表示程序流程出现了两个可供选择的分支，如果给定的条件 p 成立，则执行 A 框，否则执行 B 框。值得注意的是，在这两个分支中只能选择一条且必须选择一条执行，但不论选择了哪一条分支执行，最后流程都一定到达结构的出口 b 处。A 框和 B 框中可以有一个是空的，即不执行任何操作，如图 8-3 所示，这种结构称为单分支结构。

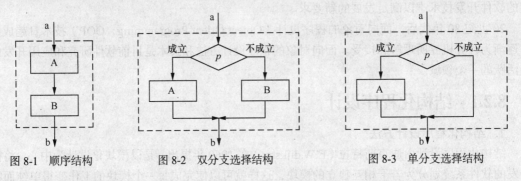

图 8-1　顺序结构　　　　图 8-2　双分支选择结构　　　　图 8-3　单分支选择结构

（3）循环结构。循环结构又称为重复结构，即反复执行某一部分的操作，可以分为当型循环结构和直到型循环结构。

当型循环结构：如图 8-4 所示，先判断条件，当满足给定的条件 p 时，执行循环体 A，并在循环体终端处自动返回到循环入口继续判断条件 p；当某次判断条件 p 不成立时，退出循环体直接到达流程出口处，是先判断后执行。

直到型循环结构：如图 8-5 所示，从结构入口处直接执行循环体 A，在循环体终端处判断条件 p，如果条件成立，则返回入口处继续执行循环体，直到某一次判断条件 p 不成立时，退出循环到达流程出口处，是先执行后判断。

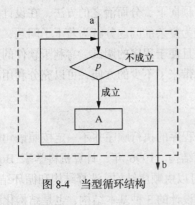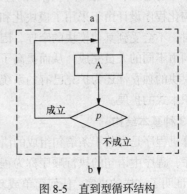

图 8-4　当型循环结构　　　　　　图 8-5　直到型循环结构

同样，循环型结构也只有一个入口 a 和一个出口 b，循环终止是指流程执行到了循环的出口。

以上 3 种基本结构的共同特点如下。

（1）只有一个入口。例如，图 8-1～图 8-5 所示的 a 为入口。

（2）只有一个出口。例如图 8-1～图 8-5 所示的 b 为出口。请注意区别：一个菱形的判断框有两个出口，而一个顺序结构只有一个出口。

（3）结构内的每个部分都有机会执行。也就是说，对每一个框而言，都应当有一条从入口到出口的路径通过它。顺序结构的每个部分必定会执行到。

（4）结构内不存在"死循环"（无终止的循环）。

结构化程序设计就是程序应该按照一种有序的方式进行编写，而不应该有很多跳动或者转移。例如，大多数编程语言都允许使用 GOTO 语句进行分支转移。GOTO 所执行的操作与其名称完全相同，它会通知计算机到达程序中的另外一个位置，并在那个位置继续执行。使用适当时，GOTO 语句本身是好的语句，但如果过度使用它，就会严重影响程序的可读性。

已经证明，由以上 3 种基本结构组成的程序结构，可以解决任何复杂的问题。这 3 种结构并不仅仅用于程序中，还可以用于流程图、伪代码和所编写的任何其他指令组中。这些结构确保程序不存在无规律的转向，只在本基本结构内，才允许存在分支和向前或向后的跳转。

8.2.2 面向对象程序设计

结构化程序设计方法是一种面向数据/过程的设计方法。它把数据和处理数据的过程分离为相互独立的实体；当数据结构改变时，所有相关的处理过程都要进行相应的修改；每一种相对于老问题的新方法都要带来额外的开销；并且对于图形用户界面的应用，很难用过程来描述和实现，开发和维护都很困难。为了解决这些问题，人们提出了面向对象的程序设计思想。

1. 面向对象程序设计的基本概念

面向对象程序设计技术的提出，主要是为了解决传统程序设计方法——结构化程序设计所不能解决的代码重用问题。面向对象程序设计从处理的数据入手，以数据为中心，而不是以功能为中心来描述系统。它把编程问题视为一个数据集合，数据相对于功能而言，具有更强的稳定性。它汲取了面向过程程序设计方法的一切优点，同时又考虑现实世界与计算机之间的关系。

在面向对象方法中有几个重要的概念：对象、类、封装、继承和多态性。

（1）对象。对象是系统中用来描述客观事物的一个实体，它是构成系统的一个基本单位。一个对象可被认为是一组属性和有权对这些属性进行操作的一组服务的封装体。这组服务产生该对象的动作或对它接受到的外界信号的反应。对象是个动态的概念，其中的属性反映了对象当前的状态。

（2）类。类是具有相同属性和服务的一组对象的集合，它为属于该类的全部对象提供统一的抽象描述，其内部包括属性和服务两个主要部分。类与对象的关系可以理解为：类为对象集合的抽象，它规定了这些对象的公共属性和方法；对象为类的一个实例。例如，书是一个类，而放在桌上的那一本书则是一个对象。

（3）封装。封装是面向对象方法的一个重要原则。它是指把对象的属性和服务结合成一个独立的系统单位，并尽可能隐蔽对象的内部细节。封装意味着对象的属性和服务结合成一个不可分的整体，对象以外的部分不能随意地存取对象的内部数据，从而有效地避免了外部错误对它的"交叉感染"，使软件错误能够局部化；另一方面，当对象内部需要修改时，由于它只通过少量的服务接口对外提供服务，因此大大减少了内部修改对外部的影响，即减小了修改引起的"波动效应"。

（4）继承。继承是面向对象方法中一个十分重要的概念，并且是面向对象技术可提高软件开发效率的重要原因之一。它指当特殊类的对象拥有其一般类的全部属性与服务，就称特殊类对一般类的继承。继承是父类与子类之间共享数据和方法的机制。在继承机制中，类分为父类与子类，子类除了包含父类的属性以外，也可以定义新的属性，或重新定义父类的属性。

（5）多态性。多态性也是面向对象方法中的一个重要特性。它是指一般类中定义的属性或服务被特殊类继承之后，可以具有不同的数据类型或表现出不同的行为。这使得同一个属性或服务名在一般类及其各个特殊类中具有不同的语义。多态性包括参数化多态性和包含多态性。多态性语言具有灵活、抽象、行为共享、代码共享的优势，很好地解决了应用程序函数同名问题。

2. 面向对象程序设计的思想

面向对象程序设计从现实世界中客观存在的事物出发，尽可能地运用人类自然的思维方式去构造软件系统，将事物的本质特征经过抽象后表示为软件系统的对象，以此作为系统构造的基本单位，构造出的软件系统能直接映射问题，并保持问题中事物及其相互关系的本来面貌。

面向对象程序设计的思想是：注重对象，抽象成类。在程序系统中，将客观世界中的事物看成对象，对象是由数据(对象的属性)以及对数据的操作构成的一个不可分离的整体。对同类型的对象抽象出其共性，形成类，类中大多数数据只能用本类的方法进行处理。类通过一个简单的外部接口与外界发生关系，对象与对象之间通过消息进行联系。面向对象程序设计中，对象作为计算主体，拥有自己的名称、状态以及接受外界消息的接口。在对象模型中，产生新对象、销毁旧对象，发送消息、响应消息就构成面向对象程序设计的根本。

面向对象程序设计是一种新的、复杂的、动态的、高层次的面向功能设计。强调按照人类思维方法中的抽象、分类、继承、组合、封装等原则来解决问题。使用这种方法，软件开发人员可以更有效地思考问题，也更容易与客户沟通，从而提高软件开发的效率和质量。

3. 面向对象程序设计的步骤

面向对象程序设计的开发时间短，效率高，由于面向对象编程的可重用性，可以在应用程序中大量采用成熟的类库，从而缩短了开发时间，并且所开发的程序可靠性高。使用面向对象的程序设计方法，最根本的目的就是使程序员更好地理解和管理庞大而复杂的程序，它在结构化程序设计的基础上完成进一步的抽象。面向对象程序设计的步骤如下。

（1）面向对象分析。这一阶段的任务是了解问题域所涉及的对象、对象间的关系和作用（即操作），然后构造问题的对象模型，力争该模型能真实地反映出所要解决的"实质问题"。主要是对用户的需求做出精确的分析和明确的描述，从宏观的角度概括出系统应该做什么，要按照面向对象的概念和方法，从客观存在的事物和事物之间的关系中归纳出有关的对象以及对象之间的联系，建立一个能反映真实工作情况的需求模型。这一阶段，抽象是最本质、最重要的方法。针对不同的问题性质选择不同的抽象层次，过简或过繁都会影响到对问题的本质属性的了解和解决。

（2）面向对象设计。即设计软件的对象模型。根据所应用的面向对象软件开发环境的功能强弱不等，在对问题的对象模型的分析基础上，可能要对它进行一定的改造，但应以最少改变原问题域的对象模型为原则，然后在软件系统内设计各个对象、对象间的关系（如层次关系、继承关系等）、对象间的通信方式（如消息模式）等。此阶段并不涉及具体的编程语言，通常用一些工具进行描述，如 UML。

（3）面向对象编程。根据面向对象设计的结果，用一种面向对象的编程语言完成软件功能。它包括：每个对象的内部功能的实现；确立对象哪一些处理能力应在哪些类中进行描述；确定并实现系统的界面、输出的形式及其他控制机理等。

（4）面向对象测试。在交付用户之前，必须对程序进行严格的测试。测试的目的是发现程序中的错误并改正它。面向对象测试是用面向对象的方法进行测试，以类作为测试的基本单元。

（5）面向对象维护。软件交付使用之后，可能会出现一些问题，或者客户想改进软件的性能，这都需要修改程序。使用面向对象的方法开发的程序维护起来比较容易，这主要是由于对象的封装性，修改一个对象对其他对象影响很小，可以大大提高软件维护的效率，降低软件维护的成本。

8.3 算 法

算法是计算机处理信息的本质。在计算机科学中，算法要用计算机算法语言描述，算法代表用计算机求解一类问题的精确、有效的方法。

8.3.1 算法的概念

算法是对问题求解过程的一种描述，是为解决一个或一类问题给出的一个确定的、有限长的操作序列。也就是说给定初始状态或输入数据，经过计算机程序的有限次运算，能够得出所要求或期望的终止状态或输出数据。

一个算法应该具有以下 5 个重要特性。

（1）输入：一个算法必须有 0 个或多个输入量。

（2）输出：一个算法应有 1 个或多个输出量。输出量是算法计算的结果。

（3）确定性：算法的描述必须无歧义，以保证算法的执行结果是确定的。

（4）有穷性：算法必须在有限步骤内实现。注：此处"有限"不同于数学概念的"有限"，天文数字般的有限对于实际问题并无意义。

（5）有效性：又称可行性。算法中描述的操作都可以通过已经实现的基本运算执行有限次来实现。

8.3.2 算法的表示

用于描述算法的工具很多，通常有自然语言、程序语言、伪代码、传统流程图、N-S 图、PAD 图等。下面介绍几种常用的描述方法。

1. 自然语言

自然语言就是人们日常使用的语言，可以是汉语、英语或其他语言。用自然语言描述算法通俗易懂，但存在一些缺陷。自然语言往往不太严格，需要根据上下文才能判断其含义，易产生歧义性；此外，用自然语言很难清楚地表达算法的逻辑流程，尤其对描述有选择、循环结构的算法，语句比较繁琐、冗长，不太方便和直观。

用自然语言描述算法应用举例如下。

例 8-1 求 10 的阶乘，即 10！。

分析：i 从 1 变化到 10，每次计算 product=product*i 的值，用 product 表示乘积结果，置初值为 1。算法描述如下。

（1）给 product 赋初值为 1。

（2）给 i 赋初值为 1。

（3）判断 i 是否小于等于 10。若是，计算 product*i 的值，并将结果赋给 product；若不是，转步骤（5）。

（4）将 i 加 1，并赋给 i，转步骤（3）。

（5）输出 product 的值。

（6）算法结束。

2. 传统流程图

传统流程图又称为程序框图，是一种比较直观的图形工具。它利用几何图形的框表示不同性质的操作，用流程线来表示算法的执行方向，在名框内写明这段程序应做的操作。图 8-6 列出了流程图中常用的符号。

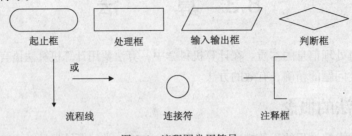

起止框　　　　　处理框　　　　　输入输出框　　　　　判断框

或

流程线　　　　　连接符　　　　　注释框

图 8-6　流程图常用符号

起止框：用在流程图的开始和结束位置，标志算法的开始和结束。

处理框：表示算法的各种具体处理操作。

输入输出框：给出执行中需要输入的数据信息和输出算法的结果。

判断框：表示算法中的条件判断操作，根据给定的条件是否成立来决定如何执行其后的操作。它有一个入口，两个出口。

流程线：表示各个操作步骤的执行顺序。

连接符：表示流程图的延续。

注释框：对流程图中某些框的操作做必要的补充说明，并不反映流程和操作，起辅助阅读的作用。

例 8–2　用传统流程图描述例 8-1。

算法如图 8-7 所示。

3. N–S 图

传统的流程图用流程线指出各框的执行顺序，但对流程线的使用没有严格限制，因此用户可以不受限制地使流程随意地转来转去，使流程图变得毫无规律，这样设计出来的算法结构性不好，阅读者要花大量精力去追踪流程，增加阅读和编程的难度。

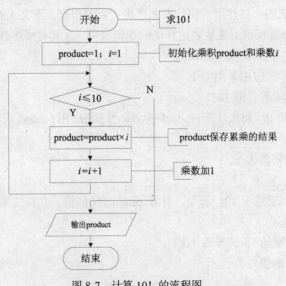

图 8-7　计算 10! 的流程图

为了适应结构化算法的要求,强调算法结构的特征,如单入口/单出口,1973 年美国学者 I.Nassi 和 B.Shneiderman 提出了 N-S 流程图（又称为盒图）。N-S 流程图是一种无流程线的流程图,它的基本单元是矩形,它只有一个出口和一个入口,框内又包含若干基本的框。这种结构图适于结构化的程序设计。N-S 流程图使用如图 8-8 所示的流程符号。

用 N-S 流程图表示算法,思路清晰,结构良好,容易设计和理解。但是 N-S 图修改十分困难,通常只能重画,这是它的一大缺点。

例 8-3 用 N-S 流程图描述例 8-1。

算法如图 8-9 所示。

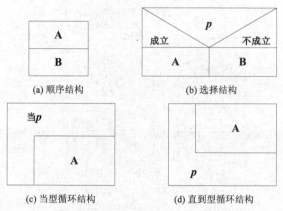

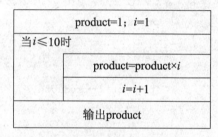

图 8-8　3 种基本结构的 N-S 图

图 8-9　计算 10! 的 N-S 图

4. PAD 图

问题分析图（Problem Analysis Diagram，PAD）自 1973 年由日本日立公司提出以来已得到一定程序的推广。和传统流程图与 N-S 图不同,PAD 图可以看成是一种二维图,它用二维树形结构来表示程序的控制流。这种图翻译成程序代码比较容易。图 8-10 给出了 PAD 图的基本符号。

5. 伪代码

使用传统流程图、N-S 图和 PAD 图这 3 种图形工具描述算法直观易懂,逻辑关系清晰,但是画起来比较费事,修改比较困难。在设计一个算法时,常需要反复修改,因此使用这些图形工具就不是很理想了。

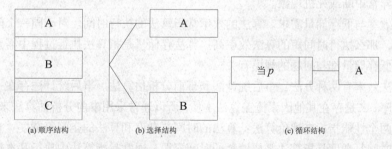

图 8-10　PAD 图的基本符号

伪代码（Pseudo Code）是用介于自然语言的计算机语言之间的文字和符号来描述算法。它没有固定、严格的语言规则,可以使用自然语言,也可以使用程序设计语言或使用两者的混合,因此书写方便、格式紧凑,也比较好懂,容易向计算机语言过渡。

例8-4 用伪代码描述例8-1。

算法描述如下。

```
开始
    给 product 赋初值为 1
    给 i 赋初值为 1
    当 i≤10 时，执行循环
    {
            使 product=product*i
            使 i=i+1
    }
    输出 product 的值
结束
```

也可以写成以下形式。

```
BEGIN
    1→product
    1→i
    While i<=10
    {
        product*i→product
        i+1→i
    }
    print product
END
```

8.3.3 算法的分析

算法设计好后，还需要对其进行分析，确定优劣。算法设计应满足以下几个目标。

（1）正确性。要求算法能够正确执行预先规定的功能和性能要求。这是最基本和最重要的标准。

（2）可使用性。要求算法能够很方便地使用，也可以叫作用户友好性。

（3）可读性。算法应该易于理解，所以算法的逻辑必须是清晰的、简单的和结构化的。

（4）健壮性。算法应该具有很好的容错性，即提供异常处理，能够对不合理的数据进行检查。不经常出现异常中断或死机现象。

（5）高效率与低存储量需求。算法的效率常指算法的执行时间。对于同一个问题如果有多种算法可求解，那么执行时间短的算法效率高。算法存储量是指算法执行过程中需要的最大存储空间。效率和低存储量都与问题的规模有关。

衡量算法效率有两种方法：事后统计法和事前分析估算法。事后统计法存在一些缺陷，一是必须执行程序，二是存在其他因素掩盖算法本质。所以通常采用事前分析估算法来分析算法效率。

通常用两个性能指标来评价算法：算法的时间复杂度和算法的空间复杂度。

算法的时间复杂度是指算法需要消耗的时间资源，通常是指算法中执行基本运算的次数，即其基本运算在算法中重复执行的次数。一个算法用高级语言实现后，在计算机上运行时所消耗的时间与很多因素有关。如果不考虑与计算机硬件、软件有关的因素，仅考虑算法本身的效率高低，可以认为一个特定算法的时间开销只依赖于问题的规模。

算法的空间复杂度是指算法需要消耗的空间资源，是对一个算法在运行过程中临时占用的存储空间大小的量度，一般也作为问题规模的函数。其计算和表示方法与时间复杂度类似，一般都用复杂度的渐近性来表示。同时间复杂度相比，空间复杂度的分析要简单得多。

8.3.4 常用的基本算法

算法设计是一件非常困难的工作，经常采用的算法设计技术主要有迭代法、穷举搜索法、递推法、贪婪法、回溯法、分治法、动态规划法等。另外，为了以更简洁的形式设计和描述算法，在算法设计时又常常采用递归技术，用递归描述算法。

下面介绍几种常用的基本算法。

1. 求最大值和最小值

求若干数中的最大值和最小值，可以采用打擂台的方法。即在 n 个数中先假设第 1 个数为最大值 max 和最小值 min 的初值，再同第 2, 3, …, n 个数据逐个比较，一旦某个数大于 max，则用它替换 max；或者某个数小于 min，就用它替换 min。当所有数比较完，max 和 min 中就分别存储这批数据中的最大值和最小值了。

2. 查找

查找是数据处理中经常使用的运算，在系统程序和应用程序中均有广泛的应用。查找一般是根据用户给定的某个值，在列表中找出一个关键字和该值相同的数据元素的过程。在列表中查找算法常用的有顺序查找和折半查找。顺序查找可以在任何列表中进行，折半查找只能在有序列表中进行。

顺序查找就是根据列表中的数据排列顺序，逐一地和关键字进行比较，直到找到符合的数据为止，这种查找方法非常耗时。

折半查找是一种高效的查找算法，要求查找表按序排列。它的思想是用待查找的关键字和中间位置上的记录的关键字进行比较，中间记录把查找表分成两个子表，比较如果相等，则查找结束，否则根据要查找的关键字值的大小确定下一步查找在哪个子表中进行，如此递归地进行下去，直到找到满足条件的记录，或者确定表中没有这样的记录为止。

以下介绍一个折半查找算法的类 C 语言实现的例子，为讨论方便，假定关键字为 int 型。

```
/*折半查找算法，要求查找表按顺序存储，按降序排列*/
int BinarySearch(int T[N],int key)
{
    int high=N-1,low=0,mid;
    while(high>low){
        mid=(low+high)/2;
        if(T[mid] = =key) return T[mid];
        else if(T[mid] <key) high=mid-1;
        else low=mid+1;
    }
return 0;  /*查找失败，返回不成功*/
}
```

3. 排序

排序也是数据处理领域常用的一种运算，排序主要是为了提高查找效率。所谓排序，是指将一个无序的数据元素序列排列成按关键字有序排列的序列。凡非递减有序或非递增有序均可进行类似的处理。

查找算法有很多，常用的有冒泡排序、快速排序、选择排序等。这里以冒泡算法为例，介绍排序算法。

冒泡排序是最简单的一种交换排序，其基本思想如下。

（1）将第 1 个记录的关键字与第 2 个记录的关键字进行比较，若为逆序，则交换这两个记录，再将第 2 个记录与第 3 个记录的关键字进行比较，以此类推，直到将第 $n-1$ 个记录与第 n 个记录进行比较为止，这个过程称为第 1 趟冒泡排序，其结果是关键字最大的记录被放置到了最后的位置。

（2）进行第 2 趟冒泡排序，即对前 $n-1$ 个记录进行同样的操作，使关键字次大的记录放置在倒数第 2 个位置，即第 $n-1$ 个记录的位置。依次进行第 3，4，…，$n-1$ 趟冒泡排序。一般地，当进行到第 i 趟排序时，该趟最大的关键字的记录将被放置在第 $n-i+1$ 个位置上。

以下介绍一个冒泡排序算法的类 C 语言实现的例子，为讨论方便，假定待排序数据个数为 N，数据类型为 int 型。

```
/*冒泡排序算法*/
Void BubbleSort(int L[ ])
{
    int i,j,temp;
    for(i=1;i<N;i++)
        for(j=1;j< N-i+1;j++)    /*一趟冒泡排序过程*/
            if(L[j]>L[j+1]) {
                temp= L[j];
                L[j]= L[j+1];
                L[j+1]=temp;
            }
}
```

本章小结

本章主要介绍程序设计的基础知识：程序、程序设计和程序设计语言；程序设计的方法，包括结构化的程序设计和面向对象的程序设计；算法的基础知识，包括算法概念、算法的表示和算法的分析，以及几种常用的基本算法，如排序和查找。

习　　题

1. 什么是程序？什么是程序设计？
2. 什么是结构化程序设计方法。
3. 结构化编程包括哪 3 种结构？
4. 简述结构化的 3 种基本结构的特点。
5. 什么是面向对象程序设计？
6. 面向对象程序设计主要基于哪些重要概念？
7. 算法是什么？算法应该具有什么特性？
8. 描述算法有哪几种方法？比较它们的优缺点。